项目资助：
国家自然科学基金项目（32072518）
教育部新农科研究与改革实践项目（2-160）
山东省本科教学改革研究重点项目（Z2020055）

种子学实践教程

李媛媛　梁增文　曹　慧　主编

科学技术文献出版社
SCIENTIFIC AND TECHNICAL DOCUMENTATION PRESS
·北京·

图书在版编目（CIP）数据

种子学实践教程 / 李媛媛，梁增文，曹慧主编. —北京：科学技术文献出版社，2024. 1

ISBN 978-7-5189-9985-9

Ⅰ. ①种… Ⅱ. ①李… ②梁… ③曹… Ⅲ. ①种子—教材 Ⅳ. ① S33

中国版本图书馆 CIP 数据核字（2022）第 246930 号

种子学实践教程

策划编辑：魏宗梅　　责任编辑：李　鑫　　责任校对：张永霞　　责任出版：张志平

出 版 者　科学技术文献出版社
地　　址　北京市复兴路15号　邮编　100038
出 版 部　(010) 58882941，58882087（传真）
发 行 部　(010) 58882868，58882870（传真）
官方网址　www.stdp.com.cn
发 行 者　科学技术文献出版社发行　全国各地新华书店经销
印 刷 者　北京虎彩文化传播有限公司
版　　次　2024 年 1 月第 1 版　2024 年 1 月第 1 次印刷
开　　本　787 × 1092　1/16
字　　数　455千
印　　张　21.5
书　　号　ISBN 978-7-5189-9985-9
定　　价　78.00元

编写委员会

主　编　李媛媛　梁增文　曹　慧

副主编　韩太利　李金玲　程　琳　金炳奎

参　编　李　明　高明刚　韩　敏　王瑞华
赵　升　赵　静　韩璐璐　高秀清
梁溪原　王昌盛　王海艳　孙莎莎
孙继峰　李　霞　宋银行　武玉芬
周陆红　徐立功　韩宇睿　魏美甜

前 言

种业是国家战略性、基础性核心产业，是保障国家粮食安全的根本。小小的种子，不仅是植物种族延续和遗传信息的保存与传递者，也是农业生产中最基本的生产资料。俗话说得好，“千算万算，不如良种合算”，种子的质量高低直接影响播种品质和农作物产量。

种子学是种子科学与工程专业的核心课程，也是植物生产类专业的一门重要课程。随着我国农业特别是种子产业的快速发展，种子学研究在农业生产中的作用日趋重要。近年来，随着现代生物技术逐渐融入现代种业生产，对种子专业学生的实践能力提出了新的要求。本教材的出版，希望能为提升学生专业技能、提高我国种子学的实践教学能力，起到一定的积极作用。

本实践教程共分为十一章，主要内容包括：主要作物种子识别、主要作物形态特征观察、种子生物学实验、作物育种学实验、种子生产学实验、种子检验学实验、工厂化育苗实验等。为拓展种子专业学生综合实践能力，进一步培养其创新精神，本教材特别增加了综合提升创新类实验。此外，在教材编写中，力求采用一些新的研究方法和手段，具体实践内容可根据各地实际情况酌情增减。

本实践教程是在参考众多国内外教材和参考文献的基础上，总结多年实践教学经验，由国内长期从事种子科研、教学工作的一线专家和种子企业的业务骨干通力合作、精心汇编而成。潍坊学院种子与设施农业工程学院为本教材编写提供了大力支持，一并表示衷心感谢。

本书作为种子专业的实践教学参考书，在编写过程中，追求内容的科学性、系统性，注重实验的先进性、可操作性，力求与生产实践的契合性。但限于编者的水平，书中难免存在疏漏和错误之处，敬请读者批评指正，以便进一步修改和完善。

编者

2023 年 10 月

目　录

第一章　主要作物种子识别

实验一　粮食类作物种子识别

一、实验原理与目的

地球上现存的植物有 40 万种左右，其中种子植物约占 2/3。在农业生产上，种子是最基本的生产资料。凡是农业生产上可直接作为播种材料的植物器官都称为种子。粮食作物的主要类别是禾谷类作物，常见的有水稻、小麦、玉米等。通过本实验，学习并掌握主要禾谷类作物种子的形态特征。

二、器材与试剂

1. 实验仪器

放大镜、解剖针、镊子、解剖刀、直尺等。

2. 实验材料

禾谷类作物种子。

三、实验步骤

1. 水稻种子形态特征（图 1－1）

水稻的种子（籽粒，稻谷）由米粒及稃壳两部分构成，稃壳由护颖及内稃、外稃组成，护颖是籽粒基部的一对披针形的小片，米粒由内外稃（各一片）所包裹，稃壳的顶端称稃尖，在许多品种中，外稃的尖端延伸而为芒。各品种的颖片、内外稃和芒所具的颜色、特征及稃尖的颜色等性状，可以作为鉴定品种的依据。

糙米是一颗真正的果实，具有胚的一侧被外稃所包裹，习惯上称这一侧为腹面，另一侧则称之为背面（禾本科其他作物的籽粒相反）；背部有一条纵沟，在米粒的两侧又各有两条纵沟称侧纵沟。纵沟部位与其稃壳上的维管束相对应，米粒顶端可看到花柱遗迹。

米粒由皮层（包括果皮和种皮）、胚乳和胚 3 部分组成，果皮包括表皮、中层（中果皮）、横细胞和管状细胞；种皮以内是糊粉层，糊粉层内为淀粉层（由贮藏淀粉的细胞组成的胚乳）。水稻的胚体积较小，由胚芽、胚轴、胚根和盾片 4 部分组成，胚芽和胚根不在一条直线上，而呈近直角分布。

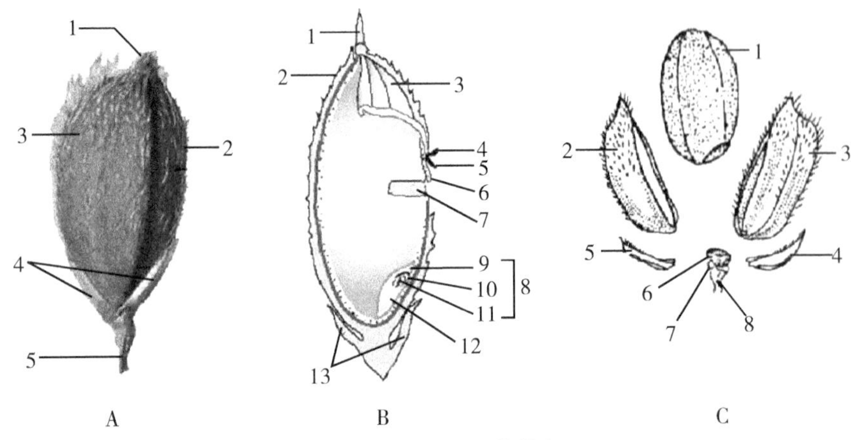

图 1–1　稻谷外形及其纵剖面

A. 稻谷外形。1. 芒；2. 外稃；3. 内稃；4. 护颖；5. 小穗柄。

B. 稻谷纵剖面。1. 芒；2. 内稃；3. 外稃；4. 果皮；5. 种皮；6. 珠心层；7. 糊粉层；8. 胚；9. 盾片；10. 胚芽 ；11. 胚轴；12 培根；13. 护颖。

C. 籽粒构造。1. 糙米；2. 内颖；3. 外颖；4. 第 1 护颖；5. 第 2 护颖；6. 小花梗；7. 副护颖；8. 小穗梗。

2. 小麦种子形态特征（图 1–2）

普通小麦的籽粒不带稃壳（裸粒），由皮层、胚乳和胚 3 部分组成。种子的腹面有一纵沟，称腹沟。胚在种子背面的基部，在种子的另一端有茸毛。小麦腹沟的宽狭、深浅及种端茸毛的疏密状况，都可以作为鉴别品种的依据。

小麦的胚部形态与水稻的基本相似，不同的是小麦的胚芽与胚根在一条直线上，胚部占整个籽粒的比例也比水稻大。

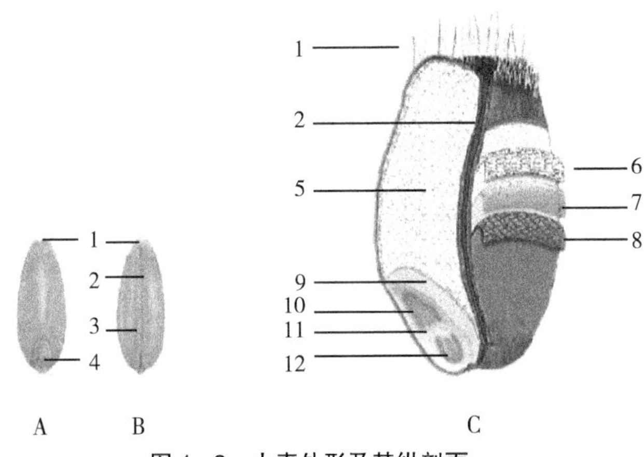

图 1–2　小麦外形及其纵剖面

A. 籽粒背面。B. 籽粒腹面。C. 籽粒纵剖面。

1. 茸毛；2. 腹沟；3. 果种皮；4. 胚部；5. 胚乳淀粉层；6. 胚乳糊粉层；7. 透明层；8. 果种皮；9. 盾片；10. 胚芽；11. 胚轴；12. 胚根。

3. 玉米种子形态特征（图 1-3）

玉米籽粒的基本构造与小麦类似，但籽粒大小相差悬殊。玉米籽粒是一个完整的颖果，果种皮紧贴在一起不易分离，在籽粒上端的果皮上可观察到花柱的遗迹（一般在邻近胚部的胚乳部位的果皮上）。玉米的胚特别大，约占籽粒总体积的 30%，透过果种皮，可清楚地看到胚和胚乳的分界线。

玉米籽粒的基部有果柄，但有时脱落，脱落处呈褐色，是由于该部位存在基部褐色层（或称基部黑色层）。充分成熟籽粒的基部褐色层色素积累，颜色明显，该特征可以作为种子成熟的重要标志。

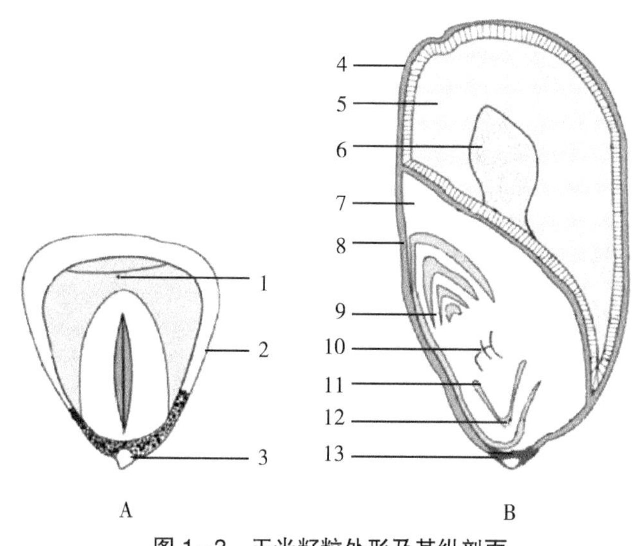

图 1-3　玉米籽粒外形及其纵剖面

A. 籽粒外形。B. 籽粒纵剖面。

1. 花柱遗迹；2. 果皮；3. 果柄；4. 种皮；5. 胚乳的角质部分；6. 胚乳的粉质部分；7. 盾片；8. 胚芽鞘；9. 胚芽；10. 维管束；11. 胚根；12. 胚根鞘；13. 基部褐色层。

4. 测定水稻、小麦、玉米种子的长度与宽度

将 10 粒种子分别按照长度和宽度排列，用直尺度量，以“mm”为单位，两次重复，求平均值。

四、注意事项

① 稻谷种子有稃壳，玉米和小麦不具稃壳。

② 在植物学分类中，稻谷、小麦和玉米都属于类似种子的果实，而非真正的种子。

五、实验结果与分析

① 绘制禾谷类种子的外部形态简图和剖面图。
② 计算水稻、小麦、玉米种子长度和宽度。
③ 禾谷类作物种子还有哪些？有什么特点？

实验二　经济作物种子识别

一、实验原理与目的

经济作物是指主要用作工业原料的一类作物，按用途可分为纤维作物、油料作物、糖料作物、香料作物、饮料作物、药用作物等。常见经济作物有棉花、大豆、花生、油菜等。通过本实验，学习并掌握主要经济作物种子的形态特征。

二、器材与试剂

1. 实验仪器

放大镜、解剖针、镊子、解剖刀、直尺等。

2. 实验材料

棉花、大豆、花生、油菜等作物种子。

三、实验步骤

1. 棉花种子形态特征（图 1–4）

棉花种子具坚厚的种皮和发达的胚。大多数棉籽的种皮上有短绒，也有少数无短绒的称为光子或铁子。棉花种子由倒生胚珠形成，呈卵形，基部尖、顶部宽，基部的尖端部位常有刺状的种柄，种柄脱落处是种脐，即发芽口。种子腹面有一条突起的棱，从基部直通到顶部，即脐条。种子的顶端也即脐条的终点部位是内脐，这个部位的种皮较疏松，若该部位的种皮硬化，则种子为硬实。种皮以内有一层由两列细胞组成的乳白色薄膜包围在胚外，是外胚乳和内胚乳的遗迹。胚乳遗迹以内为发达的子叶，大而较薄的两片子叶反复折叠填满于种皮以内。子叶细胞内充满糊粉粒和油脂。胚根和胚芽被包围在子叶中间。整个胚体上密布深色腺体，这些腺体含有对人畜具毒害作用的棉酚。

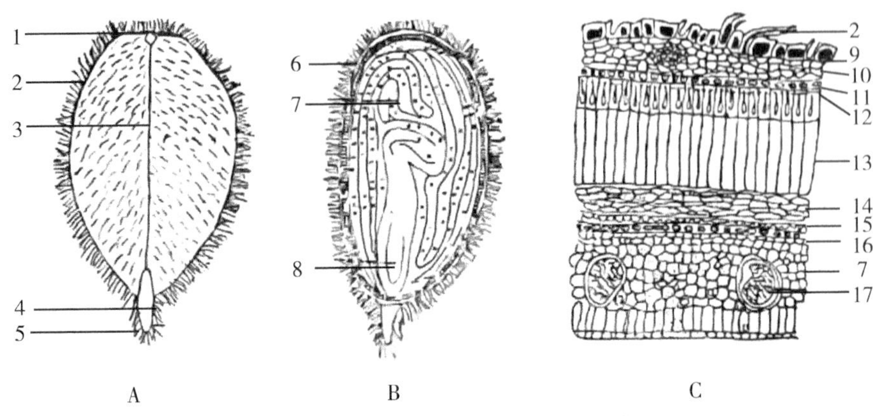

图 1-4 棉花种子外形及其内部构造

A. 种子外形。B. 种子纵剖面。C. 种子横剖面。

1. 内脐；2. 种毛；3. 脐条；4. 脐、发芽口；5. 种柄；6. 种皮；7. 子叶；8. 胚根；9. 表皮；10. 外褐色层；11. 无色层；12. 明线；13. 栅状组织；14. 内褐色层；15. 外胚乳；16. 内胚乳；17. 腺体。

2. 大豆种子形态特征（图 1-5）

大豆种子为无胚乳种子，包括种皮和胚两部分，子叶很发达，胚芽、胚轴和胚根所占比例很小，且不在一条直线上。在种皮上可以看到脐、脐条、内脐和发芽口等构造。大豆的种皮因品种不同而有多种颜色，一般品种为黄色，种皮易破裂，保护性较差。种皮由角质层、栅状细胞、柱状细胞及海绵细胞等多层细胞组成。栅状细胞为狭长的大型细胞，排列很紧密，细胞内含有色素，此层细胞的靠外端部分若发生硬化，就不易透过水分而使种子成为硬实，该部位的物理性质和化学成分常与其他部分有所差异，在显微镜下观察可看到一条明亮的线称为明线。柱状细胞（或称骨状石细胞）体积很大，仅有一列细胞，其排列方向与栅状细胞相同。海绵细胞层由 7 ~ 8 层细胞组

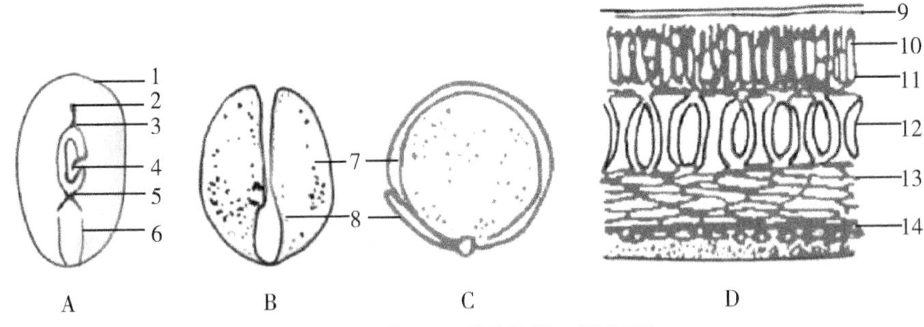

图 1-5 大豆外形及其纵、横剖面

A. 种子外形。B. 剥去种皮的种子。C. 种子纵剖面。D. 种皮横切面。

1. 种皮；2. 内脐；3. 脐条；4. 脐；5. 发芽口；6. 胚根所在部位；7. 子叶；8. 胚根；9. 表皮；10. 明线；11. 栅状细胞；12. 柱状细胞；13. 海绵细胞；14. 内胚乳残留物。

成，横向排列，细胞壁很薄，组织疏松，有很强的吸水力。种皮以内是内胚乳遗迹，此层也称蛋白质层，成薄膜状包围着种胚。

3. 花生种子形态特征（图 1-6）

花生种子属于无胚乳种子，包括种皮和胚两部分。种皮很薄，呈肉色至粉红色，其上分布着许多维管束。花生种皮与一般豆科植物不同，不存在栅状细胞和柱状细胞，因此保护性能较差，很容易破裂，在成熟和收获后的加工与贮藏过程中，也不易形成硬实。胚部的子叶肥厚发达，胚芽、胚轴和胚根在一条直线上，形态粗而短，位于种子的基部。胚芽的两侧真叶已明显分化完成，4 片小叶呈羽状排列。

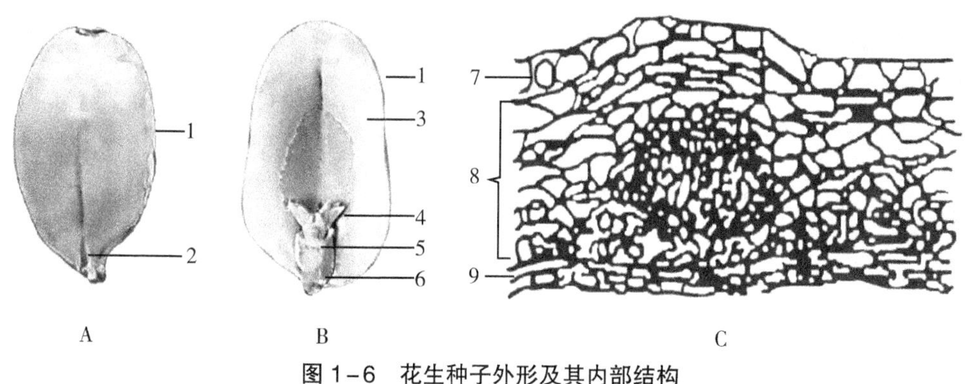

图 1-6　花生种子外形及其内部结构

A. 种子外形。B. 种子纵剖面。C. 种子横切面。
1. 种皮；2. 脐；3. 子叶；4. 胚芽；5. 胚轴；6. 胚根；7. 外表皮；8. 海绵组织；9. 内表皮。

4. 油菜种子形态特征（图 1-7）

油菜（甘蓝型油菜）种子属无胚乳种子，包括种皮及胚两部分，子叶为折叠型，两片子叶对折包在种皮内，子叶的外部仅存在胚乳遗迹。种皮颜色随类型和品种的不同而不同，主体可分为黑褐色、黄色及暗红色 3 类。种皮上可观察到脐，但发芽口等部位难以用肉眼辨别出来。

油菜种皮包括 4 层细胞：第一层为表皮，由厚壁无色（有些类型为黄褐色）细胞组成；第二层为薄壁细胞，细胞较大，呈狭长形，成熟后干缩；第三层为厚壁的机械组织，由红褐色的长形细胞构成，细胞壁大部分木质化，此层细胞也可称为高脚杯状细胞，与第二层细胞镶嵌交错排列；第四层是带状色素层，由排列较整齐的一列长形薄壁细胞组成，此层的色泽因类型、品种而不同。种皮以内为富含油脂和蛋白质的子叶细胞。油菜种皮的第 1 ~ 3 层细胞是区别油菜和十字花科其他植物种子的重要依据。这是因为这 3 层细胞的形状、大小和细胞壁厚薄，在十字花科不同的种之间存在明显的差别。

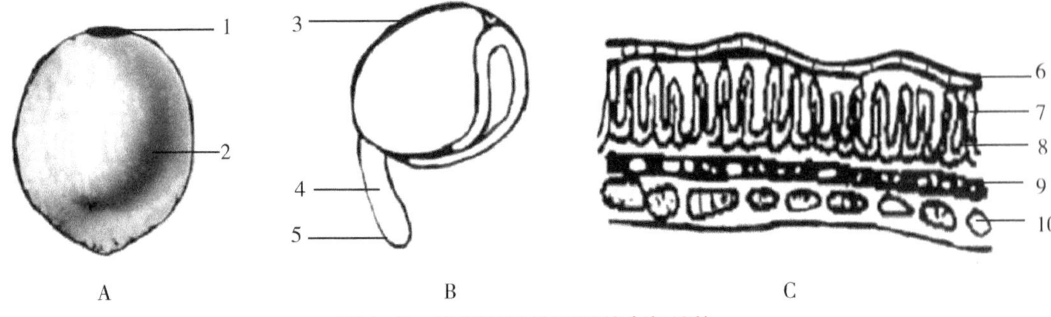

图 1-7　油菜种子外形及其内部结构

A. 种子外形。B. 种子内部构造（去种皮）。C. 种皮横切面。

1. 脐；2. 种皮；3. 子叶；4. 胚轴；5. 胚根；6. 表皮；7. 薄壁细胞；8. 厚壁细胞；9. 色素层；10. 内胚乳残留物。

5. 测定棉花、大豆、花生、油菜种子的长度与宽度

将 10 粒种子分别按照长度和宽度排列，用直尺度量，以“mm”为单位，两次重复，求平均值。

四、注意事项

① 大豆形状是近球形，测量种子大小时可仅测量直径。

② 同一个种不同品种的种子，其大小差异较大。

五、实验结果与分析

① 绘制棉花、大豆、花生、油菜等油料作物种子的外部形态简图和剖面图。

② 计算棉花、大豆、花生、油菜等油料作物种子长度和宽度。

③ 油料作物种子还有哪些？其种子有何特点？

实验三　蔬菜作物种子识别

一、实验原理与目的

蔬菜作物是指可以做菜、烹饪成为食品的一类植物。蔬菜可提供人体所必需的多种维生素和矿物质等营养物质。常见蔬菜作物有十字花科、伞形科、茄科、葫芦科、菊科、百合科、藜科等蔬菜。通过本实验，学习并掌握主要蔬菜作物种子的形态特征。

二、器材与试剂

1. 实验仪器

放大镜、解剖针、镊子、解剖刀、直尺等。

2. 实验材料

十字花科、伞形科、茄科、葫芦科、菊科、百合科、藜科等蔬菜作物种子。

三、实验步骤

1. 十字花科蔬菜种子形态特征

十字花科蔬菜主要有大白菜、甘蓝、芥菜和萝卜等。种子大小中等或较小，形状有球形、椭球形和扁卵圆形等。颜色分乳黄色、红褐色和深紫色等。大白菜、甘蓝和芥菜种子在形状和内部结构上均与油菜相似（图 1-7），只是种皮颜色存在微小的差异。一般甘蓝种子种皮颜色较深，与甘蓝型油菜相似。白菜种子颜色较浅，为紫褐色。芥菜种子的种皮颜色最浅，常为红褐色。萝卜种子的形状和大小与其他十字花科蔬菜种子有明显不同（图 1-8），萝卜种子有棱角，呈卵形或心形，种子较大，千粒重明显高于大白菜和甘蓝种子。

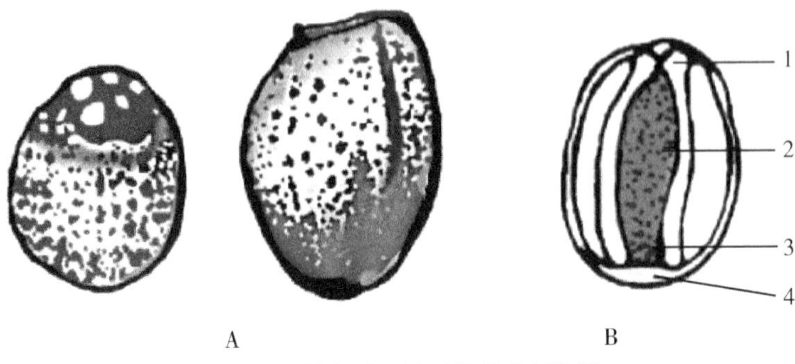

图 1-8　萝卜种子外形及其内部构造

A. 种子外形。B. 种子纵剖面。

1. 子叶；2. 胚根；3. 胚轴；4. 种皮。

2. 伞形科蔬菜种子形态特征

伞形科蔬菜主要有芫荽、芹菜和胡萝卜等。伞形科蔬菜种子较小，且不易与果皮分离。果实由两个单果组成，成熟时有的两单果易分离，有的不易分离。果实背面有肋状突起的果棱，棱上有刺毛或无，棱下有油腺，充满芳香油，因此伞形科种子均有特殊的香味。不同种间果棱的多寡、油腺数目、香味和果实的形状及是否易分离等性状均可作为鉴别不同类型的依据。芹菜种子细小，半椭球体，黑褐色，有 9 条果棱，成熟后单果易分离（图 1-9）。胡萝卜种子也较小，呈半卵形，两个单果合在一起呈卵形，种皮褐色或黄褐色，果棱 9 条，棱上有许多刺毛（图 1-10）。

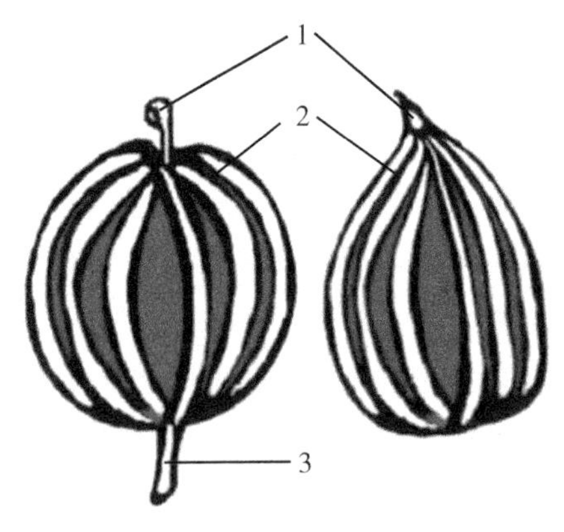

图 1-9　芹菜（分果）种子外形

1. 花柱遗迹；2. 果棱；3. 果柄。

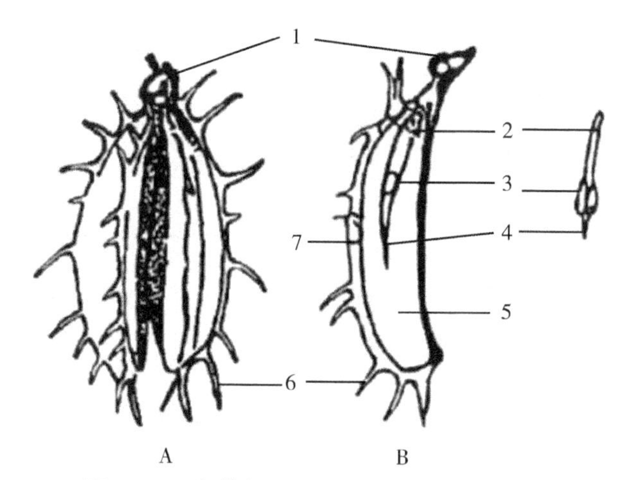

图 1-10　胡萝卜种子（分果）外形及其纵剖面

A. 成对复果外形。B. 种子（单果）剖面图。

1. 花柱遗迹；2. 胚根；3. 子叶；4. 胚芽；5. 胚乳；6. 刺毛；7. 种皮。

3. 茄科蔬菜种子形态特征

茄科蔬菜主要有番茄、茄子和辣椒等。种子扁平，圆形、卵形或肾形。种皮光滑或被有绒毛。种子具有发达的胚乳，胚卷曲埋在胚乳中，胚根突出于种子边缘。番茄种子扁平，种皮的表皮细胞突起形成种毛，其凹陷处是种脐和发芽口。种胚呈螺旋状埋在胚乳中（图 1-11）。茄子种子扁平，近圆形，中央隆起，种皮光滑，呈黄褐色（图 1-12）。

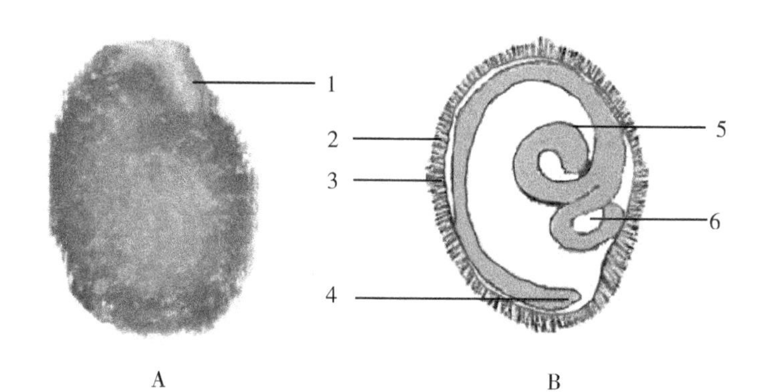

图 1-11　番茄种子外形及其平切面

A. 种子外形。B. 种子平切面。

1. 脐；2. 种皮；3. 种毛；4. 胚根；5. 子叶；6. 内胚乳。

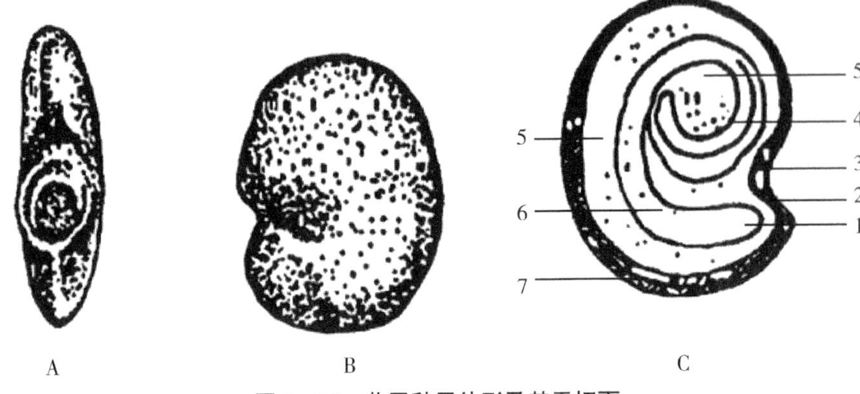

图 1-12　茄子种子外形及其平切面

A. 种子外形侧面。B. 种子外形正面。C. 种子平切面。
1. 胚根；2. 发芽口；3. 种脐；4. 子叶；5. 胚乳；6. 胚轴；7. 种皮。

4. 葫芦科蔬菜种子形态特征

葫芦科蔬菜主要有黄瓜、西瓜、冬瓜、丝瓜和南瓜等。种子较大而扁，颜色分为白色、淡黄色、红褐色、茶褐色和黑色等。外种皮大多较致密且坚硬，内种皮较薄而松脆，两片子叶大而富含营养，胚芽分化程度较低，胚轴较短，无胚乳，西瓜种子有明显的种阜。黄瓜果实内有许多种子，种子易与果肉分离，种子颜色一般为白色或淡黄色，种子尾部有稠密的刚毛（图 1-13）。西瓜种子种皮质地致密，呈卵形，颜色有红褐色和黑色，种子一端可看到种阜（图 1-14）。

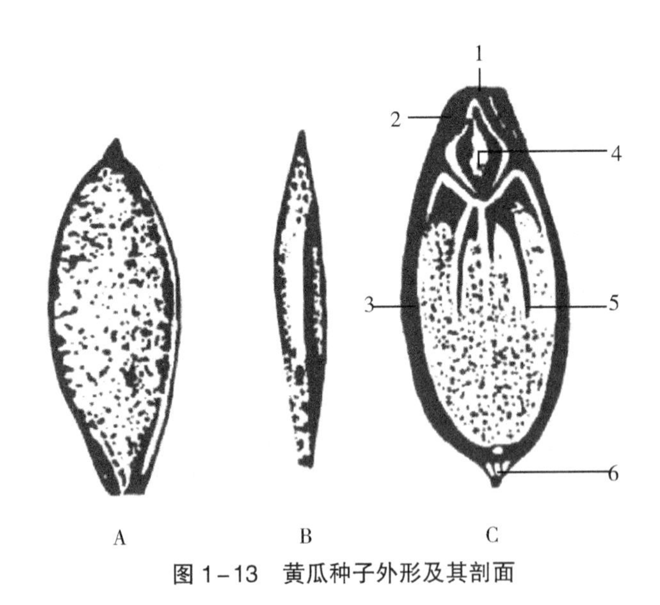

图 1-13　黄瓜种子外形及其剖面

A. 种子外形正面。B. 种子外形侧面。C. 种子剖面。
1. 发芽口；2. 胚根；3. 种皮；4. 胚芽；5. 子叶；6. 刚毛。

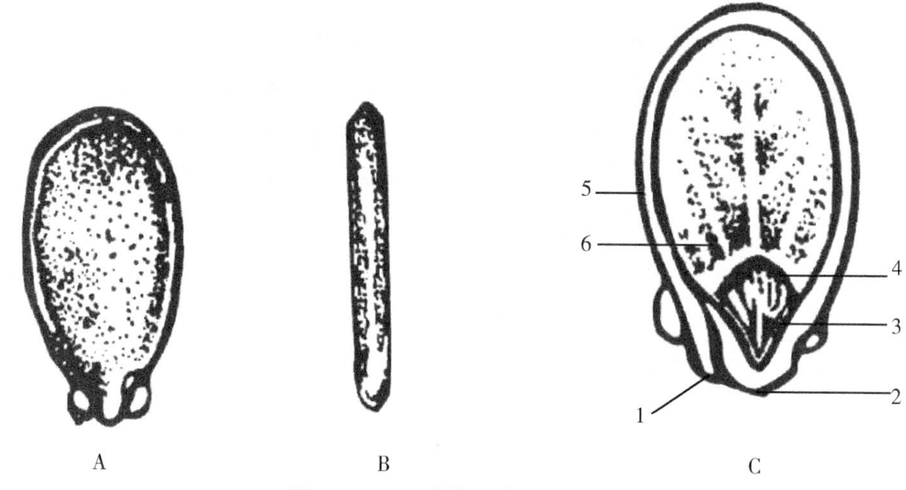

图 1-14　西瓜种子外形及其剖面

A. 种子外形正面。B. 种子外形侧面。C. 种子剖面。
1. 种脐；2. 发芽口；3. 胚根；4. 胚芽；5. 子叶；6. 种皮。

5. 菊科蔬菜种子形态特征

菊科蔬菜主要有莴苣、茼蒿等。菊科蔬菜种子一般较小，属瘦果，果皮坚硬，果实形状有梯形、纺锤形和披针形等，表面有明显的果棱若干条，基部有明显的果脐。每个瘦果内含 1 粒种子，种子一般无胚乳或仅含极少量的胚乳。莴苣种子表面有纵向果棱 9 条，种子扁平，呈披针状（图 1-15）。茼蒿种子表面也有纵向果棱 9 条，种子较厚，呈梯形（图 1-16）。

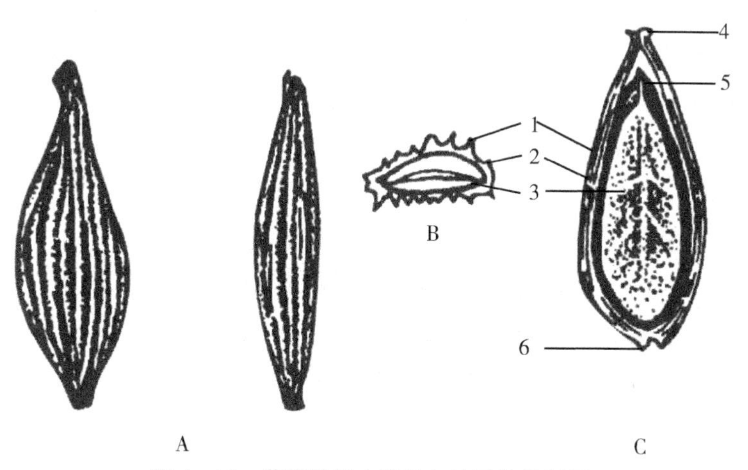

图 1-15　莴苣种子（瘦果）外形及其剖面

A. 种子外形。B. 种子横剖面。C. 种子纵剖面。
1. 果皮；2. 胚乳；3. 子叶；4. 发芽口；5. 胚根；6. 果脐。

图 1-16　茼蒿种子（瘦果）外形

6. 百合科蔬菜种子形态特征

百合科蔬菜主要有洋葱、大葱、韭菜和石刁柏等。百合科蔬菜种子形状有球形、盾形或三角锥状等。种皮黑色、坚硬，单子叶，有胚乳，胚呈棒状或涡状埋在胚乳中。大葱和洋葱种子均较小，呈三角锥形，表面皱缩，背部突出，有棱角，种脐凹陷。一般大葱种子脐部凹陷较浅，背部皱纹较少（图 1-17）；而洋葱种子脐部凹陷较深，背部皱纹较多。两者内部构造相似。石刁柏又称“芦笋”，其种子较其他百合科蔬菜种子大，呈近球形，种子表面较光滑，胚乳发达，胚呈棒状埋在胚乳中（图 1-18）。

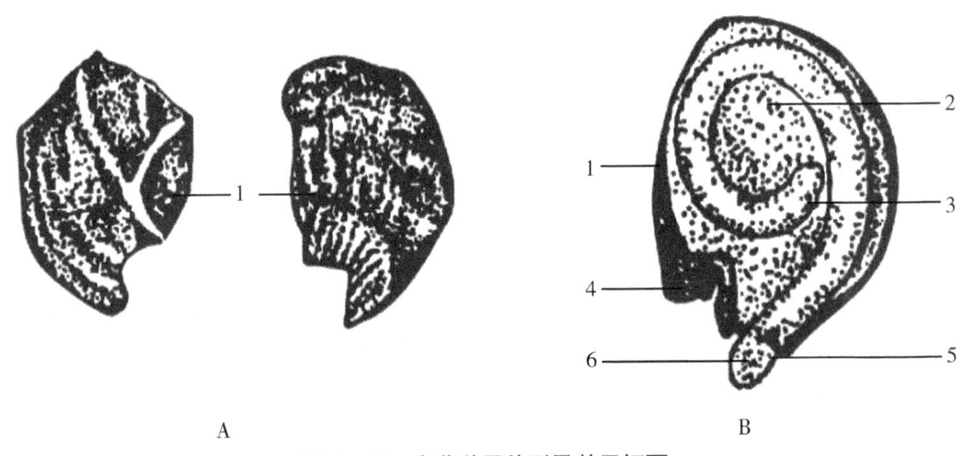

图 1-17　大葱种子外形及其平切面

A. 种子外形。B. 种子平切面。

1. 种皮；2. 胚乳；3. 子叶；4. 种脐；5. 发芽口；6. 胚根。

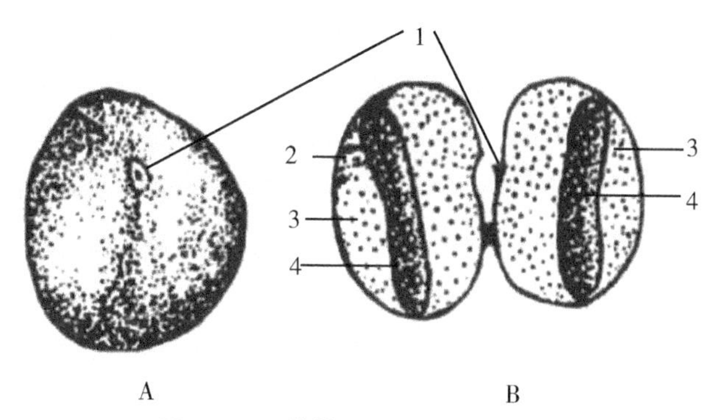

图 1-18　芦笋种子外形及其纵剖面

A. 种子外形。B. 种子纵剖面。
1. 种脐；2. 种皮；3. 胚乳；4. 胚在种子内位置。

7. 藜科蔬菜种子形态特征

黎科蔬菜有菠菜、甜菜等。种子属小坚果，菠菜为单果，甜菜为复果。藜科果实外披有坚厚的果皮，花萼宿存或部分果皮细胞突起，成为果实表面的刺。果实为多角形、菱形和球形等。种子胚部弯曲成环状，埋于发达的外胚乳中。菠菜分为刺果菠菜和圆果菠菜两种。圆果菠菜果实为球形，表面无刺；而刺果菠菜果实为菱形或多色形，表面有刺。两者内部结构相似（图 1-19）。甜菜果实呈多角形，花萼宿存（图 1-20）。

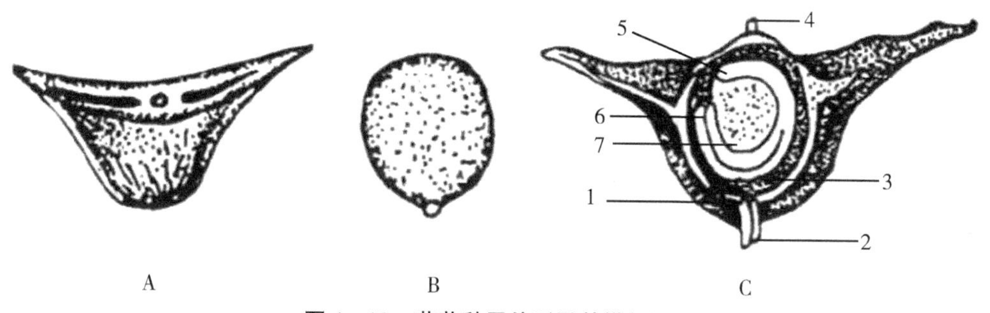

图 1-19　菠菜种子外形及其纵剖面

A. 刺果型种子外形。B. 圆果型种子外形。 C. 种子纵剖面。
1. 果皮；2. 种脐；3. 种皮；4. 花柱遗迹；5. 胚根；6. 子叶；7. 外胚乳。

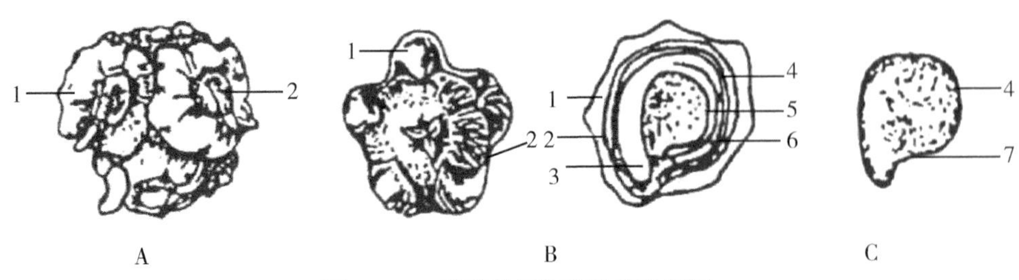

图 1-20　甜菜种子外形及其纵剖面

A. 种球外形。B. 果实纵剖面。C. 种子外形。
1. 花萼；2. 果皮；3. 胚根；4. 种皮；5. 外胚乳；6. 子叶；7. 脐。

四、注意事项

① 同一科蔬菜种子，其形状、大小、颜色差别较大。
② 同为藜科作物，菠菜为单果，甜菜为复果。

五、实验结果与分析

① 绘制主要蔬菜作物种子的外部形态简图和剖面图。
② 计算主要蔬菜作物种子长度和宽度。
③ 如何区分辣椒、番茄和茄子的种子?

第二章　主要作物形态特征观察

实验一　小麦主要形态特征观察

一、实验原理与目的

普通小麦（*Triticum aestivum L.*）是禾本科小麦属下的一个种，大约起源于8000年前，由二粒小麦与山羊草属的节节麦杂交而成。普通小麦是经济上最重要的小麦类型，可用于生产面包、烘焙食品、麦芽、动物饲料、淀粉等。了解小麦的形态特征，对于小麦的种植、栽培和育种都具有重要意义。通过本实验，掌握和辨认小麦植株的主要形态特征，理解小麦发育进程及其外部表现特征。

二、器材与试剂

1. 实验仪器

直尺、镊子、手术剪、滤纸、培养皿、镜子、放大镜等。

2. 实验材料

不同小麦品种成熟植株、种子的实物标本。

三、实验步骤

1. 小麦根系

小麦根系主要分布在0～40 cm土层内，表现为纤维状须根系，由种子根（又叫胚根或初生根）和次生根（又叫不定根或节根）组成。种子根3～8条。当第一片绿叶出现后，种子根的数量即停止增加。初生的种子根粗而柔软，上下粗细一致。种子根长至10～15 cm以后，长出许多侧根，长成后直径缩小。在生育前期，种子根的生长速度超过地上部分，在水、肥、土壤条件良好时，越冬前小麦种子根的长度可达100 cm以上。次生根从分蘖节上发出，随着分蘖发生次生根逐渐增多。

次生根是在麦苗三叶期开始分蘖时从分蘖节生长出来的，每发生一个分蘖，就从该分蘖节上长出2～3条次生根。次生根的生长，有冬季和春季两个高峰，在适宜的条件下，越冬期次生根可达30～60 cm长。次生根比种子根粗壮，它的入土深度比种子根浅。抽穗以后，根系基本停止发展。

2. 小麦茎秆

小麦茎秆细且直立，圆筒形，有弹性，具抗倒作用。茎基部地下茎节可发生分蘖，分蘖是小麦最重要生物特性之一。小麦茎的原始体在幼苗生长锥伸长初期已经形成，茎上各节紧密聚集在分蘖节上。分蘖停止前后，节间开始伸长，当茎伸长到3～4 cm，茎生长点和位于其基部的第一节间都露出地面时称为拔节。50%以上的第一茎节露出地面1.5 cm以上时，称为拔节期。小麦主茎通常有4～6个地上节间。分蘖茎比主茎短，节间数也少。节间长度自上而下依次递增。植株高度一般在60～140 cm之间，矮秆、抗倒的高产品种一般株高60～100 cm。节间的直径，从第二节往上逐渐增大，至最上部的一个节间则又变细。

3. 小麦叶片

小麦叶片以出生先后可分为胚芽鞘叶、真叶、分蘖先出叶（分蘖鞘叶）、颖壳等。小麦出苗后的第一片叶子称为胚芽鞘，是不完全叶，呈管状，是保护幼苗出土的器官。当第一片真叶从胚芽鞘中穿出，并长至正常大小时，胚芽就皱缩枯萎。真叶是正常的绿叶，它由叶鞘、叶片、叶舌和叶耳组成。离主穗最近的一片叶形似剑状，称为旗叶，在小麦的产量形成中起着重要作用。

4. 麦穗和籽实

小麦为复穗状花序，由穗轴和小穗组成。穗轴由许多节片组成，每节着生一枚小穗，每个小穗又包括一个小穗轴，外有两片护颖（颖片），内有小花数朵（一般3～9朵）。每一个小穗一般2～4朵小花结实。每个正常小花有内、外颖（内、外稃），3枚雄蕊和1枚雌蕊，外稃厚而绿，上端着生芒，内稃薄而透明。每枚雄蕊由花丝和花药组成，未成熟花药呈绿色，成熟花粉呈亮黄色。雌蕊由柱头、花柱、子房组成，成熟柱头呈两裂羽毛状。小麦籽粒植物学上称为颖果，成熟时果皮和种皮粘连不分，着生胚一方的背面朝向外颖，腹面向内颖，具腹沟。

四、注意事项

① 不同小麦品种，其植株特征存在一定差异。

② 小麦为复穗状花序。

五、实验结果与分析

① 绘制小麦根系结构图，标明其主要形态特征名称。

② 绘制小麦成熟植株结构简图，标明其主要形态特征名称。

③ 绘制小麦复穗状花序结构简图，标注主要穗部特征名称。

实验二　玉米主要形态特征观察

一、实验原理与目的

玉米（*Zea mays L.*）是禾本科、玉蜀黍属一年生草本植物。玉米原产地于中美洲和南美洲，全球亚热带和温带气候地域普遍栽种，中国全国各地均有栽培。玉米的营养成分较高，是畜牧养殖、水产品养殖等的关键精饲料来源，也是食品类、医疗服务、轻工行业、工业等的必不可少的原材料之一。通过本实验，了解玉米的植物学形态特征，识别玉米的主要类型。

二、器材与试剂

1. 实验仪器

直尺、镊子、手术剪、滤纸、培养皿、镜子、放大镜等。

2. 实验材料

玉米幼苗及成熟的植株（包括有雄穗和雌穗）、各类型的果穗及籽粒。

三、实验步骤

（一）玉米的一般形态特征

1. 玉米根系

玉米具有发达的须根系。根系可深入土层 140 ~ 150 cm，向四周发展可达 100 ~ 120 cm，但主要分布在地表下 30 ~ 50 cm 的土层内。根据根的发生时期、外部形态、部位和功能可以将根分为 3 种类型。

① 胚根（初生根）在胚中就已经具有。种子发芽时首先生出一条初生胚根，继而从下胚轴处再生出 3 ~ 7 条次生胚根。初生胚根与次生胚根组成了玉米的初生根系，这些根系是玉米幼苗期的吸收器官。

② 地下节根（次生根）是在三叶期至拔节期从密集的地下茎节上，由下而上轮生而出的根系。一般 4 ~ 7 层，品种间或同一品种会因春、夏播而不同。它是玉米一生中

最重要的吸收器官。

③ 地上节根（气生根或支持根）是玉米拔节后从地上近地面处茎节上轮生出的根系，一般有 2 ~ 3 层。支持根较粗，保护组织发达，位于土表以上部分能形成叶绿素而呈绿色，有的见光后为紫色。支持根在物质吸收、合成及支撑防倒方面具有重要的作用。

2. 玉米茎

玉米的茎直立，较粗大，圆柱形，一般高 1 ~ 3 m，但因品种、土壤、气候和栽培条件不同而异。茎秆由若干个节和节间组成，通常有 15 ~ 22 个节，其中 4 ~ 6 个节密集在地下部，节与节之间称为节间，各维管束分散排列于其中，靠外周的维管束小而多，排列紧密，靠中央的大而少，排列疏松。茎基部上的腋芽能长成侧枝，称为分蘖，且能形成自己的根系。分蘖力因类型及品种而异。一般硬粒型及甜质型的分蘖力强。生长在良好条件下的大多数品种，各节间长度由下而上顶式增加，而直径逐渐减小。一般情况下，穗颈节最长，其次是穗位的上、下节间较长，各节间长度与环境条件密切相关。

3. 玉米叶

玉米的叶形较窄长，深绿色，互生，包括叶鞘、叶片、叶舌 3 部分。叶鞘紧包茎部，有皱纹，这是与其他作物不同之处。在叶鞘顶部着生有较厚的叶片，叶片主脉明显，叶片边缘呈波浪状，各叶片大小与品种、在茎上的位置及栽培条件有关。由茎基部至穗位叶逐渐增大，由穗位叶至顶部叶又逐渐减小。一般穗位叶或穗位的上、下两叶为最大。玉米单株叶面积变化在 0.3 ~ 1.2 m^2 范围内。玉米第一片叶的尖端为椭圆形，其他各叶叶尖均尖而狭长。玉米下部叶片（约为总叶数的 1/3）表面光滑无茸毛，称之为光叶。紧挨着光叶往上的 1 ~ 2 片叶，表面有少许茸毛，称之为过渡叶。过渡叶以上的各叶，表面都有大量茸毛着生，称之为毛叶。因此，可根据各叶茸毛的特点，作为田间叶龄的诊断指标之一。玉米叶片维管束鞘的大型细胞里含有叶绿体，对降低光呼吸有重要作用。

4. 玉米花序

玉米是雌雄同株异花异位的作物，有两种花序。一种是位于茎顶端的圆锥花序，由雄花构成；一种是着生在叶腋的肉穗花序，由雌花构成。

（1）雄花序

玉米雄花序的大小、形状、色泽因类型而异。在花序的主轴和分枝上成行地着生许多成对的小穗，两个成对小穗中一为有柄小穗，一为无柄小穗。每一小穗的两片颖片中包被着两朵雄花，每一雄花由内外稃、浆片、花丝、花药等构成。发育正常的雄花序有 1000 ~ 2000 个小穗，2000 ~ 2400 朵小花，每一小花中有 3 个花药，每一花药中有花粉粒 2500 粒，故一个雄花序约有 1500 万 ~ 2000 万个花粉粒。

（2）雌花序

玉米的雌花序由腋芽发育而成。一个植株上除上部 4 ~ 6 片叶子外，全部叶腋中都有腋芽，但通常只有 1 ~ 2 个腋芽能正常发育成果穗。果穗是变态的茎，具有缩短的节间及变态的叶（苞叶）。果穗的中央部分为穗轴，红色或白色，穗轴上亦成行地着生许多成对的无柄小穗，每一个小穗有宽短的两片革质颖片夹包着两朵上下排列的雌花，其中上位花具有内外稃、子房、花丝等部分，能接受花粉受精结实；而下位花退化，只残存有内外稃和雌雄蕊，不能结实。果穗为圆柱形或近似圆锥形，每穗具有籽粒 8 ~ 24 行。

5. 玉米籽粒（颖果）

由果皮、种皮、胚和胚乳组成。玉米胚较肥大，一般占籽粒重 10% ~ 15%。胚乳是贮藏有机营养的地方，根据胚乳细胞中淀粉粒之间有无蛋白质胶体存在而使胚乳有角质胚乳和粉质胚乳之分；又由于支链淀粉和直链淀粉的含量不同，有蜡质胚乳和非蜡质胚乳之分。籽粒的颜色决定于种皮、糊粉层及胚乳颜色的配合。因此，有的是单色的，也有是杂色的，但生产上常见的是黄、白两种。种子的外形要近于圆形，顶部平滑，有的扁平，顶部凹陷。种子大小不一，一般千粒重 200 ~ 350 g，最小的有 50 g 多，最大的达 400 g 以上。每个果穗的种子重占果穗重的百分比（籽粒出产率）因种而异，一般是 75% ~ 85%。

（二）玉米类型的特征

玉米属于禾本科的玉米属（*Zea L.*），在该属中仅有一个栽培种（*Zea mays L.*）。通常根据籽粒的谷壳性，即裸粒的或带稃的；籽粒的外部形态，即籽粒的形状及表面特征；籽粒的内部构造，即粉质胚乳和角质胚乳的着生情况等 3 个方面的性状，将玉米划分为 9 个类型（亚种），其特征如下：

1. 硬粒型（*Zea mays L. indurata Sturt.*）

又称普通种或燧石种。果穗多锥形。籽粒顶部圆而饱满，顶部和四周均为角质胚乳，中间为粉质。籽粒外表透明、坚硬、有光泽，多为黄色，次为白色，少部分为红、紫色。与马齿型比较，品质较好，耐低温，适应性强，成熟早，产量稳定，但较低，是生产上的主要类型之一。

2. 马齿型（*Zea mays L. indentata Sturt.*）

果穗多呈圆筒形。籽粒扁平呈方形或长方形，成熟时顶部失水干燥较快，故籽粒顶端凹陷形如马齿。角质胚乳分布于籽粒的两侧，中央和顶部均为粉质。食用品质不如硬粒型。不耐低温，成熟晚，产量高但不稳定，是生产上种植最为广泛的类型之一。

3. 半马齿型（*Zea mays L. semindentata Kulesh.*）

又称中间型。是由硬粒型与马齿型杂交而成的杂交种。与马齿型的区别是籽粒顶部有不大明显的小凹陷，胚乳发达，粉质胚乳比马齿型少，较硬粒型多。因此品质好于马齿型，不及硬粒型，产量较高，生产上种植较多，不是一种稳定类型。目前生产上推广的杂交种多属半马齿型。

4. 蜡质型（*Zea mays L. ceratina Kulesh.*）

籽粒顶端圆形，表面光滑，但无光泽，切面透明，呈蜡状。胚乳全部由角质胚乳所构成，而且该型玉米籽粒的淀粉全部为支链淀粉（其他亚种中支链淀粉及直链淀粉组成约 8% 与 20% 之比）。由于该型玉米煮熟后具有糯性，故有“糯玉米”之称。此种原产我国，是硬粒型玉米引入我国后在西南山地特殊自然条件下形成的一种生态型。

5. 粉质型（*Zea mays L. amylacea Sturt.*）

籽粒圆形或近圆形，与硬粒种相似。不同之处在于本类型籽粒胚乳全部由粉质胚乳所构成（极少有角质胚乳存在），外观不透明，表面光滑，切面全部呈粉状，籽粒颜色有白色及杂色等，胚乳中含淀粉 71.5% ~ 82.66%，蛋白质 6.19% ~ 12.18%，籽粒质地较软，极易磨成淀粉，是制淀粉和酿造的优良原料，我国很少栽培。

6. 甜质型（*Zea mays L. saccharata Sturt.*）

又称甜玉米。植株小而多叶，易生分蘖，穗长度中等，苞叶长，籽粒扁平，成熟时表面皱缩，且坚硬而透明，表面及切面均有光泽，胚较大，胚乳中含有较多糖分（乳熟期含糖量为 15% ~ 18%），脂肪和蛋白质、淀粉含量低，籽粒形状及颜色多样，以黑色及黄色者较多。

7. 爆裂型（*Zea mays L. everta Sturt.*）

果穗小，穗轴较细，籽粒小，胚乳及果实均很坚硬，除胚乳中心部分有极少量粉质胚乳外，其余均为角质胚乳，故蛋白质含量较高。本类型与其他类型最大的区别在于籽粒加热后有爆裂性。这主要是由于籽粒外层的坚韧而富弹性的胶体物质，内部胚乳在加热时体积又能显著膨胀猛烈冲破外层而翻到外面，成为疏松的碎片，比原来的体积可增大 2.5 ~ 3 倍。因为此类型的植株及果穗较小产量低，故仅用于制作糕点之用。由于籽粒形状不同，可分为米粒型和珍珠型两种。前者籽粒较大（果穗也大一点），先端尖，呈米粒形；后者籽粒小，圆形，果穗细长。籽粒的颜色甚多，而一般以金黄色及褐色者多。

8. 有稃型（*Zea mays L. tunicata Sturt.*）

此类型与其他类型的最大区别在于小穗颖片和稃非常发达，呈羊皮纸质，紧包于颖果之外，用一般方法难于脱粒。植株高大多叶，籽粒形状颜色及胚乳的性质极为多样化，但一般以角质胚乳较多，包围在粉质胚乳四周，籽粒一般呈圆形，其顶端较尖的比较普遍，果穗轴较细。小穗花有明显的小花梗，雄花序分枝发达，且雄花序上结实的返祖现象较为普遍。该类型属最原始类型，没有生产价值。

9. 甜粉型（*Zea mays L. amyleo-saccharata Sturt.*）

籽粒上部为含糖分较多的角质胚乳，似甜型，而下部为粉质胚乳。该类型我国目前尚没有种植。

四、注意事项

① 不同类型的玉米存在较大差异。
② 玉米为雌雄同株异花植物。

五、实验结果与分析

① 按所发果穗的编号，根据不同的特征，判断各属何种类型，填入表 2-1。

表 2-1　玉米果穗类型观察记载表

果穗编号	1	2	3	4	5	6	7	8	9
属何种类型									

② 绘制玉米成熟植株结构简图，标明其主要形态特征名称。
③ 绘制各类玉米籽粒剖面图，标明各部分的名称。

实验三　水稻主要形态特征观察

一、实验原理与目的

水稻属禾本科（*Gramineae*）稻属（*Oryza*），一年生禾本植物，栽培稻目前只有两个种，即普通栽培稻（*Oryza sativa*）和非洲栽培稻（*Oryza glaberrima*）。普通栽培稻又分为籼亚种和粳亚种。通过本实验，识别水稻的形态特征，掌握普通栽培稻两个亚种的区别。

二、器材与试剂

1. 实验仪器

载玻片、解剖刀、相机、显微镜、米尺、镊子等。

2. 实验材料

籼稻及粳稻的开花期植株及花、穗、种子的实物和有关标本和图片。

3. 实验试剂

石炭酸等。

三、实验步骤

1. 水稻的形态特征

（1）水稻根系

水稻的主根出生后不久就停止生长或死亡，在胚轴和茎基部的节上生出许多粗细相等的不定根，再由不定根上生成侧根，整个根系外形呈絮状，所以把它称作须根系。它是由种子根和不定根组成的。所以须根系主要是由不定根组成的。水稻根系主要集中在 0 ~ 20 cm 的耕作层内，占总根量的 90% 以上。在生育前期根系主要横向发展，生育中期根系才穿过犁底层，伸入土壤下层，迅速向下发展，到抽穗前后就基本停止生长。浮根在幼穗分化期形成，分布在 5 cm 的表土层中，在抽穗后继续伸长，直到成熟。稻根的颜色有白色、黄褐色和黑色之分，不同的颜色表示不同的根系活力。白色根的活力最强，黄褐色根活力下降，而黑根已基本失去活力。

（2）水稻的茎

水稻的茎一般呈圆筒形，中空，茎上有节，叶着生在节上，上下两节之间称节间，茎基部有 7 ~ 13 个节间不伸长，称为蘖节，茎的上部有 4 ~ 7 个明显、伸长的节间，形成茎秆；水稻的叶互生于茎两侧，为 1/2 叶序，主茎叶数与茎节数一致，数目多少与品种、生育期有直接关系，稻叶分为叶鞘和叶片，其交界处有叶枕、叶耳和叶舌。

主茎的总节数因水稻品种而有不同，有 10 ~ 17 个，深水稻有 20 多个。抽穗后可以测量茎长，即测定自地面到穗基部的长度，以"cm"表示。株高是水稻栽培品种的重要性状之一。测量株高是在稻穗成熟后取有代表性的植株 5 ~ 10 株自地面至穗顶（不连芒）的高度，以"cm"表示，其中茎长是最重要的组成。国际水稻研究所测量世界水稻品种 49 816 个的株高平均值为 117.8 cm，分布范围为 19 ~ 213 cm。我国地方品种的株高大部分在 120 ~ 160 cm，而改良品种的株高多在 80 ~ 120 cm，其中早稻品种偏矮，而晚稻品种偏高。

（3）水稻叶片

水稻的完全叶由叶片、叶鞘、叶舌、叶耳、叶枕组成。水稻叶片平展，其大小、长短、弯曲度和叶色的浓淡因品种、栽培条件、环境条件的不同而不同。叶鞘包围茎秆，中央厚而两侧薄。叶片与叶鞘交界处称为叶枕，叶枕处有舌状薄片称为叶舌，但少数品种如白秆稻缺少叶舌。叶舌两侧有一对绒毛状的叶耳，老叶可能没有叶耳。叶舌、叶鞘、叶耳有防止水分浸入和散失的作用。

（4）水稻的蘖

水稻蘖由叶腋芽发育而成，包括一次分蘖、二次分蘖和三次分蘖。分蘖指禾本科等植物在地面以下或近地面处所发生的分枝，产生于比较膨大而贮有丰富养料的分蘖节上。分蘖节：着生分蘖的密集的节和节间部分通常称为分蘖节。蘖位：分蘖着生的位置称为蘖位。直接从主茎基部分蘖节上发出的称一级分蘖；在一级分蘖基部又可产生新的分蘖芽和不定根，形成次二级分蘖；在二级分蘖基部又可产生新的分蘖芽和不定根，称为三级分蘖。

（5）水稻的穗

水稻的穗为是圆锥花序，由穗轴（主梗）、一次枝梗、二次枝梗（间或有三次枝梗）、小穗梗和小穗组成。穗的中轴为主梗即穗轴；轴上有穗节，节上着生第一次枝梗；第一次枝梗再分出的小枝称为第二次枝梗；由第一次和第二次枝梗分出小穗梗，末端着生小穗即颖花。水稻小穗由小枝梗（或称小穗柄）、小穗轴、两枚颖片（相当于苞片）和 3 朵小花组成。其中，顶花为可孕小花，小花无柄，其组成包括小花轴（相当于花托）和依次向上侧生的外稃（1 枚）、内稃（1 枚）、浆片（2 枚，又称鳞被）、雄蕊（6 枚）和雌蕊（1 枚）所组成。而另外 2 朵下位侧生的小花则严重退化，表现为仅存 1 枚外稃和其内侧隆起的阜状结构。

（6）果实（颖果）

水稻果实是颖果，是果实的一种类型，属于单果，是禾本科特有的果实类型。每粒颖果中有且仅有一枚种子，果实发育成熟后，颖果的果皮不开裂且与种皮高度愈合，难以分离，因此在农业生产中，人们常将颖果直接称为种子。

水稻谷粒的结构中包含颖和颖果。其中颖是指稻壳，由内颖、外颖、护颖和颖尖构成，内颖和外颖构成谷壳，护颖保护内、外颖。颖果是指糙米，由果皮、种皮、胚和胚乳构成，果皮和种皮在最外层，胚在下腹部，胚乳在种皮内。稻谷脱去稻壳后就能得到糙米，糙米属颖果，碾去外表皮层是米糠，留下的胚乳就是可以食用的大米。

粳型非糯性稻谷和籼型非糯性稻的颖的质量分别占谷粒质量的 18% 和 20% 左右。内颖和外颖基部的外侧各生有 1 枚护颖，护颖会托住稻谷籽粒，保护内颖和外颖。外颖有 5 条纵向脉纹，内颖有 3 条纵向脉纹。外颖尖有芒，内颖则一般不生芒，一般粳型非糯性稻谷出现芒的情况比较多，多数的籼型非糯性稻是没有芒的，如果有芒，就多是短芒。有芒的稻谷容重较低，流动性不好。

（7）种子

水稻的种子即谷粒，为颖果，长在小穗梗上，下面还有退化花的结构。谷粒去壳后为糙米，即种子。糙米的表皮即种皮，大多数是白色透明的，也有的品种是紫红、黑色、浅绿等颜色，糯米为乳白色。糙米明显凹陷的部位是胚，胚外为胚乳，着生胚的一面称为腹面，相反的一面称为背面。糙米表面常见纵向沟纹和垩白。大多数米粒的腹部与中心处有一白色不透明部分，在腹部的称为腹白，在中心处的称为心白。腹白和心白统称为垩白，组织疏松，米质差，加工时容易成碎米。所以米粒腹白、心白的有无和多少是鉴别米质好坏的重要标志。

胚位于米粒腹面的基部，由受精卵发育而来，是种子发育成幼苗的雏体。胚的中轴为胚轴，从胚轴着生 1 个盾片，胚轴上端连着胚芽，内有茎的生长点，其外有圆锥形的胚芽鞘，胚轴下端连着胚根（1 条，又称种根，支持幼苗，一般待节根形成后即枯萎）。

2. 2 个栽培稻亚种的主要区别

① 观察 2 个栽培稻亚种植株及成熟稻穗的差异。

水稻的普通栽培亚种常见的有 2 个：粳稻和籼稻。粳稻主要分布在我国的黄河流域、北方和东北地区，而籼稻在我国的主产区则在秦岭—淮河以南地区和华南地区。2 个栽培亚种主要从株型、叶、粒以及生理性状等方面加以辨别，见下表（表 2–2）。

表 2–2　籼稻和粳稻的主要区别

性状	籼稻	粳稻
叶形、叶色和顶叶角度	叶片较宽，色淡绿，顶叶开角度小	叶片较窄，色浓绿，顶叶开角度大

续表

性状	籼稻	粳稻
叶毛多少	一般叶毛多	一般叶毛少或无毛
芒的有无	多数无芒，少数有短芒直生	多数有长芒或短芒直生，芒略呈弯曲状
稃毛	稃毛稀而短，散生稃面	稃毛密而长，集生稃尖或棱上
谷粒形状	谷粒细长，稍扁平	谷粒短圆，稍宽厚
株高及株型	茎秆较高且粗，多超过 1 m，株型松散	茎秆较低且细，多为 75 ~ 95 cm，株型紧凑
着粒密度	着粒密度稀	着粒密度密
脱粒难易	易脱粒	难脱粒
出米率及米粒强度	出米率低，米粒强度低	出米率高，米粒强度大
分蘖数	较多	较少
谷粒对石炭酸反应	能为石炭酸染色且染色较深	不为石炭酸染色或染色较浅
发芽速度	较快	较慢
生长期	短	长
抗寒性	较不耐寒，易烂秧	较耐寒，不易烂秧
抗旱性	较弱	较强
耐肥性	矮秆较耐肥，高秆不耐肥	耐肥
抗病性	对稻瘟病抗性较强，对白叶枯病抗性较弱	对稻瘟病抗性较弱，对白叶枯病抗性较强

② 石炭酸染色观察两类米粒横截面的染色程度差异。

四、注意事项

① 粳稻和籼稻存在较大差异。
② 水稻的种子为颖果。

五、实验结果与分析

① 绘出两类水稻亚种株型简图，注意株高、分蘖数、叶形的差异图，并注明各部

分名称。

② 根据观察结果，说明籼稻和粳稻穗的区别。

③ 根据 2 个栽培稻亚种形态观察结果，填写表 2–3。

表 2–3　我国 2 个栽培稻亚种的形态区别表

特征		粳稻	籼稻
拉丁名			
植株大小			
叶	形状		
	颜色		
	剑叶开角		
	叶毛		
茎	茎节粗细		
	株高		
株型	株型松紧		
	分蘖		
成熟稻穗	长短松紧、着粒密度		
	芒（长短、有无）		
	脱粒难易		
带壳稻粒	稃毛（多少）		
	粒形		
无壳稻粒	米粒强度		
	石炭酸染色		

实验四　花生主要形态特征观察

一、实验原理与目的

花生属豆科花生属（*Arachis*）。花生属有 21 个种，其中只有一个栽培种（*Arachis hypogaea L.*），其余均为野生种。花生是我国的主要油料作物，种子含脂肪 50% ~ 58%，油的气味清香，富含不饱和脂肪酸，酸值也较低，是一种优质食用油。花生又是食品和脂肪加工工业的重要原料，是人造奶油及橄榄油的优质替代品。通过本实验，掌握和辨认花生的主要形态特征，了解花生的不同类型，掌握其不同类型特点。

二、器材与试剂

1. 实验仪器

直尺、镊子、手术剪、放大镜等。

2. 实验材料

不同类型花生植株、种子的实物标本。

三、实验步骤

1. 花生的主要类型

（1）普通型

根据株型分立蔓、半立蔓和蔓生 3 个亚型。荚果为普通形，果嘴不明显，网纹较浅，果型大，称之为大花生。荚果一般有 2 粒种子，种子呈椭圆形，种皮为粉红色或深红色。茎枝粗壮，分枝较多，常有第三分枝。茎枝花青素不明显，呈绿色。叶片小或中等，呈倒卵形，绿色或深绿色。主茎不开花，属交替开花、分枝型。单枝开花量较多，大田群体条件下开花量 150 ~ 200 朵。春播生育期 140 ~ 180 d，种子休眠时间长，在 90 d 以上，要求总活动积温 3200 ~ 3600 ℃。

（2）龙生型

荚果曲棍形或峰腰形，有明显的果嘴，腹缝线呈龙骨状突起，每荚 3 室或 4 室，也有 2 室。种子圆锥形或三角形，种皮红色或暗褐色。株型多为蔓生、匍匐。分枝性强，常有第四分枝，在条件适宜时单株总分枝数可达 120 个，侧枝长达 1 m 以上。茎枝上茸毛较密，茎部花青素多，呈紫红色，叶片小，呈倒卵形或宽倒卵形，叶面和叶缘有明显的茸毛，叶色多为深绿色或灰绿色。主茎不开花，侧枝上花序与分枝交替着生，开花期长，花量多。单株结果多，但秕果率较高，结果分散。生育期较长，一般春播生育期 160 d，所需总活动积温 3300 ~ 3500 ℃。

（3）珍珠豆型

荚果葫芦形，少数蜂腰形，果型中小，一荚二室，籽粒饱满。种子圆形或桃形，种皮有光泽，多为浅红色，少数为深红色。分枝少，茎枝花青素少，呈绿色或黄绿色。主茎开花，侧枝上二次分枝少，各节连续着生花序，开花期较短，花量少。株型紧凑，结果集中。生育期较短，早熟，春播一般约为 130 d，要求总活动积温为 2800 ~ 3000 ℃。

（4）多粒型

荚果为串珠形，果嘴不明显，果壳厚，网纹较强，每荚 2 ~ 4 室，3 或 4 室较多。种仁小，形状不规则，略呈圆锥形、圆柱形或三角形，种皮光滑，有光泽，呈深红色或紫红色。株型直立，株丛高大，茎枝粗壮。分枝少，茎枝上茸毛稀长。茎部花青素一般较多，中后期呈红色或紫红色。叶片大，呈椭圆形或长椭圆形，叶色浅绿或黄绿，叶脉较明显。主茎开花，侧枝上二次分枝少，各节连续着生花序，花期长，花量大，结实集中。生育期较短，春播一般约 120 d，要求总活动积温 2700 ~ 2900 ℃，成熟特早，产量很低。

2. 花生各器官形态特征

（1）种子

花生种子由种皮和胚两部分组成，胚又分为子叶、胚根、胚轴及胚芽 4 部分，胚乳在种子发育过程中败育。花生种皮薄，易吸水，皮色有黑、紫、紫黑、紫红、红、深红、粉红、淡红、浅褐、淡黄、红白相间等。种子的大小，因品种和栽培条件而异，百仁重在 80 g 以上的为大粒种，50 g 以下的为小粒种，50 ~ 80 g 的为中粒种。胚的各部分都由受精卵发育而来。子叶两片，肥厚，其重量占种子总重量的 90% 以上。胚芽由 1 个主芽（或称主轴）及 2 个侧芽（侧轴）组成，主芽以后发育成主茎，侧芽即发育成第一对侧枝。

（2）根和根瘤

花生的根属直根系，由主根和各级侧根组成。出苗时，主根已深入 20 ~ 40 cm 土层；开花时，主根深达 50 ~ 70 cm，侧根 100 余条；开花后根系生长很旺盛，如土壤条件良好，成熟植株根深达 280 cm。花生和其他豆科作物一样，具有根瘤，能固定空气中氮素。花生的根瘤为圆形，多数着生在主根的上部和靠近主根的侧根上，在胚轴上亦能形成。花生种子萌发后，根瘤菌由幼根皮层侵入，主茎 4 ~ 5 片真叶时，肉眼可见根瘤开始形成，开花期根瘤仍继续形成，并逐渐长大，固氮能力明显增加，结荚期是固氮的高峰期，进入饱果成熟期固氮能力迅速衰退，根瘤破裂，根瘤菌重新回到土壤中。

（3）茎和分枝

花生的主茎直立，幼时截面呈圆形，中部为髓。盛花期后，主茎中、上部呈棱角状，髓部中空，下部木质化、截面呈圆形。枝上生有白色茸毛，茸毛密度因品种而异。茎色一般为绿色，有些品种茎上含有花青素，茎呈现部分红色。主茎一般有15 ~ 25个节间，节间多少取决于生育期长短和温度；子叶节以上第一节长约1 ~ 2 cm，第二至第五节间极短，以后的节间逐渐伸长，而上部几个节间又明显较短。

花生的分枝数量，依品种不同而有变化，一般密枝亚种分枝较多，但受栽培环境和种植密度影响较大。疏枝亚种则变化较小。花生第一、第二两条一次分枝从子叶叶腋间生出，对生，通称第一对侧枝。第三、第四条一次分枝由主茎上第一、第二真叶叶腋生出，互生，由于节间极短，近似对生，一般也称为第二对侧枝。这两对侧枝及其生长出的二次分枝构成花生植株的主体，到产量形成时，其上的叶面积占全株的绝大部分，也是开花结果的主要部位。

（4）叶

花生叶可分为不完全叶和完全叶（真叶）两类。每一分枝第一或第二节上着生的先出叶为鳞叶，属不完全叶。真叶为四小叶的羽状复叶，小叶数偶有多于或少于4片者。小叶片全缘，分卵形和椭圆形，有的品种近似披针形。花生叶片的解剖结构与一般双子叶植物相似，其特点是在下表皮与海绵组织之间有一层大型薄壁细胞，无叶绿体，可占叶片厚度的1/3左右，常称为贮水细胞，一般认为，与花生的抗旱性有关。

花生每一真叶相对的4片小叶，夜间或光强减弱时，会成对地闭合，白天或光强增加时重新张开。这种昼开夜合的现象称为“感夜运动”或“睡眠运动”。花生叶片同时具有较明显的“向阳运动”，即在晴天条件下，叶片在一日内随太阳辐射角的变化而不断发生变化，其正面尽可能对着太阳。

（5）花序和花

花生的花序为总状花序或复总状花序。根据花序轴上着生花的数量分为长花序和短花序。花序轴上只着生1 ~ 2朵或3朵花称短花序；凡花序轴较长，着生3 ~ 7朵花者称长花序。花序轴的每一节上着生苞叶一片，其叶腋中着生一朵无柄花。花生侧枝上着生花序的情况有两种：一种是侧枝每一节都着生花序的称连续开花型；另一种是侧枝上最初1 ~ 3个节上只长营养枝，其后几节长花序，然后几个节又长营养枝，这种营养枝和生殖枝交迭发生，称为交迭开花。

花生花器由苞叶、花萼、花冠、雄蕊和雌蕊组成。花为蝶形花，花的基部最外层为外包叶，其内为1片二叉状内苞叶，花萼下部形成细长的花萼管，上部为5枚萼片，其中4枚联合，1枚分离，萼片呈浅绿、深绿或紫绿色，被有茸毛。花冠由1片旗瓣，2片翼瓣和2片联为一体的龙骨瓣组成，呈橙黄色。雄蕊10枚，通常2枚退化、8枚有花药。花药形成时，长花药 4 室，短花药 2 室；花药成熟时，由于中间药隔破裂，分别成为 2 室或 1 室。雌蕊 1 个，单心皮，子房上位，子房位于花萼管底部，花柱细长，穿过花萼管和雄蕊管，与花药会合。

（6）果针

当卵细胞受精后，子房基部的一部分细胞开始分裂、伸长。大约在开花后 4 ~ 6 d，即形成明显可见的子房柄。子房柄连同子房合称果针。果针尖端表皮细胞木质化，可保护子房入土。果针形成不久，即弯曲向下插入土中。原胚（胚细胞和胚乳核）暂时停止分裂，当入土达一定深度后，子房柄停止生长，原胚恢复分裂，子房开始膨胀，并以腹缝向上横卧生长，发育成荚果。果针形成比开花对温度反应更敏感，高于 30 ℃或低于 19 ℃基本不能形成果针。空气干燥也会影响受精，从而阻碍成针。果针能否入土，主要取决于果针穿透能力、土壤阻力及果针着生位置高低。

（7）荚果

花生果实属于荚果，果壳坚厚，成熟时不开裂，具有纵横网纹，前端突出略似鸟嘴称果嘴。每果通常 2 室以上，各室间有果腰，但无隔膜。荚果形状因品种而异，可分为普通形、斧头形、葫芦形、蜂腰形、茧形、曲棍形、串珠形。荚果的发育分为两个时期。前期称荚果膨大期，约 30 d，为体积增大期。一般果针入土 7 ~ 10 d 后，子房已明显膨大，入土后 10 ~ 20 d 进入膨大高峰期，30 d 后果形基本定形。后期称充实期或饱果期，约 30 d，体积不再增大，荚果干重迅速增长，其中主要是子仁干重增长。入土 60 d 左右，荚果干重和子仁油分基本停止增长，此时果壳也逐渐变厚变硬，网纹明显，种皮逐渐变薄，显现出品种本色。花生是地上开花地下结果的作物，其荚果发育要求的条件与其他作物相比，有很大的特殊性。除养分等条件外，黑暗是荚果膨大的必要条件。

四、注意事项

① 不同花生品种，其植株特征存在一定差异。

② 不是所有的果针都能入土。

五、实验结果与分析

① 绘制花生结构图，标明其主要器官名称，并描述其特征。

② 描述不同类型花生的主要特点。

实验五　大白菜主要形态特征观察

一、实验原理与目的

大白菜属十字花科（*Cruciferae*）芸薹属（*Brassica*）芸薹种（*B. campestris L.*）大白菜亚种 [ssp. *Pekinensis*（*Lour*）*Olsson*]，是一年生、二年生草本植物，具有明显的叶翼，顶芽发达能形成叶球。通过本实验，掌握和辨认大白菜的主要形态特征。

二、器材与试剂

1. 实验仪器

解剖刀、显微镜、钢卷尺、镊子、秤、放大镜等。

2. 实验材料

半结球白菜，花心白菜，卵圆型、平头型和直筒型结球白菜的植株及花、角果、种子的实物和有关标本及挂图。

三、实验步骤

1. 大白菜的一般形态特征

（1）根

直根系，由主根、侧根和根毛组成。主根上着生两列侧根，平行生长，每列由左右两排组成，侧根可再生长出不同级数的侧根。结球期，主根、侧根和根毛形成一个上大下小的圆锥形根群。大部分根量分布于耕作层内，为浅根系植物。

（2）茎

分幼茎、短缩茎和花茎。幼茎即幼苗出土后子叶以下、胚根以上的下胚轴部分。短缩茎是于营养生长期形成的肥大器官，顶端是顶芽，腋芽一般不发达，节间极短。叶着生于节上，下部连接主根，心髓发达，分扁圆形、近圆形、近椭圆形、锥形 4 种形状。生殖生长期，短缩茎顶部抽生花茎，高度 1 m 左右，分枝 1 ~ 3 次，表皮分黄绿、浅绿、绿、红绿、紫色等颜色，有蜡粉，茎生叶、花、角果均着生于花茎上。

（3）叶

分子叶、初生叶、莲座叶、球叶和茎生叶 5 种。子叶 2 枚，对生于胚轴上，大小、形状、色泽、凹槽深度、保持力等因品种而异；初生叶即幼苗期的基生叶片，长椭圆形，羽状或网状叶脉，叶表有或无茸毛，有明显叶柄，无托叶，其大小、形状和叶缘锯齿已具品种间差异；莲座叶为功能叶，着生于短缩茎上，莲座状排列，其外层叶与地面所成角度、最大叶长宽比、叶形、叶色（黄绿、浅绿、中绿、灰绿、深绿、紫红等）、叶表光泽程度、叶背茸毛有无及多少、叶缘波浪大小、叶缘缺刻状态（全缘、圆齿、单齿、复齿）、泡状突起大小及数量、叶脉鲜明度、中肋颜色（白、绿白、浅绿、绿）及横切面形状（新月、半圆、扁平、近三角、多戟形）等性状因品种而异；顶芽上的叶原基长成球叶，向心包合成为叶球，叶球是大白菜的养分贮藏器官；花茎上发生茎生叶，互生，叶基部抱茎或不抱茎，表面有蜡粉。

（4）叶球

叶球是大白菜去除外叶后的产品器官，性状特点因种而异。叶球顶部闭合类型有开放、半开放、闭合 3 种，叶球顶部抱合状态有舒心、拧抱、合抱、叠抱等，叶球顶部形状有平、圆、尖 3 种，叶球形状有球形、头球形、倒锥形、筒形、炮弹形、长筒形、平头形、牛心形、卵圆形等，叶球上部颜色有白、浅黄、浅绿、中绿、紫红等，叶球内叶颜色有白、浅黄、黄、橘黄、紫红等。

（5）花

完全花，复总状花序，未开放前称为花蕾。发育成熟的花分 7 部分：

①花梗：是花和花枝主轴相连的中间部分。

②花托：花梗上部膨大形成，是雄蕊群和雌蕊着生部位。

③花萼：包被在花最外侧的叶状物，呈绿色，共 4 片，内外 2 轮排列。

④花冠：位于花萼内侧，由 4 个离生的花瓣组成，十字形排列。花瓣形状有近圆形、倒卵形、长倒卵 3 种，花瓣大小有小、中、大之分，花瓣颜色有白色、浅黄、中黄、深黄、橙黄等。

⑤雄蕊：雄蕊由花药和花丝组成，着生于花冠内部花托上，由 6 枚排成 2 轮，4 强雄蕊花丝较长在内轮，2 枚花丝较短在外轮。花药长形，有可育和不育之别，一般向着雌蕊开裂散花粉粒。

⑥雌蕊：位于花的正中部，由 2 个合生心皮构成，分柱头、花柱和子房 3 部分。子房上位，2 室，有假隔膜，内含胚珠多个。

⑦蜜腺：共 6 个，分布于子房基部、花丝两侧，呈绿色圆形小突起。

（6）果实角果

通常称种荚，成熟后易开裂，由果皮及内部的种子构成。其长度、宽度、喙的长短和粗细、表皮颜色和凹凸状况、单角果种子数及落粒性等因种而异。

（7）种子

扁球形，黄色、浅褐、褐色、红褐、褐绿或深褐色，由种皮及胚构成。种皮5层，上有种脐和种孔。胚分子叶、胚芽、胚轴和胚根 4 部分。

2. 大白菜亚种 4 个变种的主要区别

大白菜亚种分 4 个变种：散叶变种（*var. dissolute Li*）、半结球变种（*var. infarcta Li*）、花心变种（*var. laxa Tsen et Lee*）和结球变种（*var. cephalata Tsen et Lee*）。目前，栽培上以结球变种为主，又分 3 个基本生态型：卵圆型（*ecotp. ovata Li*）、平头型（*ecotp. depressa Li*）和直筒型（*ecotp. cylindrica Li*）。4 个变种及 3 个生态型间相互杂交，又派生出 5 个次级类型：平头直筒形、平头卵圆形、圆筒形、花心直筒形、花心卵圆形。见表 2-4。

表 2-4 4 个大白菜变种的形态区别

性状	散叶变种	半结球变种	花心变种	结球变种
顶芽发达程度	不发达	外叶发达，内叶不发达	发达	发达
叶球紧实度	不形成叶球	不紧实	较紧实	紧实
叶球形态	植株较直立，叶片披张，不形成叶球	植株高大，外叶发达抱合成球，球内松空，球顶开放，一般无茸毛纤维少品种作苗菜用	叶球顶端外翻，呈白色、淡黄色或黄色舒心状，比半结球品种结球实	卵圆形品种球形指数 1.5，球顶近于闭合，叶片较薄叶数多，茸毛较多；平头形品种球形指数 1.0，叶球叠抱、倒锥形，球顶平坦、完全闭合；直筒形品种球形指数大 4.0，球顶半开放或近于闭合，叶片较厚，无毛或少毛

四、注意事项

① 不同大白菜品种，其植株特征存在一定差异。

② 大白菜的莲座叶和球叶有明显区别。

五、实验结果与分析

① 绘出大白菜花器官的解剖图、种子的纵剖面图，并注明各部分名称。

② 根据观察结果，说明耐抽薹品种和易抽薹品种的形态区别。

③ 根据 5 个主栽大白菜类型的形态观察结果，填写表 2-5。

表 2-5 5 个主栽大白菜类型的形态区别表

特征	观察时期	半结球大白菜	花心大白菜	结球大白菜		
				卵圆形	平头形	直筒形
拉丁名						

续表

特征		观察时期	半结球大白菜	花心大白菜	结球大白菜		
					卵圆形	平头形	直筒形
子叶	颜色	幼苗初期					
	大小	幼苗初期					
植株	株型	莲座后期					
	株高 /cm	结球后期					
	开展度 /cm	结球后期					
外叶	颜色	莲座期					
	叶缘波纹	莲座期					
	叶缘齿状	莲座期					
	叶面皱缩程度	莲座期					
	叶面光泽度	莲座期					
	叶面茸毛多少	莲座期					
	叶脉鲜明度	莲座期					
	外叶数量 / 片	结球后期					
	中肋颜色	结球后期					
	中肋横切面形状	结球后期					
	最大叶长 /cm	结球后期					
	最大叶宽 /cm	结球后期					
叶球	顶部闭合类型	收获期					
	抱合类型	收获期					
	顶部形状	收获期					
	叶球形状	收获期					
	上部颜色	收获期					
	内叶颜色	收获期					
	单株质量 /kg	收获期					
	叶球质量 /kg	收获期					

续表

特征		观察时期	半结球大白菜	花心大白菜	结球大白菜		
					卵圆形	平头形	直筒形
叶球	叶球纵径 /cm	收获期					
	叶球横径 /cm	收获期					
	球叶数 / 片	收获期					
	软叶率 /%	收获期					
短缩茎	形状	收获期					
	长度 /cm	收获期					
花茎	颜色	抽薹期					
	叶片抱茎状态	抽薹期					
花	颜色	盛花期					
	花瓣形状	盛花期					
	自交亲和性	盛花期					
	雄性不育性	盛花期					
果实	颜色	果实成熟期					
	表面凹凸状况	果实成熟期					
	角果长度 /cm	果实成熟期					
	喙长 /cm	果实成熟期					
	单角果种子数 / 粒	果实成熟期					
	单株种子数 / 粒	果实成熟期					
种子	种皮颜色						
	千粒重 /g						

实验六 萝卜主要形态特征观察

一、实验原理与目的

萝卜又称萝白、莱菔、芦菔，为十字花科萝卜属一年生、二年生草本植物，是根菜类中的主要蔬菜之一。萝卜营养丰富，含有碳水化合物、蛋白质、维生素和钙、磷、铁等多种无机盐类，还含有淀粉分解酶、芥子油、氧化酶、甙酶等成分，具有帮助消化、增进食欲、开胃消食等功效。通过本实验，掌握和辨认萝卜植株的主要形态特征，掌握不同萝卜的区别。

二、器材与试剂

1. 实验仪器

解剖刀、显微镜、钢卷尺、镊子等。

2. 实验材料

不同育性萝卜植株、肉质根及种子实物、标本和有关挂图。

三、实验步骤

1. 萝卜肉质根

肉质根是萝卜的产品器官，也是萝卜营养物质的贮藏器官和营养、水分的运输中枢。萝卜在营养生长时期，茎短缩呈盘状，叶片簇生，幼苗的胚轴和胚根上端膨大并肉质化，形成肥大脆嫩的肉质根。肉质根并非全是根，从外部形态来看，包括根头部、根颈部和真根 3 部分。

（1）根头部

萝卜的短缩茎，由幼苗的上胚轴（子叶以上部分）发育而成。上面着生叶片和芽。在肉质膨大时，这部分也随之膨大，其上的叶片随着生长而不断更新，老叶脱落后的痕迹仍保留在短缩茎的外围。植株通过阶段发育以后，短缩茎的顶芽抽生出直立生长的花薹。在肉质根顶部的短缩茎越小，则性状越优良。

（2）根茎部

位于根头部与真根之间，由幼苗的下胚轴发育而成，为肉质根的主要食用部分。

根颈部一般不着生侧根，表面光滑，但与土壤接触也有产生树根的可能，所以没有侧根部分的长度，不一定等于幼苗时期上胚轴的长度。根颈部占肉质根全长的比例大，是品质优良的性状。

（3）真根

由幼苗的胚根发育而成。其表面左右对生两排侧根，侧根着生的方向与地上部子叶着生的方向一致。因而在定苗时最好选留子叶与行向垂直的壮苗，以便根系在土壤中合理分布。萝卜为圆锥根系，主根入土深，侧根分布幅度大，根系纵横分布幅度均在 1 ~ 2 m，但大部分根系分布在 20 ~ 40 cm 的耕层内，具有较强的吸收能力。

萝卜肉质根的形状、大小、色泽、隐身与露身等特征因品种而异。肉质根的形状有圆形、扁圆形、纺锤形、圆柱形、长圆锥形等。肉质根的大小差异更大，小的如杨花萝卜只有几克重，大者如胶州青萝卜重达 5 kg 以上。萝卜肉质根的颜色，差别也较大，肉色有白色、绿色、紫色、花色等，外皮主要为绿色、白色、红色、黑色、花色等。

2. 萝卜的茎

在营养生长阶段，萝卜的茎为短缩茎，连接萝卜根和叶片；在生殖生长阶段，经过春化作用后，萝卜短缩茎伸长，变为花茎，着生叶片和花蕾。

生殖生长初期，花茎中实，生长后期花茎中空。花茎常见绿色和紫红色及中间色。花茎颜色与萝卜皮色和肉色具有一定的相关性。

3. 萝卜叶片

萝卜叶分子叶和真叶。子叶 2 片，为肾形。第一队真叶也叫“初生叶”，为匙形，其他营养生长阶段的真叶统称为“莲座叶”。在营养生长期发生的叶片，均着生在短缩茎上，叶的颜色、形状及伸展方向等因品种不同而异。叶片形状多为长椭圆形，叶缘有裂片的叶称为“花叶”，没有裂片的称为“板叶”。叶片的伸展方向有直立的、斜生的和平展的 3 种。

4. 萝卜的花

花序，未开放之前称为蕾。正常萝卜花为两性花。发育成熟的花分 5 部分：

① 花萼：围绕于花冠基部，由 4 个萼片组成杯形，内侧有蜜腺。

② 花冠：位于花萼之内，由 4 片花瓣组成，分离，成十字形排列，花瓣大小、颜色因种而异。

③ 雄蕊：由花丝和花药组成，通常都是 6 枚，排列成 2 轮。外轮的 2 个，具较短的花丝；内轮的 4 个，具较长的花丝。这种 4 个长 2 个短的雄蕊称为“四强雄蕊”。

④ 雌蕊：分柱头、花柱、子房 3 部分。

5. 萝卜的果实和种子

萝卜的果实为长角果圆柱形，长 3 ~ 6 cm，宽 10 ~ 12 mm，在相当种子间处缢缩，并形成海绵质横隔，种子 1 ~ 8 个；有不规则圆球形、扁圆形等。种皮浅黄至暗褐色。千粒重 7 ~ 15 g。

6. 萝卜可育、不育系主要区别

萝卜育系材料与不育系材料的主要区别表现为雄蕊的不同。萝卜育系材料表现为花丝、花药正常、可育。萝卜胞质不育系材料表现为花丝或者花药的异常，导致不育，包括 *Ogura CMS*、*UK-1*、*Kosena*、*NWB* 及 *DCGMS* 等类型，其中 *Ogura* 类型和 *NWB* 类型应用相对较多。详见表 2-6。

表 2-6　可育和主要不育类型形态区别

性状	可育系	*Ogura* 类型不育系	*NWB* 类型不育系
染色体数	$2n$=18	$2n$=18	$2n$=18
花药	正常	花药皱缩或未发育完全	花药干瘪或正常
花粉	正常	花期无花粉	3 类：无粉；少量花粉，不结籽；有粉，无功能。

四、注意事项

① 不同萝卜品种，其植株特征存在一定差异。

② 萝卜 *Ogura* 不育类型和 *NWB* 不育类型，花粉和花药的表现不同。

五、实验结果与分析

① 绘制萝卜肉质根结构图，标明其主要部位名称。

② 绘制萝卜花序结构简图，标明其主要部位名称。

③ 根据对萝卜不同育性材料形态观察结果，填写表 2-7。

表 2-7　不同育性株系花器官区别表

特征	可育系	*Ogura* 类型不育系	*NWB* 类型不育系
花丝			
花药			
花粉			
蜜腺			
花蕾			
花瓣			

实验七 番茄主要形态特征观察

一、实验原理与目的

番茄属茄科（*Solanaceae*）番茄属（*Solanum*），是一年生或多年生草本植物，包括有限生长和无限生长类型。通过本实验，识别番茄的形态特征，掌握5个番茄变种的区别。

二、器材与试剂

1. 实验仪器

解剖刀、钢卷尺、镊子、放大镜等。

2. 实验材料

普通番茄、大叶番茄、樱桃番茄、直立番茄、梨形番茄的植株及叶片、花、果实、种子的实物和有关标本、挂图。

三、实验步骤

1. 番茄的一般形态特征

（1）根

番茄根系发达，野生种根系分布广而深，栽培种经过移栽后，主根被截断，产生许多侧根，主要分布在20～30 cm土层中，横向伸展可达0.7～1.0 m，到植株成熟后可达1.3～1.7 m。通过根毛进行养分和水分的吸收。

（2）茎

番茄的茎根据其特性分为半直立形、半蔓生形和直立形。番茄初期直立生长，随着生长和叶、果增多后呈匍匐状，需搭架或吊蔓。茎分枝力强，每个叶腋都能萌发侧枝。

（3）叶

叶为单叶，羽状深裂或全裂，每叶有小叶5～9片，小叶片的大小、多少依着生部位而不同，第1～2片真叶，叶片少而小，随着叶位上升小叶片数增多。叶型根据叶片形状和缺刻的不同可分为3种，即花叶形、皱叶形、马铃薯叶形。叶片的大小、形状、颜色因品种和环境条件而异，是鉴别品种特征、评价栽培措施的形态依据。

（4）花

花为雌雄同花的完全花，自花授粉，每朵小花由花柄、花萼、花冠、雄蕊、雌蕊组成。花为聚伞花序，也有总状花序和复状花序。花序生于节间，每个花序着生5～10朵不等。花柄着生在花序分枝上，果实成熟时花柄基部突起的节上形成离层，使果实在成熟时容易采摘。花冠黄色，萼片绿色，每朵花有萼片与花瓣5～7个。雄蕊由很短的花丝和花药组成，花药6枚左右，连结成药筒，包围着雌蕊。雌蕊由柱头、花柱和子房组成。正常花的花柱稍低于或齐于雄蕊。子房由心室组成，每个子房内有许多胚珠着生在胎座上，胚珠受精后发育成种子。

（5）果实

果实为浆果，食用部分包括果皮、隔壁及胎座组织。果形有圆、长圆、扁、桃形等形状，果色有大红、粉红、橙红、黄色、绿色和彩色，心室数从2室到6室不等。果实的颜色、大小、室数等视品种及环境而异，例如，樱桃番茄及洋梨形番茄多为2室，而大果型番茄多为4～6室或更多一些。果实的外观颜色由果实表皮颜色与果肉颜色相衬而成。如果肉和果实表皮都是黄色，果实外表就表现为橙黄色或淡黄色；如果果肉为红色，果实表皮是无色，则果实外表表现为粉红色；若果果肉为红色，果实表皮为黄色，则果实外表表现为大红色。果实蒂部周围有一周绿色部分称果肩，有果肩的称为有果肩果实，没有的称为无果肩果实。

（6）种子

种子为扁平圆卵状，外覆绒毛，呈灰褐或灰白色，千粒重约有2.5～4 g，种子使用年限3～5年。种子比果实成熟早，开花授粉后35 d左右已有发芽力，40～50 d种子具备正常的发芽力，授粉后50～60 d种子完全成熟。种子在果实内由发芽抑制物质及果汁渗透压的影响，一般情况下不能发芽。

2. 5个番茄栽培变种的主要区别

番茄的栽培种常见的有5个变种：普通番茄（*var. commune Bailey*）、大叶番茄（*var. grandifoliurn Bailey*）、樱桃番茄（*var. ceaiforme Alef.*）、直立番茄（*var. validum Bailey*）、梨形番茄（*var. pyrifoue Alef.*）。5个变种主要从果型、果色、叶片、茎以及植株等方面加以辨别，见表2-8。

表2-8　5个番茄变种的形态区别

性状	普通番茄	大叶番茄	樱桃番茄	直立番茄	梨形番茄
植株	分枝多，分有限生长型和无限生长型	分枝多，分有限生长型和无限生长型	植株强壮，分为有限生长型和无限生长型	植株较壮，为无限生长型	植株较壮，分有限生长型和无限生长型

续表

性状	普通番茄	大叶番茄	樱桃番茄	直立番茄	梨形番茄
茎	蔓性	蔓性	蔓性	茎粗而短，带直立性	蔓性
叶片	叶多	每小叶的叶形大、数量少，无缺裂，形似马铃薯叶	叶小，色淡绿	叶小而且厚实，叶色浓绿色	叶小而色浓绿
果实	果型大，果形从扁圆到圆球（4～6室）；果色有大红、粉红、深红、浅黄、深黄等	果型大，果形从扁圆到圆球；果色有大红、粉红、深红、浅黄、深黄等	果小而圆，形如樱桃，2室，果实有黄、红等色	果实中等大小	果小，形如洋梨，亦为二心室，有红、有黄等色

四、注意事项

① 不同番茄品种，其植株特征存在一定差异。
② 栽培番茄需要搭架或吊蔓。

五、实验结果与分析

① 绘出番茄植株图，并注明各部分名称。
② 绘出番茄花的解剖图、果实的横切面图、种子的纵剖面图，并注明各部分名称。
③ 根据观察结果，说明果枝和叶枝的区别。
④ 根据 5 个栽培番茄变种形态观察结果，填写表 2-9。

表 2-9　5 个栽培番茄变种的形态区别

特征		普通番茄	大叶番茄	樱桃番茄	直立番茄	梨形番茄
拉丁名						
植株生长型						
茎性状						
叶片	形状					
	大小					
	颜色					

续表

特征		普通番茄	大叶番茄	樱桃番茄	直立番茄	梨形番茄
花	花序数量					
	花瓣颜色					
	花瓣数量					
	萼片数量					
果实	大小					
	形状					
	果实颜色					
	果皮颜色					
	果肉颜色					
	心室数					
种子	大小					
	绒毛长短					

实验八　茄子主要形态特征观察

一、实验原理与目的

茄子（*Solanum melongena L.*）为茄科茄属一年生草本植物，热带多年生。古时又称茄子为落苏、酪酥、茄瓜、昆仑紫瓜、紫膨享。茄子起源于亚洲热带地区，古印度为最早驯化地。现茄子在全世界都有分布，亚洲栽培最多，亚洲和欧洲的总产量最高，我国各地均普遍栽培。茄子含有丰富的蛋白质、维生素、钙盐等营养成分，还含有少量特殊苦味物质茄碱甙 M。通过本实验，识别茄子的形态特征，了解 3 个茄子变种的区别。

二、器材与试剂

1. 实验仪器

解剖刀、钢卷尺、镊子、放大镜等。

2. 实验材料

不同茄子的植株及叶片、花、果实、种子的实物、有关标本和挂图。

三、实验步骤

1. 茄子的一般形态特征

（1）根

茄子的根系发达，主根垂直伸长，分生侧根，再旺盛地分生 2 级、3 级侧根，组成以主根为中心的根系。主根粗而强，生长旺盛，深度可达 1.3 ~ 1.7 m，横向伸长直径超过 1 m，主要根群分布在 33 cm 内的土层中。茄子根系木质化较早，发生不定根能力较弱。因此，与番茄比较，根系再生能力较差，不耐移植。

（2）茎

茄子幼苗茎为草质，随着生长木质化程度加强，成株后为粗壮木质茎，直立性强。茄茎的分枝方式为“双杈假轴分枝”，主茎生长到一定节位时顶芽分化为花芽，由花芽下的两个侧芽生成两个第一次分枝，在分枝上的第二叶或第三叶后，顶端又形成花芽，下位两个侧芽又以同样方式形成两个侧枝。依此方式，继续形成以后各级分枝。植株开张或稍开张，茎叶繁茂，茎生长速度比番茄缓慢，营养生长与生殖生长比较平衡。

茎的外周皮较厚，皮色有紫色、绿色、绿紫色、黑紫色、暗灰色等。茎皮颜色与果实、叶柄的颜色呈相关性，紫色果实的品种，其茎及叶柄均为紫色；绿色果实的品种，其茎及叶柄为绿色。

（3）叶

茄子叶为单叶、互生、柄长。茄子叶片（包括子叶在内）形状的变化与品种的株型有关，株型紧凑、生长高大的一股叶片较狭长；株型开张，生长较矮的一般叶片较宽。叶片边缘有波浪状的钝缺刻，叶面粗糙而有茸毛，叶脉和叶柄有刺毛。茄子叶面积的大小依在植株着生的节位不同而异，一般在生长前期和后期长出的叶片较小，自第一次分枝至第三次分枝间的中间部位的叶片比较大。

（4）花

茄子的花为两性花，一般单生，但也有 2 ~ 4 朵簇生的。花是由花萼、花冠、雄蕊、雌蕊 4 部分组成。雄蕊包围着雌蕊，雌蕊基部膨大部分为子房，子房上端是花枝，花柱顶部为柱头。花瓣为 5 ~ 6 片，基部合成筒状，白色或紫色。开花时花药顶裂散出花粉。花萼宿存。根据花柱的长短，可分为长花柱花、中花柱花和短花柱花。花柱高出花药为长花柱花，花大色深，为健全花，能正常授粉结果；花柱低于花药或退化，为短花柱花，花小、色淡、花梗细，为不健全花，授粉率低，一般不能正常结果；中花柱花的授粉率介于二者之间。

（5）果实和种子

茄子的果实为浆果，由果皮、胎座和心髓等组成。胎座特别发达，由海绵组织构成，是人们食用的主要部分。果实的形状有圆球形、倒卵圆形、长圆形、扁圆形等。果皮的颜色有紫色、暗紫色、赤紫色、白色、绿色等。茄子的种子一般为鲜黄色，形状扁平而圆，表面光滑，粒小而坚硬，千粒重 2.7 ~ 3.5 g。

2. 3 个茄子栽培变种的主要区别

茄子的栽培种常见的有 3 个变种：圆茄（*var. esculentum Bailey*）、长茄（*var. serpentinum Bailey*）、矮（卵）茄（*var. depressum Bailey*）。

① 圆茄类：植株多高大，茎直立粗壮，叶片较宽大而肥厚，果实呈圆形或近圆形。肉质较致密，水分含量较少。

② 长茄类：植株生长势中等或较弱，分枝多，叶片较圆茄类小。果实细长或短粗。籽较少。

③ 矮（卵）茄类：植株矮小，枝细叶小。果实卵形。

四、注意事项

① 不同茄子品种，其植株特征存在一定差异。
② 茄子的长花柱花能正常授粉结果。

五、实验结果与分析

① 绘出茄子植株图，并注明各部分名称。
② 绘出茄子花的解剖图、果实的横切面图、种子的纵剖面图，并注明各部分名称。
③ 根据 3 个栽培茄子变种形态观察结果，填写表 2-10。

表 2-10　3 个栽培茄子变种的形态区别

<table>
<tr><th colspan="2">特征</th><th>圆茄</th><th>长茄</th><th>矮茄</th></tr>
<tr><td colspan="2">拉丁名</td><td></td><td></td><td></td></tr>
<tr><td colspan="2">植株高度</td><td></td><td></td><td></td></tr>
<tr><td rowspan="3">叶片</td><td>形状</td><td></td><td></td><td></td></tr>
<tr><td>大小</td><td></td><td></td><td></td></tr>
<tr><td>颜色</td><td></td><td></td><td></td></tr>
<tr><td rowspan="4">花</td><td>花瓣颜色</td><td></td><td></td><td></td></tr>
<tr><td>花瓣数量</td><td></td><td></td><td></td></tr>
<tr><td>萼片数量</td><td></td><td></td><td></td></tr>
<tr><td>花柱类型</td><td></td><td></td><td></td></tr>
<tr><td rowspan="5">果实</td><td>大小</td><td></td><td></td><td></td></tr>
<tr><td>形状</td><td></td><td></td><td></td></tr>
<tr><td>果实颜色</td><td></td><td></td><td></td></tr>
<tr><td>果皮颜色</td><td></td><td></td><td></td></tr>
<tr><td>果肉颜色</td><td></td><td></td><td></td></tr>
<tr><td>种子</td><td>大小</td><td></td><td></td><td></td></tr>
</table>

实验九　辣椒主要形态特征观察

一、实验原理与目的

辣椒属茄科（*Solanaceae*）辣椒属（*Capsicum L.*）植物，在温带地区为一年生蔬菜，在亚热带及热带地区可露地越冬，成为多年生草本植物。通过本实验，识别辣椒的形态特征，了解5个栽培辣椒变种的区别。

二、器材与试剂

1. 实验仪器

解剖刀、钢卷尺、镊子、放大镜等。

2. 实验材料

樱桃椒类、圆锥椒类、簇生椒类、长角椒类和甜柿椒类的植株及叶片、花、果实、种子的实物和有关标本和挂图。

三、实验步骤

1. 辣椒的一般形态特征

（1）根

辣椒属浅根性作物，根量小，入土浅，吸收根少，木栓化程度高，因而受损后其恢复能力弱。采用育苗移栽时，主要根系多集中在10 ~ 15 cm的耕层内。辣椒根的再生能力弱，茎基部不易发生不定根。

（2）茎

辣椒茎直立，基部木质化程度较高，为深绿、绿、浅绿或黄绿色，具有深绿或紫色纵条纹。株高30 ~ 150 cm，因品种、气候、土壤及栽培条件不同而异。当茎端顶芽分化出花芽后，以双杈或三杈分枝形式继续生长，分枝形式因品种不同而异。另外在昼夜温差较大，夜温低，营养状况良好，生长较缓慢时，易出现三杈分枝，反之则多出现二杈分枝。

（3）叶

辣椒的叶为单叶、互生，卵圆形、披针形或椭圆形，全缘。通常甜椒叶较辣椒叶要宽一些。叶先端渐尖、全缘，叶面光滑，稍具光泽，也有少数品种叶面密生茸毛。叶片的大小和叶色的深浅主要与品种及栽培条件有关。

（4）花

辣椒花小，甜椒花较大。完全花，单生、丛生（1～3朵）或簇生。花冠白色或绿白色，也有少数黄绿色、黄色或紫白色，基部合生，并具蜜腺，花萼5～7裂，基部联合呈钟状萼筒，为宿存萼。雄蕊5～7枚，基部联合，花药长圆形，白色或浅紫、紫、蓝、淡蓝色，极少金黄色或淡黄色，花药成熟散粉时纵裂，雌蕊一枚，子房3～6室或2室。一般品种花药与柱头等长或柱头稍长（长柱头），花柱有紫色或白、黄白、浅绿色。

（5）果实

辣椒的果实为浆果，由子房发育而成。一般由花萼、辣椒素腺、果皮（外果皮和内果皮）、胚珠、胎盘、隔膜等部分组成。果实下垂或朝天生长。因品种不同果实形状有扁柿形、灯笼形、圆锥形、牛角形、羊角形、指形、樱桃形等多种形状。果顶呈尖、钝尖或钝状。果梗（柄或把）部位缩存的萼片呈多角形，果肩有凹陷、平肩、抱肩之分。果面光滑，常具有纵沟、凹陷和横向皱褶。青熟果（嫩果、商品成熟果）浅绿、绿色或深绿色，少数为黄白、乳黄、黄色或紫黑、绛紫色；成熟果（老熟果、生理成熟果）转为鲜红、暗红、浅黄白、橘红、橙黄、紫红色或紫色。果皮、果肉厚薄因品种而异，一般0.1～0.8 cm，甜椒较厚，辣椒较薄，果皮多与胎座组织分离。胎座不很发达，形成较大的空腔，甜椒种子腔多为3～6心室，而辣椒多为2室、3室。

（6）种子

辣椒种子着生在果实的胎座上，少数着生在种子的隔膜上。成熟种子为短肾形、扁平，多数为浅黄色，少数为棕色、黑色，表面微皱或皱缩，稍有光泽，采种或保存不当时为黄褐色，水洗种子一般为灰白色。种皮较厚，表面有粗糙网纹。其千粒重4.5～8 g。种子寿命3～7年，如果种子充分干燥之后，在密闭干燥器内放有变色硅胶情况下（变色硅胶变色后即需更换），常温下可保持寿命10～20年，发芽率仍能达75%～80%，但发芽势略有降低。

2. 5个辣椒栽培变种的主要区别

辣椒的栽培种根据果实的特征分为5个变种：樱桃椒类（*var. cerasiforme Bailey*）、圆锥椒类（*var. conoiodes Bailey*）、簇生椒类（*var. fasciculatum Bailey*）、长角椒类（*var. longum Bailey*）和甜柿椒类（*var. grossum Bailey*）。5个变种主要从植株、分枝性、叶片、果实及主栽品种等方面进行区分，见表2-11。

表 2-11　5 个辣椒栽培变种的形态区别

性状	樱桃椒类	圆锥椒类	簇生椒类	长角椒类	甜柿椒类
植株	中型或矮小	中等或矮小	中等或高大	株型矮小至高大	植株中等、粗壮
分枝性	强	强	不强	强	弱
叶片	较小，卵圆、椭圆形，先端渐尖	叶片中等大小	狭长	叶片较小或中等	叶片肥厚，较大
果实	果实向上或斜生，圆形或扁圆形，小如樱桃故名。果色有黄、红、紫等色。果肉薄、种子多、辛辣味强	果实呈圆锥、短圆柱形，着生向上或下垂，果肉较厚，辛辣味中等，主供鲜食青果	果实簇生，向上生长，3 ~ 8 个，果色深红，果肉薄，辣味甚强	果实一般下垂，为长角形，先端尖，微弯曲，似牛角、羊角、线形。果肉薄或厚，辛辣味浓	长卵圆形或椭圆形，果实肥大，果肉肥厚
主栽品种	云南樱桃椒	南京早椒、成都二斧头、昆明牛心辣	四川七星椒	陕西大角椒	兰道筋、四方头、茄门、灯笼椒等

四、注意事项

① 不同辣椒品种，其植株特征存在一定差异。

② 辣椒果实差异极大，有小于稻粒的小米辣，单果重仅 0.15 g；也有长达 30 cm 以上的长指形椒和单果重在 400 ~ 700 g 的大甜椒。

五、实验结果与分析

① 绘出辣椒花的解剖图、辣椒果实的纵切面图、种子的纵剖面图，并注明各部分名称。

② 根据观察结果，说明果枝和叶枝的区别。

③ 根据 5 个辣椒栽培变种形态观察结果，填写表 2-12。

表 2-12　我国 5 个辣椒栽培变种的形态区别

特征	樱桃椒类	圆锥椒类	簇生椒类	长角椒类	甜柿椒类
拉丁名					
植株大小					

续表

特征		樱桃椒类	圆锥椒类	簇生椒类	长角椒类	甜柿椒类
叶片	形状					
	颜色					
	大小					
花	花瓣形状					
	花瓣颜色					
	花瓣数量					
	萼片数量					
果实	形状					
	大小					
	颜色					
种子	大小					

实验十　黄瓜主要形态特征观察

一、实验原理与目的

黄瓜属葫芦科（*Cucurbitaceae*）甜瓜属（*Cucumis*），是一年生攀缘性草本植物，学名 *Cucumis sativus L.*，别名胡瓜，主要以幼嫩的果实供食用。通过本实验，识别黄瓜的形态特征，了解不同黄瓜品种资源的区别。

二、器材与试剂

1. 实验仪器

解剖刀、钢卷尺、镊子、放大镜等。

2. 实验材料

不同黄瓜植株及花、果实、种子的实物、有关标本和挂图等。

三、实验步骤

1. 黄瓜的一般形态特征

（1）根

浅根系，根量少，根群主要分布在 30 cm 的耕作层内。主根可入土深约 1 m，侧根水平生长，长达 2 m，茎基部可形成不定根。根细弱，维管束木栓化较早，再生能力差，不耐移植。

（2）茎

茎蔓生，4 ~ 6 节以后节间较长，植株基本不能直立，攀缘性蔓茎，浅绿、黄绿或绿色，表皮有毛刺。横截面呈四菱形或五菱形，中空，皮层的厚角组织较薄，双韧维管束分布松散，木质部不发达，易折损。黄瓜茎多为无限生长类型，主蔓上可长侧蔓，有不同程度的顶端优势，主侧枝均可结果。

（3）叶

分为子叶和真叶两种，子叶对生，长椭圆形，真叶互生，掌状五角形、心形、近圆形等。叶柄较长，叶面积大。叶表面有刺毛和气孔，保卫组织和薄壁组织不发达，易受机械损伤。黄瓜叶缘有水孔，是外部病菌侵染的主要途径，叶腋间有卷须、腋芽或花原基，卷须是茎的变态器官，具有攀援功能。

（4）花

花腋生，为退化型单性花，多为雌雄异花同株。但也存在全雄株、全雌株。一般雄花发生先于雌花，之后雌雄交替发生，主蔓上第一雌花着生节位高低与品种熟性有很大关系。花萼和花冠均为钟状5裂，花萼绿色具刺毛，花冠黄色。雌花花柱较短，柱头3裂，子房下位，3室。雄花簇生，雄蕊5枚，组成3组并联成筒状。雄花雌花均为虫媒花。

（5）果实

瓠果，是由子房和花托共同发育成的假果。形状有球形、线形、筒形、棒形、卵圆形等。颜色有白色至绿色等，果实形状和颜色因品种而异。果实表面光滑或有棱、刺、瘤，黄瓜具有单性结实能力，即不授粉时也能形成正常果实。

（6）种子

种子披针形，扁平，黄白色，着生于侧膜胎座上，一般每果实中含种子100 ~ 400粒，千粒重22 ~ 42 g。黄瓜种子无生理休眠期，但需后熟，种子发芽年限可达4 ~ 5年。

2. 黄瓜主要品种资源类型

根据品种的分布区域及其生态学性状可分为以下几种类型：

（1）南亚型黄瓜

植株茎叶粗大，易分枝，果实大，单果重1 ~ 5 kg。果实短圆筒形或长圆筒形，皮色浅，瓜刺瘤稀少，皮厚味淡。喜欢湿热的生长环境，严格要求短日照。

（2）华北型黄瓜

植株生长势中等，发育较快，节间和叶柄长。果实细长呈棒状，瓜表面多有刺瘤和棱，嫩果皮绿色，刺白色，肉质脆嫩，皮薄。该类型黄瓜适应性强，对日照不敏感，较耐低温。

（3）华南型黄瓜

植株生长势强，茎蔓粗壮繁茂，根系发达。果实短小呈圆筒形，果皮光滑，刺瘤少，多为黑刺，皮绿色或黄白色，果皮硬。该类型黄瓜耐湿热，对日照敏感，短日照植物。

（4）欧美型露地黄瓜

植株茎叶繁茂，果实中等大小呈圆筒形，瓜刺瘤稀少，白刺，果实味清淡，适合露地栽培。

（5）北欧型温室黄瓜

植株茎叶繁茂，果实粗长，最长可达50 cm以上，表面光滑，无刺瘤，果皮浅绿色，耐低温弱光。

（6）小型黄瓜

植株生长势强，较矮小，但分枝性强，多花多果，果实小，质地脆嫩。

我国各地栽培的黄瓜品种主要为华南型和华北型，华南型黄瓜主要分布于长江流域及以南地区，华北型黄瓜主要分布于黄河流域及以北地区。

四、注意事项

① 不同黄瓜品种，其植株特征存在一定差异。
② 没有授粉的黄瓜子房也能发育成果实。

五、实验结果与分析

① 绘出黄瓜雌花、雄花和两性花的解剖图，注明各部分名称。
② 根据观察结果，描述植株花朵着生节位与果实属性的关系。
③ 根据实验结果，填写表 2-13。

表 2-13　黄瓜主要形态记录

<table>
<tr><td colspan="3"></td><td>黄瓜</td></tr>
<tr><td colspan="3">拉丁名</td><td></td></tr>
<tr><td rowspan="2">叶</td><td colspan="2">形状</td><td></td></tr>
<tr><td colspan="2">表面特征</td><td></td></tr>
<tr><td rowspan="5">花</td><td rowspan="3">花器
结构</td><td>雌蕊</td><td></td></tr>
<tr><td>雄蕊</td><td></td></tr>
<tr><td>两性花</td><td></td></tr>
<tr><td colspan="2">第一雌花节位</td><td></td></tr>
<tr><td colspan="2">花冠颜色</td><td></td></tr>
<tr><td rowspan="2">果实</td><td colspan="2">坐果状况</td><td></td></tr>
<tr><td colspan="2">表面特征</td><td></td></tr>
<tr><td rowspan="2">种子</td><td colspan="2">形状</td><td></td></tr>
<tr><td colspan="2">色泽</td><td></td></tr>
</table>

实验十一　西瓜主要形态特征观察

一、实验原理与目的

西瓜别名水瓜，是葫芦科西瓜属一年生蔓性草本植物。原产于热带非洲，埃及已栽培4000多年。通过本实验，识别西瓜的形态特征。

二、器材与试剂

1. 实验仪器

解剖刀、钢卷尺、镊子、放大镜等。

2. 实验材料

不同西瓜植株及花、果实、种子的实物、有关标本和挂图等。

三、实验步骤

1. 西瓜的一般形态特征

（1）根

西瓜的根系由主根、侧根和根毛组成。胚根发育成主根，主根上发生的侧根为第1次侧根，第1次侧根上分生第2次侧根，如此分生下去，可出现4～5次侧根。在主根和侧根上，都能分生出根毛，形成一个庞大的根群。西瓜的根系呈广圆锥形分布，入土范围广而浅，吸水能力强，但根系木栓化较早，再生能力差，如育苗移栽则需采用营养钵或营养土块等措施护根。

（2）茎

西瓜幼茎直立，分枝性强，植株5～6片叶展开时，主蔓开始伸长，匍匐生长，各叶腋均能发生侧枝，称为子蔓，从子蔓上再发生侧枝称为孙蔓。叶腋间着生卷须、侧支、花器等器官。卷须起攀缘作用。卷须形态、强弱还反映植株长势。蔓的节间长度与品种和种植条件有关。普通品种西瓜节间平均长度为10 cm左右，四倍体西瓜节间明显短缩，丛生型西瓜节间更短。

（3）叶

西瓜的叶片分为子叶和真叶。子叶椭圆形较肥厚，内贮藏大量有机营养，可为幼苗的生长提供能量物质，同时还具备一定的光合作用能力合成光合营养。子叶功能是否完整对培育西瓜壮苗十分关键，所以应注意保护好子叶。西瓜的真叶由叶柄、叶片和叶脉组成，叶片呈心脏形，单片，互生，无托叶，叶缘深缺刻，一般长 18 ~ 25 cm，宽 15 ~ 20 cm，叶片表面有蜡质和茸毛。西瓜叶柄长而中空，通常长为 15 ~ 20 cm，略小于叶片长度。

（4）花

西瓜的花为虫媒花，雌雄同株异花，为单性花。但也有少数品种或植株为两性花，在杂交育种时要注意去除两性花中的雄蕊。西瓜花的花冠黄色，雌蕊位于花冠基部，呈蜂窝状，雌花的枝头和雄花的花药上都具有蜜腺，可使花粉粒附着在柱头上。西瓜主要通过蜜蜂和蚂蚁等昆虫授粉。西瓜为半日花，一般早上开花，授粉后下午闭合。

（5）果实

西瓜果实为瓠果，由子房受精发育而成。果实由果皮、果肉、种子 3 部分组成。其中，果皮由子房壁发育而成，果皮的厚度和硬度因品种而异，薄皮品种果皮厚度多为 0.4 ~ 0.8 cm，多数西瓜品种的果皮厚度在 1 ~ 3 cm。西瓜的形状、大小、皮色、花纹、瓤肉颜色也因品种而异，这些特征是鉴别品种的主要依据。

（6）种子

西瓜种子由雌花子房中的胚珠受精后发育而成，无胚乳，扁平，卵圆形，由种皮、胚和子叶组成。种子大小、形状颜色等因品种而异。一般西瓜种子千粒重 20 ~ 25 g 的为小粒种子，100 ~ 150 g 的为大粒种子。

2. 西瓜的种质资源

西瓜属（*Citrullus*）植物起源于非洲，有 4 个种，包括普通西瓜种和 3 个野生近缘种（药西瓜、缺须西瓜、诺丹西瓜）。

（1）普通西瓜 [*Citrullus lanatus*（*Thunb.*）*Matsum.* et *Nakai*]

多样型种，包括 3 个亚种和 8 个变种，有食用、野生、栽培和饲用种类。

亚种 1：毛西瓜（*subsp. lanatus*)

植株密生软柔毛，尤其是幼果和嫩枝上，故称 *lanatus*（拉丁语为有毛的）。茎蔓长，叶片稍大、浅裂。花冠鲜黄色，花瓣尖。果肉白色或淡黄色，紧实，有时带苦味。种子无脐，先端突出。本亚种包括非洲南部及西南非洲的野生西瓜和非洲大陆及其以外的栽培饲用西瓜。

亚种 2：普通西瓜 [*subsp. vulgaris*（*Sch rad.*）*Fursa*]

茎蔓中等长，圆形或有棱，柔毛较稀。叶片灰绿色，无气味，叶片裂中等、深或浅裂。雌花单性或两性，花冠鲜黄色，花瓣呈圆形。果实的颜色和形状多样化。果肉汁多、味甜或淡甜。种子有脐。本亚种包括世界各地的栽培、半栽培西瓜，尤其是在各大洲亚热带、干旱及非洲东北部、西亚地区栽培最多。

亚种 3：黏籽西瓜（*subsp. mucosospermus Fursa*）

蔓细，长 1.5 m，节间长。花单性。果实球形，直径 12 ~ 14 cm，果实苦，质硬或淡、无味。种子扁平，大如南瓜籽并包被在黏囊中，十分独特，并具有多样的种皮结构。原产西非的野生和半栽培种。

（2）药西瓜 [*Citrullus colocynthis*（*L.*）*Schrad.*]

分布在北非、阿拉伯半岛、以色列、伊朗、阿富汗、印度直到澳大利亚。俄罗斯也发现有野生药西瓜。本种包括 2 个亚种。

亚种 1：野生药西瓜 [*subsp. stenotomus*（*Pang.*）*Fursa*]

一年生或多年生，有时带木质根。叶片小约 10 cm，叶色深绿，茸毛硬，裂片深。卷须分 2 杈，充分发育。花单性，小约 2.5 cm，花瓣圆，淡黄色。果实小，直径 5 ~ 12 cm，成熟后干枯，果实熟时暗黄色，瓤紧实，白色，干燥，味苦，有毒，医药上可用来治胃病。种子小，约为 0.5 ~ 0.7 cm，无脐，褐色。分布在北非—印度一带。

亚种 2：淡味药西瓜 [*subsp. insipidus*（*Pang.*）*Fursa*]

蔓细，较长。叶片直立，茸毛较短。花单性。果实大，直径 18 cm，常为不正多角形，熟时赭红色，带条纹。果肉白色或玫瑰红色。味淡，有时具苦味。种子较大，有时带脐。分布在北非—西亚的地中海沿岸国家，突尼斯、阿尔及利亚、埃及、约旦。

（3）缺须西瓜 [*Citrullus ecirrhosus Cong.*]

多年生植物，带木质根。蔓长约 3 m，圆或有棱，粗，带稀疏而坚硬的茸毛，节间长 13 ~ 15 cm。叶片小，为 6 ~ 8 cm，深裂，带圆裂片，叶面有皱，具不愉快气味，半匍匐地面。自然状态下常无卷须，人工栽培下有卷须，分 2 杈。花单性，长 3.5 ~ 4 cm，花瓣黄色，圆形。果实直径 15 ~ 17 cm，多角形，灰绿色带暗条。果肉白色，紧实，味苦。种子小而宽，深褐色。本种只有野生种，产在非洲南部纳米比亚的恩德蒙。

（4）诺丹西瓜 [*Citrullus naudianianus*（*Sond.*）*Hook.f*]

多年生雌雄异株植物，带块状根。蔓细，长 3 ~ 4 m，几乎光裸。叶片小，为 6 ~ 8 cm，粗糙，深裂至基部，裂片窄而长。卷须不分杈，退化成刺。花单性，花冠鲜黄色，子房和果实上复短棱刺。果实椭圆形，果面有瘤状物，果小，长 6 ~ 12 cm，宽 4 ~ 8 cm，果皮可以像橘子那样剥下，肉可食，味甜酸。种子光滑，白色，长 0.8 cm，种子构造特殊，皮下有多层石细胞，极难发芽。分布在非洲南部安哥拉、津巴布韦、赞比亚、莫桑比克、南非德兰士瓦省。只有野生型，高度抗病，栽培西瓜上常见的病害均不感染本种。

四、注意事项

① 不同西瓜品种，其植株特征存在一定差异。

② 西瓜属于雌雄同株异花植物。

五、实验结果与分析

① 绘出西瓜雌花和雄花的解剖图，注明各部分名称。
② 绘制西瓜种子外形图。
③ 西瓜可以按照什么标准来划分?
④ 根据植株观察结果，填写表 2-14。

表 2-14 ____西瓜品种特性调查结果

主蔓长度 /m	主蔓粗度 /cm		
畸形果类型	0：无畸形 1：缩顶型 2：葫芦形 3：枕形 4：扁平形		
果粉	0：无 1：有		
果实形状	1：圆形 2：椭圆形 3：橄榄形 4：圆柱形		
果实基部形状	1：尖 2：平 3：凹		
果实顶部形状	1：尖 2：平 3：凹		
果柄长度 /cm		果柄粗度 /cm	
果皮底色	1：浅黄 2：黄 3：深黄 4：绿白 5：浅绿 6：黄绿 7：绿 8：深绿 9：墨绿		
果皮硬度 /（kg/cm）			
果肉剖面	1：均匀 2：裂缝 3：空心 4：黄筋 5：纤维块		
果肉颜色	1：白 2：乳白 3：浅绿 4：浅黄 5：黄 6：橙黄 7：粉红 8：桃红 9：红 10：橘红 11：大红		
果实长度 /cm		果实宽度 /cm	
果形指数		果皮厚度 /cm	
果实糖度		单瓜种子数 / 粒	
瓜内种子发芽	0：无 1：有		
种子形状	1：椭圆形 2：卵圆形		
种子表面形状	1：凸 2：平 3：凹		
种子表面光滑度	1：光滑 2：粗糙 3：裂纹 4：裂开		
种皮底色	1：白 2：黄白 3：灰黄 4：黄 5：红黄 6：浅红 7：红 8：红褐 9：灰褐 10：黑 11：绿 12：灰绿		
种皮覆纹	0：无 1：有		

续表

种皮覆纹特征	1：灰褐色斑点 2：灰褐色斑纹 3：黄白色斑块 4：黄红色斑块 5：黄褐色斑块 6：黑色斑块		
种皮覆纹分布	1：脐部 2：中部 3：尾部 4：边缘 5：均匀分布 6：不规则		
种脐	0：无 1：有		
种子长度 /mm		种子宽度 /mm	
种形指数		种子厚度 /mm	
种皮厚度	1：薄 2：较厚 3：厚 4：极厚		
种子千粒重 /g			

实验十二　甜瓜主要形态特征观察

一、实验原理与目的

甜瓜（*Cucumic melo L.*）为葫芦科甜瓜属中的栽培种，一年生草本植物。非洲的几内亚是甜瓜的初级起源中心，在中亚演化为厚皮甜瓜，成为甜瓜的次级起源中心，19世纪60年代从美洲传入日本；传入印度的甜瓜进一步分化出薄皮甜瓜，再传入中国、朝鲜和日本。中国华北是薄皮甜瓜的次级起源中心。甜瓜营养丰富，以鲜食为主，也可制作瓜干、瓜脯、瓜汁、瓜酱及盐渍品。通过本实验，识别甜瓜的形态特征，了解厚皮甜瓜和薄皮甜瓜的区别。

二、器材与试剂

1. 实验仪器

解剖刀、钢卷尺、镊子、放大镜等。

2. 实验材料

不同甜瓜植株及花、果实、种子的实物、有关标本和挂图等。

三、实验步骤

1. 甜瓜的一般形态特征

（1）根

根系发达，入土深度与扩展范围仅次于南瓜和西瓜。主根入土深度可达1.2 ~ 1.5 m，横向扩展范围半径达2 m以上，但其主要根群分布在30 cm范围内。侧根数量、扩展范围与土壤质地、温度、土壤肥力及品种特性关系密切，沙质壤充足时根系生长良好，入土深度和扩展半径大，吸收功能好，不同品种根系数量和活力有差别。根系生长适宜温度25 ~ 35℃，可忍耐40℃的高温，但不耐低温，生长温度下限15 ℃，10 ℃以下根系生长受到抑制，生长不正常。

（2）茎

甜瓜茎呈蔓性匍匐生长，易发生侧枝。侧枝的生长势优于主枝，任其自然生长时，主蔓长度不足 1 m 时便可产生一级例枝，俗称子蔓，而且子蔓生长势强，一级侧枝上还可着生二级侧枝，俗称孙蔓，依此类推，可产生多级例枝。

叶腋间都生有能形成侧枝的幼芽、卷须部分叶腋花芽。主蔓和侧枝上雌花多少、坐果能力与品种特性有关，有的品种主蔓结果，有的品种侧蔓结果。甜瓜茎蔓有发生不定根的能力。

（3）叶

叶片圆形或近肾形，有时呈心脏形、掌形，叶缘锯齿状、波状或全缘。叶片颜色浅绿色或深绿色。叶片正反面及叶柄上生有绒毛，叶片背面叶脉上生有刺毛。叶片大小、颜色与栽培条件关系密切，叶片大小、叶柄长短在很大程度上与温度有关，夜间温度高，植株徒长时叶片大，叶柄长。

（4）花

甜瓜栽培种多属雄花和两性花同株类型。花着生于叶腋，雄花单生或每叶腋中 3 ~ 5 朵丛生，雌花和两性花也多单生。花萼及花冠钟状多 5 裂、黄色。同一叶腋中的 3 ~ 5 朵雄花不同日开放，而是陆续开放。两性花柱头 3 裂，子房下位，柱头外围有 3 组雄蕊。花粉具有正常功能，因此甜瓜的杂交率比西瓜低。

（5）果实和种子

果实为瓠果，有圆、椭圆、纺锤、长筒等形状，成熟时果皮有不同程度的白、绿、黄和褐色，或附各色条纹和斑点，果实表面光滑或具网纹、裂纹、棱沟等，果肉为发达的中、内果皮，有白、橘红、绿、黄等色。有些品种的果实具有香气。薄皮甜瓜单瓜重量轻，多在 0.5 kg 以下，厚皮甜瓜单瓜重量在 2 ~ 5 kg 范围内。果实的形状、皮色、肉质和肉色、果实表面棱沟、网纹有无等特征，不同品种之间有明显变化。

种子长扁圆形或披针形，大小各异，扁平，无胚乳。黄、灰或褐红等色，表面平滑或不平。种子寿命一般 5 ~ 6 年。

2. 甜瓜主要品种资源类型

目前一般把栽培甜瓜分为网纹甜瓜、硬皮甜瓜、冬甜瓜、观赏甜瓜、柠横瓜、菜瓜（蛇形甜瓜）、香瓜和越瓜等 8 个变种。根据生态学特性，中国通常又把甜瓜分为厚皮甜瓜和薄皮甜瓜两大生态型。

（1）厚皮甜瓜（*Cucumis melo*）

主要包括网纹甜瓜、冬甜瓜、硬皮甜瓜。植株生长势强或中等，茎粗叶大色浅，果实长圆、椭圆或长椭圆、纺锤形，有或无网纹，有或无棱沟，瓜皮厚 0.3 ~ 0.5 cm，果肉厚 2.5 ~ 4.0 cm，细软或松脆多汁，芳香、醇香或无香气。可溶性固形物含量 11% ~ 15%，最多可达 20% 以上。一般单果重 1.5 ~ 5.0 kg。种子较大，不耐高温，需要充足光照和较大的昼夜温差。

（2）薄皮甜瓜（*var. makuwa Makino*）

又称普通甜瓜、东方甜瓜、中国甜瓜、香瓜。薄皮甜瓜生长势较弱，叶色深绿，叶面有皱，果实圆桶、倒卵圆或椭圆形等，果面光滑，皮薄，肉厚 1 ~ 2 cm，脆嫩多汁或面而少汁，可溶性固形物 8% ~ 12%，皮瓤均可食用。单果重多在 0.5 kg 以下，不耐贮运，较耐高湿。种子中等或小，在日照较少，温差较小的环境中能正常生长。中国广泛栽培，东北、华北是主产区；日本、朝鲜、印度及东南亚等国也有栽培。薄皮甜瓜类型很多，一般划分为以下 6 个种群。

① 白皮品种群：果皮白色，成熟时略显黄色，如山东益都银瓜、白糖罐、浙江雪梨等品种。

② 黄皮品种群：果皮橙黄色，果肉脆甜，如华东各地黄金瓜等。

③ 花皮品种群：果皮有绿色斑纹或条纹，果肉脆甜，如蛤蟆酥等品种。

④ 青皮品种群：果实浓绿或墨绿色，果肉脆甜，如羊角蜜等。

⑤ 面瓜品种群：果肉多淀粉，质面不甜，如老头乐。

⑥ 小子品种群：种小特小，如芝麻粒、兰州金塔寺瓜、皖北小麦瓜等。

四、注意事项

① 不同甜瓜品种，其植株特征存在一定差异。

② 厚皮甜瓜和薄皮甜瓜在对温度要求上差异大，栽培分布范围明显不同。

五、实验结果与分析

① 绘出甜瓜雌花、雄花和两性花的解剖图，注明各部分名称。

② 绘制甜瓜植株简图，注明各部分名称。

③ 根据实验结果，填写表 2-15。

表 2-15 厚皮和薄皮甜瓜主要形态记录

<table>
<tr><th colspan="3"></th><th>厚皮甜瓜</th><th>薄皮甜瓜</th></tr>
<tr><td colspan="3">植株长势</td><td></td><td></td></tr>
<tr><td rowspan="2">叶</td><td colspan="2">形状</td><td></td><td></td></tr>
<tr><td colspan="2">表面特征</td><td></td><td></td></tr>
<tr><td rowspan="5">花</td><td rowspan="3">花器结构</td><td>雌蕊</td><td></td><td></td></tr>
<tr><td>雄蕊</td><td></td><td></td></tr>
<tr><td>两性花</td><td></td><td></td></tr>
<tr><td colspan="2">第一雌花节位</td><td></td><td></td></tr>
<tr><td colspan="2">花冠颜色</td><td></td><td></td></tr>
</table>

续表

		厚皮甜瓜	薄皮甜瓜
果实	果皮厚度 /mm		
	果实大小 /kg		
	果实形状		
	表面特征		
种子	形状		
	色泽		

实验十三　豆类蔬菜主要形态特征观察

一、实验原理与目的

豆类蔬菜为豆科以嫩荚或嫩豆作为蔬菜食用的一年生或二年生的草本植物，主要包括菜豆属的菜豆、大菜豆、小菜豆，豇豆属的长豇豆、矮豇豆，豌豆属的豌豆，蚕豆属的蚕豆，扁豆属的扁豆，刀豆属的直立刀豆、刀豆，大豆属的毛豆，藜豆属的藜豆和四棱豆属的四棱豆等。豆类蔬菜的栽培遍及世界各地，亚洲种植面积最大。我国栽培豆类蔬菜历史悠久，种类繁多，分布广。北方普遍栽培的主要有菜豆和豇豆。菜豆（*Phaseolus vulgaris L.*）属豆科菜豆族（*Phaseoleae*）菜豆属（*Phaseolus L.*），是一年生缠绕或近直立草本，具有无限生长的特点；豇豆 [*Vigna unguiculata*（*Linn.*）*Walp*.] 属豆科（*Leguminosae*）菜豆族（*Phaseoleae*）豇豆属（*Vigna Savi*），是一年生缠绕、草质藤本或近直立草本植物，有时顶端呈缠绕状。通过本实验，识别菜豆和豇豆的形态特征，了解二者的区别。

二、器材与试剂

1. 实验仪器

解剖刀、钢卷尺、镊子、放大镜等。

2. 实验材料

菜豆和豇豆植株及花、果实、种子的实物、有关标本和挂图等。

三、实验步骤

1. 菜豆的一般形态特征

（1）根

菜豆根系较深，有根瘤，具有一定的耐旱能力。成株主根深达 60 cm 以上，主要根群分布在 15 ~ 40 cm 土层内。根群的主根系不明显，根茎处常分生出几条粗细与主根相近的侧根。菜豆根系比地上部生长早且快，能迅速形成根群。子叶尚未出土就有 7 ~ 9 条侧根。第一个复叶出现时，已形成稠密的根群。

（2）茎

菜豆的茎细弱，因品种不同而分为无限生长（蔓生）和有限生长（矮生）两种类型，此外还可见到中间类型的品种。蔓生种的茎节间长，通常有 50 ~ 60 节，株高可达 2 ~ 3 m，侧枝发生少，顶芽为叶芽，能无限生长。一般到第三、第四节后产生旋蔓，不能直立，而沿支柱左旋缠绕向上生长。栽培中需支架和适当引蔓，但不需绑蔓。矮生种节间短，一般株高 50 cm 左右，主茎 5 ~ 7 节。自 4 ~ 7 节后主蔓顶芽即成为花芽，不能继续向上生长，可从各节的叶腋发生侧枝。第一和第二节发生的侧枝为对生，上部各节的侧枝为互生，各侧枝顶部也都形成花芽。因此，矮生菜豆长成低矮的株丛，不需支架。菜豆的幼茎有绿、浅红、紫红等色，长大后多为绿色，少数为紫红色。

（3）叶

菜豆的叶分子叶、初生叶和真叶 3 种。子叶肥大，是种子贮存养分的器官，供给发芽生长所需营养。发芽后子叶露出地面，一般不起光合作用。初生叶为两枚对生单叶，心脏形，能正常进行光合作用，对幼苗生长及全生长期的生育都有一定影响。以后长出的叶片为真叶，由 3 枚小叶组成，称三出复叶。真叶叶柄长 10 ~ 25 cm，各小叶为心脏形或椭圆形，前端尖。在叶柄基部茎节处，左右两边各有 2 片舌状小托叶。菜豆的初生叶和真叶在傍晚时叶柄直立，小叶下垂，称“睡眠运动”。

（4）花

菜豆的花着生在叶腋成茎顶的花梗上，每花梗上 2 ~ 8 朵花，总状花序。花为蝶形花，由 5 瓣组成。最上部为旗瓣，左右两边各一个翼瓣，中央下部 2 个龙骨瓣。龙骨瓣先端呈螺旋状弯曲，包裹着雌雄蕊。雌蕊先端扭转呈环状，花柱长，柱头上密生茸毛。子房一室，内有 5 ~ 12 个胚珠，胚珠数目及能长成的种子数目因品种和生育状况而异。菜豆的雄蕊为二体雄蕊，共有 10 枚，其中 9 枚基部联合呈筒状，另一个分开。花药在开花之前开裂。菜豆是较严格的闭花自花授粉植物，自然杂交率仅 0.2% ~ 10%。花瓣颜色有白、黄、淡红、紫红和紫色等，因品种而异。

（5）果实

菜豆的果实为荚果，植物学上称为蒴果，呈圆柱形或扁条形，长 10 ~ 23 cm，宽 1 ~ 1.5 cm。荚全直或呈稍弯曲的半月形，也有的荚基部较直而近顶部弯曲，因品种而异。荚表皮上密生短软毛。嫩荚一般绿色，或有紫色斑纹。成熟时荚黄白色，完熟时黄褐色，不久即开裂。

鲜豆荚断面呈圆形或椭圆形。果皮组织横断面构造从外向内依次为外果皮、中果皮、内果皮和内表皮。内果皮肥厚，由 10 余层柔软组织组成，嫩而多汁，是食荚菜豆的主要食用部分。内果皮的厚薄因品种而异。荚的输导组织维管束主要集中于腹缝线（俗称筋），纤维素则集中于中果皮和内果皮。根据维管束发达与否，可分为有筋品种和无筋品种。而根据中果皮和内果皮中纤维多少及其形成早晚，又将菜豆分为硬荚种（主要食用籽粒）和软荚种（食用嫩荚）两类。

（6）种子

菜豆的种子无胚乳，由种皮、子叶（贮藏养分的器官）和胚组成。种子形状多为肾形，也有椭圆形，圆球形等。种子着生在胎座上，成熟后留在种子上的痕迹叫“种脐”，其上方有“种瘤”，下方有“芽孔”。种皮颜色有黑、白、花等。菜豆种子较大，千粒重一般在 300 ~ 700 g。

2. 豇豆的一般形态特征

（1）根

豇豆根系发达，具深根性，因而耐土壤干旱能力强。其主根明显，入土深达 80 cm 以上，侧根稀疏。横展长达 60 ~ 100 cm；吸收根主要分布在 15 ~ 18 cm 以上土层中。豇豆根群比菜豆的弱些，根瘤与菜豆的相似，也不甚发达。

（2）茎

豇豆的茎表面光滑，具直的细槽，绿色或带红紫色。茎的生长习性有蔓性、半蔓性和矮生 3 种类型。生产中的主栽品种多为蔓性种。蔓性种主蔓能不断生长延伸，长达 2 ~ 3 m，靠逆时针方向旋转缠绕支柱向上生长，栽培中必须支架。豇豆蔓性种的分枝能力比菜豆强，除主蔓第一花序以下节位可抽生较强的侧蔓外，第一花序以上各节多为混合节位，叶腋中间为花芽，其两侧为叶芽，因而在一个叶腋中有可能伸出一个有效花序和 1 ~ 2 个侧蔓。矮生种主茎长 50 cm 左右，植株直立或开张，茎长至 4 ~ 8 节后顶端即形成花芽，并发生侧枝，成为分枝较多的株丛，一般不支架。

（3）叶

豇豆的叶与菜豆的相似，其叶为三初复叶，互生。小叶长卵形成菱形，全缘，长 10 cm 左右，表面光滑而质厚。色浓绿。光合能力强，不易萎蔫。复叶叶柄较长，基部有长约 1 cm 的小托叶。

（4）花

豇豆的花为总状花序，有长柄（20 ~ 26 cm），自叶柄基部伸出。在肥水过多时，花柄很长而细。蔓性种在主蔓第 4 至第 7 节上开始抽生花序。侧蔓上第一、第二节即可出现，一般每株可形成20 ~ 40个花序，多的达50个以上。花芽的分布因品种而异。早熟的蔓性种节成性强，主蔓第一花序出现早，各节连续着花能力强，空节少，侧蔓发生也少，有效花序主要分布在主蔓上，属于主蔓结荚型。这类品种结荚早而集中，植株易早衰。晚熟的蔓性品种节成性差，空节多，其主蔓上能抽生较多的有效侧枝，有效花序主要分布在侧枝上，属于侧蔓结荚型。还有的品种有效花序分布在主、侧蔓上，各占一半左右，属于中间型。

豇豆每花序上有 2 ~ 5 对花芽，由下至上成对（互生）出现和发育。豇豆的花为蝶形花，花冠多淡紫色或紫色，也有白色或黄白色的。花冠直径约 2 cm。子房一室，内有胚珠 15 ~ 20 个，个别也有多达 24 个的。豇豆为自花授粉植物。开花前 2 日花粉粒已成熟，开花前一天晚上 9 时左右花药开裂并散粉，次日早晨 5 ~ 6 时花冠展开，8 时左右完全开放，9 ~ 10 时花冠即开始闭合，中午全部闭合。开花经一天花冠脱落。雌蕊在日出后花冠展开时柱头黏液多，完成自花授粉。

（5）果实

豇豆的果实为长荚果，果皮分生肥厚的组织为主要食用部分，嫩荚柔软而细长，近圆筒形，直而下垂生长，结荚常成对。嫩荚粗 0.7 ~ 1 cm。蔓生种荚长达 30 ~ 100 cm，故有长豇豆之称。矮生或半蔓性种的荚短，15 ~ 20 cm。荚的颜色有淡绿、深绿、紫红和赤斑等，因品种而异。

（6）种子

豇豆的种子多为肾形，或长或短，或扁或圆。种皮颜色有红、黑、白、褐、紫等多种，均因品种而异。一荚内通常可结 10 ~ 20 粒种子。种子发芽年限为 3 ~ 4 年，千粒重 309 ~ 500 g。

四、注意事项

① 豆类蔬菜涵盖豆科植物较多的属。

② 菜豆和豇豆都有蔓性品种和矮生品种。

五、实验结果与分析

① 绘出菜豆花及豇豆花的解剖图、荚果的横切面图、种子的纵剖面图，并注明各部分名称。

② 根据豆类蔬菜形态观察结果，填写表 2-16。

表 2-16　豆类蔬菜的形态区别

类型		菜豆	豇豆
植株	下胚轴花青苷显色		
	第一花序节位		
	生长习性		
	顶生小叶长度		
	顶生小叶宽度		
花	花蕾色		
	花瓣色		

续表

类型		菜豆	豇豆
豆荚	长度		
	宽度		
	花青苷显色		
	缝线颜色		
	喙颜色		
	盘曲		
种子	长度		
	形状		
	种皮主色		
	次色有无		
	次色分布		
	种脐环颜色		

实验十四　大葱主要形态特征观察

一、实验原理与目的

大葱（*Allium fistulosum L.*）属百合科（*Liliaceae*）葱属（*Allium L.*），是二年、三年生草本植物。充分成长的大葱，全株（从假茎基部到叶的上端）长 100 ~ 150 cm，鲜重 200 ~ 400 g，少数单株重可达 700 g 以上。假茎的长度占全株长的 40% 左右，重量为全株鲜重的 55% ~ 65%。大葱幼嫩时可食嫩叶，长大后以食用假茎——葱白为主。食用能叶时的幼葱称作小葱或青葱，一年可栽培多茬；食用葱白的成葱称作干葱，耐贮藏，以秋冬供应为主。通过本实验，识别大葱的形态特征，了解三大葱种的区别。

二、器材与试剂

1. 实验仪器

解剖刀、钢卷尺、镊子、放大镜等。

2. 实验材料

不同大葱植株及花、果实、种子的实物、有关标本和挂图等。

三、实验步骤

1. 大葱的一般形态特征

（1）根

大葱的根为白色弦线状须根。粗度均匀，分生侧根少。根的数量、长度和粗度，随发生叶数的增多而不断增长。大葱生长盛期也是根系最发达的时期，数量多达 100 条以上，粗 1 ~ 2 mm，平均长 30 ~ 40 cm。

（2）茎

营养生长期茎短缩成圆锥状的茎盘，先端为生长点，上部着生叶片，下部长根。生殖生长期生长点停止分化叶片，开始分化花芽，以后伸长形成花薹。大葱抽薹或生长点受到破坏，在内层叶鞘基部可萌生 1 ~ 2 腋芽，形成分孽。因此，采种株除去花薹后其腋芽萌发形成“逼葱”。

（3）叶

由叶身和叶鞘两部分组成。分化初期的幼叶，叶身比叶鞘的生长比重大，以后两个部分的比重逐渐接近。单个叶鞘为圆管状。多层套生的叶鞘和内部包裹着的 4 ~ 6 个幼叶，组成棍棒状假茎（葱白）。幼叶刚长出叶鞘时为黄绿色，实心。成龄叶深绿色，长圆锥形、中空，表层覆有白色蜡状物。

（4）花

大葱为伞形花序，当植株最后一个葱叶基本长成后，即抽出一个粗壮的花薹（花茎）。花薹的粗度和高度决定于营养生长状况和品种特性。开花前，花序藏于膜状总苞内，呈球状。成株采种时一个花序有小花 400 ~ 500 朵，多者 800 朵。每朵花有萼片、花瓣各 3 个，雄蕊 6 枚，3 长 3 短相间排列。雌蕊 1 枚，成熟时长 1 cm 左右，子房上位，3 室，每室可结 2 粒种子。

（5）果实和种子

大葱果实为蒴果，每果含种子 6 粒，成熟时果实开裂，种子易脱落。种子盾形内侧有棱，种皮黑色，坚硬，不易透水，有不规则的密集皱纹，千粒重 2.4 ~ 3.4 g，一般为 2.8 g 左右。常规贮藏条件下仅 1 ~ 2 年。生产上必须用当年新种子。

2. 普通大葱类型

大葱包括普通大葱、分葱、楼葱和胡葱 4 个类型。分葱和楼葱在植物学分类上属于大葱的变种。普通大葱根据假茎高度和形态，分为长葱白类型、短葱白类型和鸡腿类型。

（1）长葱白类型

相邻叶的叶身基部间距较大，一般 2 ~ 3 cm。葱白长，粗度均匀，葱白形指数在 10 以上。代表品种有章丘梧桐葱、盖平大葱、西安矬葱、洛阳笨葱、北京高脚白等。

（2）短葱白类型

相邻叶身基部间距小，葱叶粗短。葱白也粗而短，葱白形指数在 10 以下，基部略膨大。代表品种有寿光八叶齐、西安竹节葱等。

（3）鸡腿葱类型

假茎短，基部显著膨大，呈鸡腿状或蒜头状。代表品种有莱芜鸡腿葱、大名鸡腿葱等。

四、注意事项

① 不同大葱品种，其植株特征存在一定差异。

② 多层套生的叶鞘和内部包裹着的 4 ~ 6 个幼叶，组成葱白。

五、实验结果与分析

① 绘出葱花的解剖图、种子的纵剖面图，并注明各部分名称。

② 根据观察结果，说明葱叶和假茎的区别。

③ 根据 3 个栽培葱种形态观察结果，填写表 2－17。

表 2－17　我国 3 个栽培葱种的形态区别

序号	性　状	表达状态	长白葱	短白葱	鸡腿葱
1	植株：类型	单假茎型			
		多假茎型			
2	植株：高度	极矮			
		极矮到矮			
		矮			
		矮到中			
		中			
		中到高			
		高			
		高到极高			
		极高			
3	叶片：表面蜡粉	无或极少			
		中			
		多			
4	叶片：绿色程度	浅			
		中			
		深			
5	假茎：长度	短			
		短到中			
		中			
		中到长			
		长			
6	花粉	有			
		无			

实验十五　姜主要形态特征观察

一、实验原理与目的

姜属于姜科（*Zingiberaceae*）姜属（*Zingiber Adans*），多年生草本植物的新鲜根茎，别名有姜根、百辣云、勾装指、因地辛、炎凉小子、鲜生姜、蜜炙姜。姜的营养价值高，用途很广。姜的肉质根供食用。每 100 g 鲜姜中含有水分 85 ~ 87 g，碳水化合物 8.5 g，蛋白质 0.6 ~ 1.4 g，并含有姜辣素等，具有特殊辛辣味，作为香辛调料普遍使用，此外还可加工成姜干、糖姜片、咸姜片、姜粉、姜汁和姜酒。通过本实验，识别姜的形态特征，掌握 2 种姜类型的区别。

二、器材与试剂

1. 实验仪器

解剖刀、钢卷尺、镊子、放大镜等。

2. 实验材料

不同姜植株及花、果实、种子的实物、有关标本和挂图等。

三、实验步骤

1. 姜的一般形态特征

（1）根

姜的根包括纤维根和肉质根，纤维根从幼芽基部发生，水平生长出数条不定根，进一步生成细小的侧根，这是生姜主要的吸收根系。纤维根的主要功能是吸收水分和溶于水中的矿物质，将水与矿物质输导到茎，是姜的主要吸收器官。在生姜的旺盛生长期，种姜和子姜的下部节长出乳白色的肉质根，肉质根较短，且粗，不分叉，基本上无根毛，吸收能力差，主要起固定支撑和储存养分的作用。姜属浅根性作物，主要分布在半径 40 cm 和深 30 cm 的土层内，多集中在姜母的基部，少数根系可深入土壤深层。实验表明，姜的根系发育与生长环境和栽培方式有关：土壤厚且疏松，或者培土次数多，则根系生长旺盛，根数量多且长，伸展范围变大，利于养分的吸收。

（2）茎

包括地上茎和地下茎两部分。姜发芽后首先长出地面的是地上主茎，主茎直立、绿色，茎端被叶片和叶鞘包被，其真正高度仅有植株地上全部高度一半左右。茎在地下部分则发育成韧生肉质根状茎，根状茎的茎皮有淡黄色、灰黄色和肉黄色等，鳞芽及节处呈紫红色或粉红色。初生根状茎一般有 7 ~ 10 节，每节上均有侧芽，活动的芽位于根状茎外侧，俗称“怀外芽”。主茎发芽后所形成的第一支苗称为主茎（主枝），其基部膨大为姜母。侧芽生长出地面则为一级分枝，位于地下的基都膨大为子姜，依次长出二级、三级分枝等，相应的地下茎膨大成为孙姜等，或依次称作第一、第二、第三次根状茎。幼苗期结束时可长出 3 ~ 5 个分枝。生长盛期才大量发生侧枝，侧枝多少与品种和栽培条件有关。地下根状茎是一个由姜母和两侧多级子姜、孙姜等发育共同形成。姜球的形状常见的有球形、纺锤形，长棒形等。

（3）叶

姜的叶包括叶片和叶鞘两部分。叶片呈披针形，单叶，绿色或深绿色。叶鞘呈绿色，狭长抱茎，具有保护和支撑的作用。新叶从叶片和叶鞘的连接处抽出。姜叶片互生，在茎上排成 2 列。叶背主脉稍微隆起，具有横出平行脉。

（4）花

生姜的花为穗状花序，花茎直立，由叠生苞片组成，雄蕊 6 枚，雌蕊 1 枚。但生姜极少开花，偶尔在南方大田或棚室栽培中看到生姜开花，但很少结实。目前，关于生姜开花问题与栽培环境和栽培因素之间的关系尚不清楚，还需进一步研究。

2. 姜的品种类型

根据生姜的生态特性和生长习性，可分为疏苗型和密苗型 2 种类型。表 2-18 从植株性状、叶片、分枝、姜块产量及代表品种方面进行区分。

表 2-18　2 种类型生姜的形态区别

性状	疏苗型	密苗型
植株	高大，生长势强，一般株高 80 ~ 90 cm，生长旺盛的植株可达 1 m 以上	高度中等，生长势强，一般株高 65 ~ 80 cm，生长旺盛时可达 90 cm 以上
叶片	大而厚，叶色深绿	叶片稍薄，叶色翠绿
分枝	茎秆粗而健壮，分枝较少，排列较稀疏	分枝性强
姜块	根茎块大，外形美观，姜球数较少，姜球肥大，多呈单层排列	根茎姜球数较多，姜球较小，姜球上节数较多，节间较短。姜球多呈双层排列或多层排列
产量	高	较高
代表品种	广东疏轮大肉姜，山东莱芜、安丘大姜	莱芜片姜，广州密轮细肉姜，浙江临平红爪姜

四、注意事项

① 不同大姜品种，其植株特征存在一定差异。
② 茎在地下部分发育成韧生肉质根状茎，为姜的主要食用部分。

五、实验结果与分析

① 绘出疏苗姜的植株形态图、姜花的解剖图，并注明各部分名称。
②根据观察结果，说明姜球数与分枝数的关系。
③ 根据 2 个栽培姜种形态观察结果，填写表 2-19。

表 2-19　我国 2 个栽培姜种的形态区别

<table>
<tr><td colspan="2">性状</td><td>疏苗型</td><td>密苗型</td></tr>
<tr><td colspan="2">植株高度</td><td></td><td></td></tr>
<tr><td colspan="2">叶片形状</td><td></td><td></td></tr>
<tr><td rowspan="2">分枝</td><td>多少</td><td rowspan="2"></td><td rowspan="2"></td></tr>
<tr><td>高度</td></tr>
<tr><td rowspan="2">姜块</td><td>大小</td><td rowspan="2"></td><td rowspan="2"></td></tr>
<tr><td>数量</td></tr>
<tr><td>产量</td><td></td><td></td><td></td></tr>
<tr><td>代表品种</td><td></td><td></td><td></td></tr>
</table>

第三章　种子生物学实验

实验一　种子萌发过程中吸水力和物质效率的测定

一、实验原理与目的

种子萌发过程中吸水力的强弱主要与种子的化学成分和系统发育有关，而物质效率的高低除了与化学成分有关外，还与种子的活力状况及萌发条件有关。本实验目的在于通过测定种子吸水力，预测品种的生长速度、抗逆性及播种在干旱条件下出苗的可能性；测定物质效率，可以了解种子的活力状况及不同类型种子的最适萌发条件。

二、器材与试剂

1. 实验仪器

天平、容量瓶、发芽箱、发芽盒、滴瓶、滤纸、镊子、铝盒、烘干箱和干燥器等。

2. 实验试剂

配制系列蔗糖浓度溶液。

3. 实验材料

小麦、玉米、大豆种子。

三、实验步骤

① 从每种供试种子中随机挑取一定种子。按发芽试验要求置于干床上，分别用不同浓度蔗糖溶液代替水湿润发芽床。每个浓度设置4个重复，每份试样均以水为对照。

② 置好床，贴上标签，置适宜温度的发芽箱中发芽。每天向培养皿中滴加对应的蔗糖溶液，对照则用清水。

③ 随时观察种子在不同浓度蔗糖溶液中的萌发情况，记载其发芽势和发芽率。

④ 发芽结束时，分别测量发芽种子的根、芽长度，并找出达到对照发芽率半数的蔗糖溶液浓度，此即该品种的吸水力。

⑤ 从同一试样中称取相同质量的种子，放于烘干置恒重的铝盒中，置 103 ℃烘箱中烘 20 h 后取出放于干燥器中，冷却后称重。计算该样品种子干物质质量。2 次重复，

求其平均数。

⑥ 将发芽 7 d 的发芽盒取出，在筛子上反复冲洗，待完全干净后将幼苗和残留物分离。将分离好的幼苗和残留物分别置于烘干至恒重的铝盒中，放入烘箱，先用 100 ℃高温 30 min。然后降低至 80 ℃烘干 20 ~ 24 h，直到恒重为止。取出烘干物放于干燥器中，冷却后称量。分别计算幼苗干物质质量和残留物干物质质量。

四、注意事项

防止种子发霉，种子要清洗干净。

五、实验结果与分析

① 计算种子的吸水力：吸水力 = 达到对照发芽率半数的蔗糖溶液浓度。

② 计算种子的物质效率：物质效率（%）= 幼苗干物质质量 / 种子萌发期间耗用干物质质量 ×100 = 幼苗干物质质量 /（发芽前种子干物质质量 – 发芽后残留物干物质质量）×100。

③ 分析在种子萌发过程中吸水力和物质效率有关的因素。

实验二　新、陈种子活力比较（电导率法）

一、实验原理与目的

种子吸胀初期，细胞膜重建和修复能力影响电解质（如氨基酸、有机酸、糖及其他离子）渗出程度，细胞膜越完整修复速度越快，渗出物越少。高活力种子能够更加快速地重建膜，且最大限度修复任何损伤，而低活力种子则相反。因此可以通过测定种子浸泡液的电导率大小来判断种子活力的大小。本实验通过测定新、陈种子电导率的大小。

二、器材与试剂

1. 实验仪器

老化盒（干燥器）、网袋、电导率仪、水浴锅、试管（烧杯）、滤纸。

2. 实验材料

人工老化和未老化的种子。

三、实验步骤

1. 种子老化

（1）快速人工老化法

清洗老化容器，底部加适量的水（6 ~ 8 cm 高），装好网架，数取种子 100 粒或 50 粒，4 次重复，分别放在老化容器的网架上，盖上盖子，移入恒温培养箱，用 40 ~ 45 ℃和 100% 相对湿度（RH），处理 1 ~ 10 d。处理温度和时间因种子种类而不同（表 3-1），最适宜的老化时间可根据经验加以调整。如要研究老化的最适时间，采用高、中、低活力（从发芽力确定）的 3 个种子样品，选好温度和 100% 相对湿度，以时间加以调节。在老化处理后，如高活力种子仅有少数种子死亡，中活力种子有相当部分死亡，低活力种子则大多数死亡，则可认为，这种条件是该种种子老化处理的理想条件。

表 3-1　种子加速老化的适用范围及条件

属或种名	种子质量 / g	老化温度 / ℃	老化时间 / h	老化后种子的含水量 / %
大豆	42	41	72	27 ~ 30
苜蓿	3.5	41	72	40 ~ 44
油菜	1	41	72	39 ~ 44
玉米（甜）	40	41	72	31 ~ 35
玉米（大田）	40	45	72	26 ~ 29
莴苣	0.5	41	72	38 ~ 41
绿豆	40	45	96	27 ~ 32
洋葱	1	41	72	40 ~ 45
红花属	2	41	72	40 ~ 45
三叶草	1	41	72	39 ~ 44
高粱	15	43	72	28 ~ 30
黑麦草	1	41	48	36 ~ 38
番茄	1	41	72	44 ~ 46
小麦	20	41	72	28 ~ 30
烟草	0.2	43	72	40 ~ 50

（2）缓慢人工老化法

基本处理方法同上，但不同之处是用 35 ~ 37 ℃较低的温度和 75% 较低的相对湿度，处理周或数个月较长的时间。一般油质种子处理 1 ~ 10 周，蛋白质种子处理 1 ~ 10 个月。

2. 电导率测定

① 取出种子摊薄，风干 1 ~ 2 d，保存在干燥器中，在常温或稍低温度下备用。试验进行之前要与未处理的种子同时在 25 ℃、93%RH 条件下平衡水分 24 h。

② 选取大小一致且无机械伤的种子 10 粒，称重（W），精确至 0.01 g，2 个重复。取直径为 80 mm 左右的烧杯 3 个，用热水和去离子水数次洗净，用滤纸吸干表面水分。

③ 将种子放入烧杯中，加入 250 mL 去离子水，另一烧杯内加去离子水作对照。烧杯须用铝箔或薄膜盖好，以减少水分蒸发和被灰尘污染。

④ 所有烧杯于 20 ℃下放置 24 h（时间长短以种子充分吸胀为宜），然后用电导仪测定浸泡液和对照的电导率。也可将种子与浸泡液分离，然后再测定。

3. 计算

将各重复样品电导率减去对照电导率，按照如下公式求出2个重复的平均电导率。

$$\text{单位质量电导率}/[\mu s/(cm \cdot g)] = \left[\frac{\text{重复 1 电导率}-\text{对照电导率}}{\text{重复 1 种子质量}} + \frac{\text{重复 2 电导率}-\text{对照电导率}}{\text{重复 2 种子质量}}\right] \div 2。$$

如果2个重复间差值超过4时，应重做试验；当结果高于30时，则容许差距为5。

四、注意事项

① 电导率结果受许多因素，如种子大小及完整性、种子水分、浸泡温度及时间、容器大小、溶液体积等影响，应注意。例如，ISTA 规程中测定豌豆种子电导率和大豆种子加速老化测定规定，种子样品水分必须控制在 10% ~ 14% 范围内，低于 10% 或高于 14% 的样品必须将种子水分调节到这一范围。因为种子水分控制着种皮致密、结构和生理代谢，所以，不同种子水分的样品浸入测定电导率的水中时，向水中析出的电介质快慢就会有差异，低水分种子渗出快且多。

② 溶液的电导率高低是反映种子活力变化的一个敏感指标，但影响种子内含物外渗的因素很多，如浸种温度、时间、种子大小、含水量等。此外，种子内含物多少也影响外渗量，因此，测定种子外渗液的电导率应计算相对电导值，以获得更客观反映种子活力水平的数据。

③ 测定最好使用去离子水（20 ℃下电导率不超过 2 μS/cm），也可用蒸馏水（20 ℃下电导率不超过 5 μS/cm），使用前水温应保持在 20 ℃。

④ 所有电导率都应在 20 ℃条件下测定，因为微小的温度变化会导致电导率发生很大差异。如在测定溶液的电导率时，手捏试管（或烧杯）也会使溶液的电导率上升。另外，种子渗出液也不宜久置，因空气中 CO_2 溶于水中会增加离子浓度，使电导率值上升，测定时人呼吸放出的 CO_2 也会产生影响。

⑤ 测定不同的样品时，必须用双蒸水彻底清洗并用滤纸吸干表面水分。

⑥ 种子在浸泡和煮沸过程中，水分会蒸发，应保持浸泡液的体积，故须用铝箔或薄膜盖好。

⑦ 测定电导率之前，浸泡液必须在涡旋混匀器上混匀。

⑧ 如果样品较少，能够保证在短时间完成测试，电极可以直接插在浸泡液上层完成，如果待测样品较多，则应倾出浸泡液终止浸泡，测定浸泡液的电导率。

⑨ 由于不同活力水平种子的电导率值之间的差异较小，为正确反映这一差异，就要求洗净种子及器皿，而且先用自来水洗净，然后用重蒸水冲洗数次，洗净的种子用

定性滤纸吸尽浮水后，放入待测的容器内，加入定量的重蒸水。

⑩ 要特别注意影响老化与效果差异性的诸因素，并加以严格掌握，其中最主要的有 5 点：a. 老化处理前的种子含水量高低会直接影响老化的程度和效果。因此，在老化处理之前，不同种子批的样品应在相同的温、湿度条件下预先平衡含水量。b. 若用玻璃容器取代老化箱，必须考虑种子用量与容器的相应体积，容器中的空隙度会直接、间接关系到老化进程的快慢与效果。c. 所有处理种子与水层面的距离必须保持一致。d. 作为抗老化的活力指标，老化处理的时间以达到种子发芽力明显下降为度。e. 要提防霉菌的污染，易长霉的种子可以适当缩短处理时间，而且在测定发芽和幼苗生长势之前应将霉烂籽粒挑出（列为无发芽力的种子数）。

五、实验结果与分析

① 计算新、陈种子的电导率值因。

② 分析导致新、陈种子活力差异的原因。

实验三　种子休眠特性及其休眠破除

一、实验原理与目的

种子休眠是植物发育过程的一个暂停现象。对植物本身来说，既是一个很重要的发育时期，又是一种有益的生物学特性，是植物经过长期演化而获得的一种对环境条件及季节性变化的生物学适应性。种子休眠特性可使种子利用某一时期较适宜的条件，来进行萌发和生长，从而增强植物对不良环境的适应性，提高种族生存的可能性。

种子休眠的原因是多方面的，只有根据不同休眠原因，采取适当措施，才能打破或缩短休眠期限，促使种子萌发。

二、器材与试剂

1. 实验仪器

发芽盒、镊子、发芽纸、标签纸、研钵、细砂、刀片、滤网、恒温培养箱。

2. 实验试剂

100 mg/kg 赤霉素（GA3）溶液、0.1 mol/L NH_4NO_3 溶液。

3. 实验材料

粳型水稻品种：芒粳种子（当年新收获）。紫云英种子：①当年收获并冷藏至今；②当年收获，放置于室温下。

三、方法和步骤

1. 发芽床准备

取 4 层发芽纸垫入发芽盒底部，加水使其饱和，倒出多余水分（用 GA3 溶液的，以 GA3 溶液代替清水湿润发芽床）。

2. 种子处理及置床

按表 3–2 所列方法处理种子。每个处理组可处理种子 100 粒，放于一发芽盒中置床发芽（种子相互间隔均匀）。

表 3-2 水稻、紫云英种子休眠解除实验方法

作物种子	编号	处理方法
水稻	1	去稃壳
	2	去稃壳 + 擦破果种皮（在研钵内轻磨几下）
	3	0.1mol/L NH_4NO_3 预浸 24 h 后，倒于滤网上，用清水淋洗干净，再置床发芽
	4	对照（CK1）（清水预浸 24 h）
	5	未成熟种子 100 mg/kg GA3 溶液湿润发芽床
	6	未成熟种子不作任何处理（CK2）
紫云英	1	切破种子
	2	擦破种皮（种子放于研钵内轻磨 3 ~ 5 min）
	3	对照（CK）
	4	当年收获，放置室温下的种子

3. 粘贴标签及置发芽箱培养

置床完毕，写好标签（包括作物种类、处理编号、组号、置床日期等），盖上盖子。水稻于 30 ℃下恒温培养；紫云英种子放于 20 ℃条件下培养。

4. 观察及记录

分别于发芽开始后第 3 天、第 7 天统计萌发种子数，按编号记录数据。第一次统计完毕，将发芽种子去掉，其余种子继续发芽（第 7 天观察统计结束后，清洗发芽盒）。

四、注意事项

① 发芽过程中霉烂种子及时取出并记录数目，表面生霉的种子用清水洗涤后仍置床上。

② 发芽床偏干时，可加适量清水湿润。

五、实验结果与分析

① 将实验结果填入表 3-3。

表 3-3　试验结果统计表

种子	编号	种子数	发芽种子数		休眠种子数 / 硬实种子数
水稻	1	100			
	2	100			
	3	100			
	4	100			
	5	100			
	6	100			
紫云英	1	100			
	2	100			
	3	100			
	4	100			

② 你认为水稻、紫云英种子休眠的主要原因是什么？

③ 成熟度对水稻种子的休眠有何影响？原因何在？

④ 你认为用什么相应方法能有效地解除这两种种子的休眠？

实验四　种子的结构与幼苗类型

一、实验原理与目的

种子由胚珠发育而成。花生、棉花、油菜、紫云英、柑橘、菜豆、茶和桑的种子，都是由胚珠发育而成的，是真正的种子。水稻、小麦、玉米、高粱、向日葵的籽粒，一般也称作“种子”，实际上都是果实。因为它们的单粒种子包在果皮之内，特别是禾本科作物的果实，其果皮与种皮相互愈合，不易分离。种子在大小、形状和颜色等方面，因植物的种类不同而有较大的差异。椰子的种子很大，而油菜、萝卜、芝麻的种子较小，烟草的种子则更小，大豆、菜豆的种子为肾形，而棉花、豌豆、龙眼的种子为圆球形。种子的颜色也多种多样，小麦、粟多为黄褐色，大豆为黄色、青色或黑色，龙眼和荔枝为红褐色等。虽然种子在形状、大小和颜色等方面存有差异，但其基本结构是一致的，主要由胚、营养贮藏组织和种皮组成。幼苗的类型也因植物而不同，常见的幼苗主要有两种类型：子叶出土的幼苗和子叶留土的幼苗。

通过本实验，观察学习植物种子的形态结构和幼苗类型。了解种子形态构造的差异，是进行种子真实性鉴定、纯度检验、清选分级、加工包装和安全贮藏的重要依据。了解幼苗出土类型，将有助于采用合适的技术提高种子成苗率和促进农业生产。

二、器材与试剂

1. 实验仪器

培养箱、发芽盒、土壤、解剖镜、镊子、解剖刀。

2. 实验材料

各种植物种子。

三、实验步骤

1. 种子的结构

（1）有胚乳种子

这类种子由种皮、胚和胚乳 3 部分组成。双子叶植物中的蓖麻、烟草、茄子、辣椒、桑等植物种子和单子叶植物中的水稻、小麦、玉米、高粱、洋葱等植物的种子，都属于这种类型。

①双子叶植物的有胚乳种子。取一粒新鲜的蓖麻种子观察（图 3-1）。种子呈椭圆形，种皮呈硬壳状，光滑并具有斑纹，种子小头基部具海绵状的突起为种阜，种子腹部中央隆起的条纹为种脊。用解剖镜观察，可见种子腹面种阜内侧有小突起，称为种脐。种孔被种阜掩盖。剥去种皮，其中白色肥厚的部分为胚乳，用刀片平行于宽面纵切，可见两片大而薄的子叶，具明显的叶脉，两片子叶基部与胚轴相连，胚轴上方为胚芽，下方为胚根。

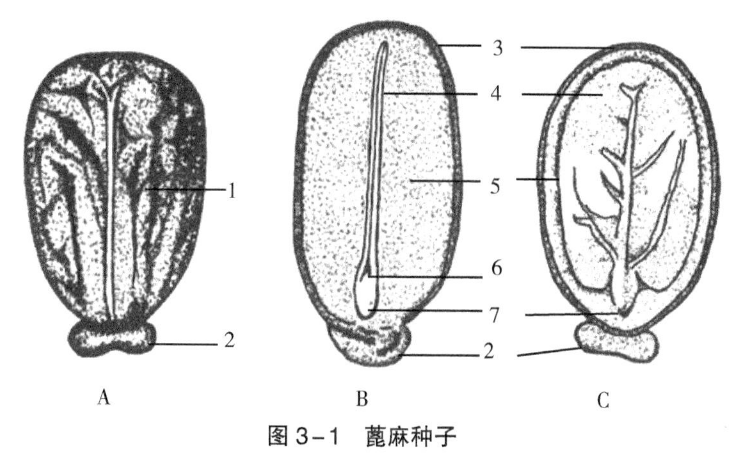

图 3-1　蓖麻种子

A. 表观图。B. 与宽面垂直的纵切面。C. 与宽面平行的纵切面。
1. 种脊；2. 种阜；3. 种皮；4. 子叶；5. 胚乳；6 胚芽；7. 胚根。

② 单子叶植物的有胚乳种子。取一粒小麦籽粒观察（图 3-2）。籽粒呈椭圆形，腹面有一纵沟，顶端有一丛较细的单细胞的表皮毛，即为果毛。小麦颖果的结构如图 3-2 所示。

（2）无胚乳种子

这类种子由种皮和胚两部分组成。双子叶植物如花生、棉花、大豆、菜豆、豌豆、蚕豆、瓜类、茶及柑橘类的种子；单子叶植物如慈姑的种子，都属于这一类型。花生种子的结构（图 3-3）。花生种子的种皮为红色，薄膜质；种子的一端具白色种脐，种孔不易观察到。剥去种皮，可见两片肥大的子叶，轻轻分开子叶，观察胚芽、幼叶形态；胚芽另一端的突起为胚根，子叶着生处为胚轴。

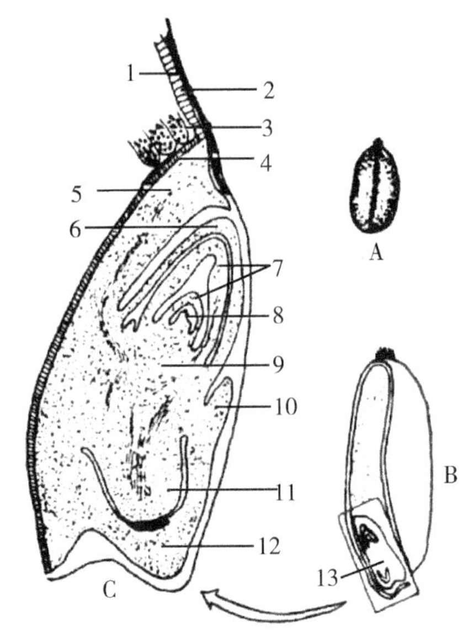

图 3–2　小麦颖果的结构

A. 籽粒外形。B. 籽粒纵切面。C. 胚的纵切面。

1. 果皮与种皮；2. 糊粉层；3. 淀粉贮藏细胞；4. 上皮细胞；5. 盾片；6. 胚芽鞘；7. 幼叶；8. 胚芽生长点；9. 胚轴；10. 外胚叶；11. 胚根；12. 胚根鞘；13. 胚。

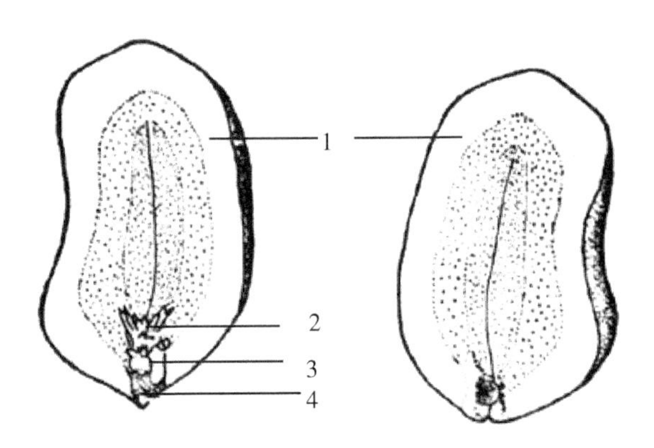

图 3–3　花生种子的结构（剥去种皮）

1. 子叶；2. 胚芽；3. 胚轴；4. 胚根。

2. 幼苗的类型

不同的植物有不同形态的幼苗。常见的幼苗主要有两种类型：子叶出土的幼苗和子叶留土的幼苗。

（1）子叶出土型幼苗

分别将棉花和蓖麻种子播种于土壤中，加入适量的水分，然后置于 30 ℃的培养箱中萌发。种子萌发时，胚根首先伸入土中形成主根，接着下胚轴伸长，将子叶和胚芽推出土面（图 3-4、图 3-5），这些幼苗是子叶出土型幼苗。子叶出土后变成绿色，可以进行光合作用。随后，胚芽发育形成地上的茎和叶。

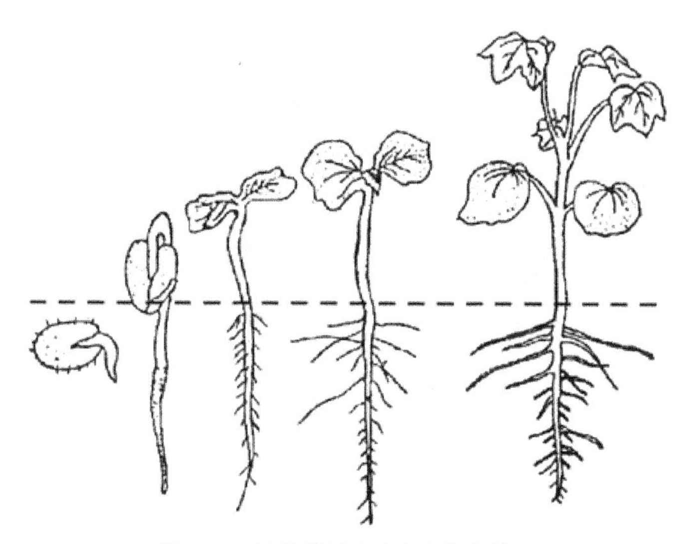

图 3-4　棉花种子子叶出土萌发情况

图 3-5　蓖麻种子萌发情况

1. 种皮；2. 胚根；3. 胚乳；4. 胚芽；5. 子叶；6. 下胚轴；7. 主根；8. 上胚轴。

（2）子叶留土型幼苗

分别将豌豆和玉米种子播种于土壤中，加入适量的水分，然后置于 30 ℃的培养箱中萌发。种子萌发时，下胚轴并不伸长，子叶留在土中（图 3-6），上胚轴或中胚轴和胚芽伸出土面。

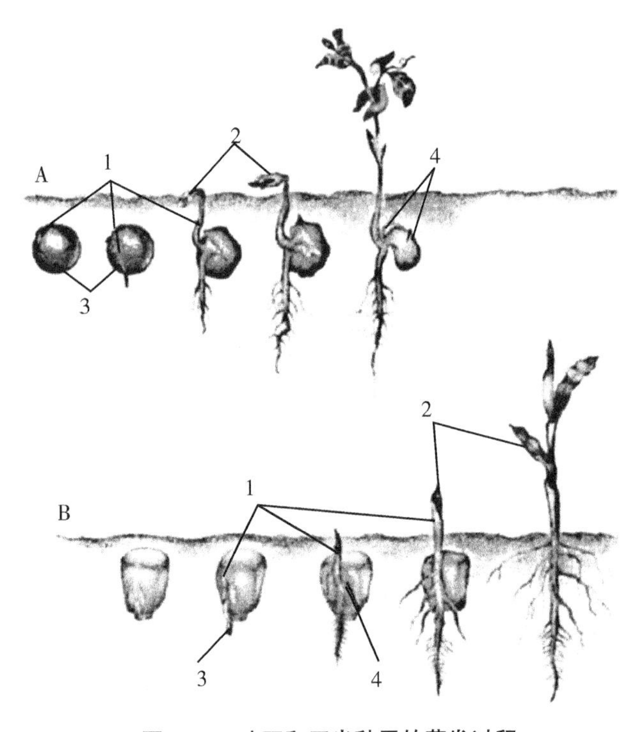

图 3-6　豌豆和玉米种子的萌发过程

A. 豌豆种子萌发（双子叶）1. 胚芽；2. 营养叶；3. 胚根；4. 子叶。B. 玉米种子萌发（单子叶）1. 胚芽鞘；2. 营养叶；3. 胚根；4. 子叶。

四、注意事项

① 子叶的出土和留土还与播种的深度有关。例如，花生种子的萌发，兼有子叶出土和子叶留土的特点，它的上胚轴和胚芽生长较快，同时下胚轴也相应生长。所以，播种较深时，不见子叶出土；播种较浅时，则可见子叶露出土面。

② 在农业生产上，应注意掌握两种类型幼苗的种子播种深度。一般来说，子叶出土幼苗的种子播种要浅些；而子叶留土幼苗的种子，播种可以稍深些。

五、实验结果与分析

① 绘制小麦、蓖麻、花生的形态结构图。
② 绘制棉花、蓖麻、豌豆、玉米的萌发过程示意图。
③ 子叶出土型幼苗和子叶留土型幼苗各有什么优缺点？

实验五　花粉活力的测定

一、实验原理与目的

碘－碘化钾（I_2－KI）染色测定法：禾谷类植物花粉成熟时积累淀粉较多，通常可用I－KI染成蓝色。发育不良的花粉常呈畸形，不积累淀粉，用I－KI染色，不呈蓝色，而呈黄褐色。

过氧化物酶测定法：具有生活力的花粉含有活跃的过氧化物酶。此酶能利用过氧化氢使各种多酚及芳香族胺发生氧化而产生颜色，依据颜色可知花粉的活性强弱。

氯化三苯基四氮唑法（TTC）：凡有生命活力的细胞，在呼吸作用过程中都有氧化还原反应，而无生命活力的细胞则无此反应。当TTC渗入活细胞内，并作为氢受体被脱氢辅酶（$NADH_2$或$NADPH_2$）上的氢还原时，便由无色的TTC变成红色的TTF。

本实验通过花粉活力的测定，了解花粉的可育性，并掌握可育、不育花粉的形态、生理特征；熟悉测定花粉活力的几种方法。

二、器材与试剂

1. 实验仪器

显微镜、镊子、恒温箱、载玻片、盖玻片。

2. 实验试剂

I_2－KI溶液、0.5%联苯胺、0.5% α－萘酚、0.25%碳酸钠、0.3%过氧化氢、0.5% TTC溶液。

3. 实验材料

花粉。

三、实验步骤

1. I_2－KI染色测定法实验步骤：

① 取充分成熟将要开花的花朵带回室内。

② 取一花药置于载玻片上，加一滴蒸馏水，用镊子充分捣碎后，再滴加1～2滴

I_2-KI 溶液，盖上盖玻片，在低倍镜下观察。

③ 凡被染成蓝色的为发育好、活力强的花粉粒，呈黄褐色的为发育不良的花粉粒。

④ 观察 2 ~ 3 个制片，每片取 5 个视野，统计 100 粒，然后计算有活力花粉的百分率。

2. 过氧化物酶测定法实验步骤：

① 将 0.5% 联苯胺，0.5% α –萘酚，0.25% 碳酸钠 3 种溶液各取 10 mL 混合均匀成试剂Ⅰ。

② 在干洁载玻片上放少量花粉，然后加试剂Ⅰ和 0.3% 过氧化氢各 1 滴，搅匀后盖上玻片。

③ 30℃下经 10 min 后在低倍显微镜下观察。如花粉粒为红色，则表示有过氧化物酶存在，花粉有活力，能发芽；如无色或黄色，则表示已失去活力，不能发芽。

④ 观察 2 ~ 3 个制片，每片取 5 个视野，统计 100 粒，然后计算有活力花粉的百分率。

3. TTC 法实验步骤：

① 取少数花粉于载玻片上，加 1 ~ 2 滴 TTC 溶液，盖上盖玻片。

② 将制片于 35 ℃恒温箱中放置 15 min。

③ 置于低倍显微镜下观察。凡被染为红色的活力强，淡红的次之，无色者为没有活力的花粉或不育花粉。

④ 观察 2 ~ 3 个制片，每片取 5 个视野，统计 100 粒，然后计算有活力花粉的百分率。

四、注意事项

注意需将花粉完全浸于药液中。

五、实验结果与分析

① 用 3 种方法统计不同植物有活力花粉的百分率。

② 试比较 3 种方法，同一花粉的发芽率是否相同，分析其原因。

实验六　花粉管生长测定

一、实验原理与目的

成熟花粉具有较强的生活力，在适宜的培养条件下便能萌发和生长。花粉的萌发和生长情况与植物种类、花粉成熟度、气候和培养条件等有关。实验中通过改变培养条件，利用正交实验法测定花粉管长度，可以找出促进花粉生长的最佳培养条件。通过本实验熟悉测定花粉管生长的方法及影响生长的主要因素。

二、器材与试剂

1. 实验仪器

恒温箱、显微镜、目镜测微尺、物镜测微尺、花粉培养小室、镊子、载玻片、盖玻片。

2. 实验试剂

培养基（内含琼脂 0.5%，硼酸、蔗糖浓度按表 3－4 进行配制）。

表 3－4　因子水平

因子水平	A 蔗糖含量 /%	B 硼酸浓度 /（μg · mL^{-1}）	C 温度 /℃	D pH
1	5	10	23	6.0
2	10	25	28	6.5
3	15	50	33	7.0

在配制培养基时，琼脂浓度不变，硼酸、蔗糖的浓度改变，pH 和培养温度也改变，用以观察何种组合更适于花粉萌发和生长。若培养基不是当天使用，则需要高压灭菌。

① 确定硼酸、蔗糖、温度、pH 4 种因子的水平值。实验中对每种因子选择低、中、高 3 种水平（以 1、2、3 表示，见表 3－4）。

② 按表 3–5 配制培养基。

表 3–5　培养基配置方案

实验组号	A 蔗糖含量 /%	B 硼酸浓度 /（$\mu g \cdot mL^{-1}$）	C 温度 /℃	D pH
1	5（1）	10（1）	23（1）	6.0（1）
2	5（1）	25（2）	28（2）	6.5（2）
3	5（1）	50（3）	3（3）	7.0（3）
4	10（2）	10（1）	23（1）	6.0（1）
5	10（2）	25（2）	28（2）	6.5（2）
6	10（2）	50（3）	3（3）	7.0（3）
7	15（3）	10（1）	23（1）	6.0（1）
8	15（3）	25（2）	28（2）	6.5（2）
9	15（3）	50（3）	3（3）	7.0（3）

注：括号内数字表示因子水平。

3. 实验材料

刚开放或将要开放的成熟花朵。

三、实验步骤

① 采取刚开放或将要开放的成熟花朵（取自丝瓜、南瓜、烟草、凤仙花、金莲、白花三叶草及葫芦科的其他植物。酷热天气中午前后不能采，最好现采现用）。

② 制备培养小室。在干洁的载玻片上放一只直径 15 mm、高 5 mm 的玻璃环，环口需用金刚砂磨平，外面涂少许凡士林（或石蜡）使之固定和防止水分蒸发，环内放 2 滴水。

③ 在干洁盖玻片中央滴 1 滴培养基溶液，然后将花粉粒少许散放于培养基上。

④ 将盖玻片放于培养室的玻璃环口上，有花粉粒的一面朝下（必要时在玻璃环口上涂上少许凡士林，以防水分蒸发和盖玻片移动）。

⑤ 在培养 45 ~ 60 min 后，即用 0.1 mol/L NaOH（含 0.4 mol/L 蔗糖）终止生长，置于低倍显微镜下观测，并用测微尺计算花粉管长度。每种处理观测 50 个花粉管长度，然后求其平均值，并进行统计分析。

四、注意事项

花粉应均匀散于培养基上，以免影响以后观察。

五、实验结果与分析

① 将花粉萌发结果记入表 3-6。

表 3-6　实验结果与统计分析

实验组号	A 蔗糖 因子水平	B 硼酸 因子水平	C 温度 因子水平	D pH 因子水平	结果 50 粒花粉管平均长度 / （μm · 粒$^{-1}$）
1	1	1	1	1	
2	1	2	2	2	
3	1	3	3	3	
4	2	1	1	1	
5	2	2	2	2	
6	2	3	3	3	
7	3	1	1	1	
8	3	2	2	2	
9	3	3	3	3	
Ⅰ					
Ⅱ					
Ⅲ					
R					

注：Ⅰ ~ Ⅲ：指因子水平 1 ~ 3 的 3 组实验结果平均值，反映同一因子各水平的作用大小。
R：极差，指平均值最高与最低之差值，反映因子的重要性，极差越大越重要。

② 从极差分析结果中判断各因子的重要性。
③ 比较不同植物花粉管生长的速度。
④ 外界环境条件及花粉成熟度对花粉萌发与生长有何影响？

实验七　种子中可溶性糖含量的测定

一、实验原理与目的

糖类遇浓硫酸脱水生成糠醛或其衍生物。糠醛或羟甲基糠醛进一步与蒽酮试剂缩合产生蓝绿色物质，其在可见光区 620 nm 波长处有最大吸收，且其光吸收值在一定范围内与糖的含量成正比。此法可用于单糖、寡糖和多糖的含量测定，并具有灵敏度高、简便快捷、适用于微量样品的测定等优点。通过本实验，熟悉种子中可溶性糖含量的测定方法。

二、器材与试剂

1. 实验仪器

分光光度计、恒温水浴锅、电子天平、具塞刻度试管、漏斗、容量瓶、试管架、研钵、烘箱。

2. 实验试剂

（1）1 mg/mL 标准葡萄糖原液

将分析纯葡萄糖于 80 ℃烘干至恒重，准确称取 100 mg 置于烧杯中，以少量蒸馏水溶解，加 5 mL 浓盐酸（杀菌作用）后，用蒸馏水稀释定容至 100 mL 即可。

（2）蒽酮试剂 1 g

蒽酮溶解于 1000 mL 稀硫酸溶液中。稀硫酸溶液由 760 mL 浓硫酸（相对密度 1.84）加水稀释成 1000 mL，待冷却至室温后方能加入蒽酮。配好的试剂应呈橙黄色，装入棕色瓶于冰箱中避光存放（现配现用）。

3. 实验材料

作物种子。

三、实验步骤

1. 葡萄糖标准曲线的制作

取 6 支 20 mL 具塞试管，编号，按表 3－7 数据配制一系列不同浓度的标准葡萄糖溶液。

在每管中均加入 5mL 蒽酮试剂，摇匀后，打开试管塞，置沸水浴中煮沸 10 min，为防止水分蒸发，可在试管口放置一玻璃球。取出冷却至室温，620 nm 波长下比色，测各管溶液的光密度值（OD），以标准葡萄糖含量为横坐标、光密度值为纵坐标，做出标准曲线。

表 3-7　不同浓度标准葡萄糖溶液配制法

管号	1	2	3	4	5	6
200 μg/mL 标准葡萄糖原液 /mL	0	0.2	0.4	0.6	0.8	1.0
蒸馏水 /mL	1	0.8	0.6	0.4	0.2	0
葡萄糖含量 /（μg/mL）	0	40	80	120	160	200

2. 可溶性糖的提取

准确称取 0.1 ~ 0.5 g 种子干样粉末，于研钵中研磨至匀浆，研磨时加少许乙醚。用 30 ~ 40 mL 70 ℃的蒸馏水将研钵内的匀浆全部洗 100 mL 的烧杯中。将烧杯置于 70 ~ 80 ℃的水浴锅中水浴 30 min，取出冷却后逐滴加入饱和中性醋酸铅溶液直至不形成白色沉淀，以去除提取液中的蛋白质。将烧杯内的液体一并洗入 100 mL 容量瓶中，用蒸馏水定容至刻度，充分摇匀后用干燥漏斗过滤，过滤液放于一个约有 0. 3 g 草酸钠粉末的干燥三角瓶中，再将三角瓶内溶液过滤，除去草酸铅沉淀，即得到透明的待测液。

3. 可溶性糖含量测定

用移液管吸取 1 mL 待测液，加 5 mL 蒽酮试剂，轻轻摇匀，再置沸水浴中 10 min，冷却至室温后，在波长 620 nm 下比色，记录光密度值。查标准曲线得知对应的葡萄糖含量（μg）。

四、注意事项

① 蒽酮反应的颜色受温度条件和加热时间的影响，故须严格控制反应条件的一致性。

② 水浴加热时应打开试管塞。

③ 各种糖与蒽酮反应的有效范围不同，样品的稀释反应应使含糖量在有效范围内，方能获得正确的结果。

④ 测定 OD 值时，比色杯内不能有水，否则比色液会发生浑浊。

五、实验结果与分析

① 按照下式计算种子中的可溶糖含量。

$$可溶性糖含量(\%)=\frac{葡萄糖含量(\mu g)\times\frac{提取液的总量(mL)}{测定时的用量(mL)}\times 稀释倍数}{种子干重(mg)\times 1000}\times 100\%。$$

② 应用蒽酮法测的糖应包括哪些类型？

③ 你还知道有哪些方法可以测定糖类物质？

实验八　种子中直链淀粉和支链淀粉含量测定（双波长分光光度法）

一、实验原理与目的

根据双波长比色原理，若试样溶液在两个波长处均有吸收，则两个波长的吸光差值，与溶液中待测物质的浓度成正比。从待测样品液中的直链淀粉、支链淀粉分别与碘生成络合物的吸收图谱中，可以确定测定波长和参比波长。淀粉与碘能形成螺旋状结构的碘-淀粉复合物，它具有特效的颜色反应，其中直链淀粉与碘生成纯蓝色复合物，而支链淀粉与碘依其分枝程度生成紫红-红棕色复合物。因此，两种淀粉与碘作用时会产生不同的光学特性，从而表现出特定的吸收谱及吸收峰。

二、器材与试剂

1. 实验仪器

双光束分光光度计、分析天平、pH 计、索氏抽提器、恒温水浴锅、鼓风干燥箱、组织捣碎机。

2. 实验试剂

盐酸、氢氧化钾、石油醚（沸点 30 ~ 60 ℃）、碘、碘化钾、直链淀粉标准品、支链淀粉标准品。

碘试剂：称取 2.0 g 碘化钾，溶于少量蒸馏水，再加 0.2 g 碘，待溶解后用蒸馏水稀释定容至 100 mL。每天用前现配，避光保存。

直链淀粉标准贮备液：称取 0.1000 g 直链淀粉标准品，置于 50 mL 容量瓶中，加入 1 mol/L 氢氧化钾溶液 10 mL，在热水中待溶解后，取出用蒸馏水定容至刻度，摇匀并静置，制备 2 mg/mL 直链淀粉标准贮备液。

支链淀粉标准贮备液；称取 0.1000 g 支链淀粉标准品按上述直链淀粉贮备液制备方法制备 2 mg/mL 支链淀粉标准贮备液。

3. 实验材料

鲜食玉米籽粒。

三、实验步骤

1. 标准曲线绘制

（1）选择直链、支链淀粉测定波长、参比波长

分别吸取 1.0 mL、5.0 mL 直链和支链淀粉标准贮备液置于 50 mL 容量瓶中，加蒸馏水 25 mL，以 0.1 mol/L 盐酸溶液调 pH 至 3.0，加 0.5 mL 碘试剂，并用蒸馏水定容。室温下静置 25 min。以蒸馏水为空白，用双光束分光光度计进行可见光全波段扫描绘制直链和支链淀粉吸收曲线。确定直链淀粉和支链淀粉的测定波长 λ_1、λ_2，参比波长 λ_3、λ_4（图 3-7）。

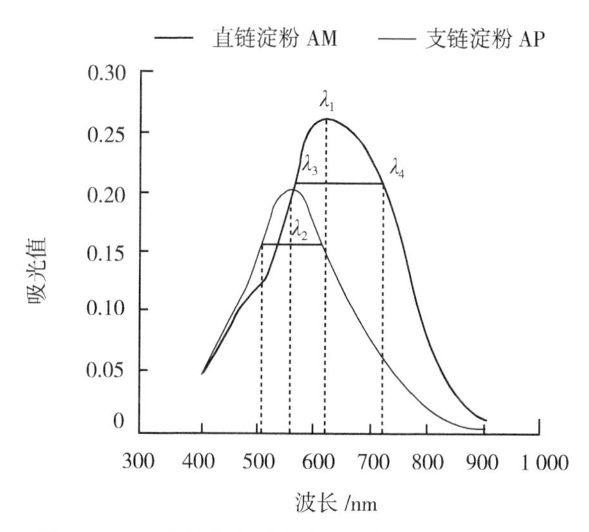

图 3-7　双波长法中测定波长和参比波长的确定

（2）双波长直链淀粉标准曲线绘制

分别吸取 0.3 mL、0.5 mL、0.7 mL、0.9 mL、1.1 mL 和 1.3 mL 直链淀粉标准贮备液，置于 50 mL 容量瓶中，加 25 mL 蒸馏水，以 0.1 mol/L 盐酸溶液调 pH 至 3.0，加 0.5 mL 碘试剂，用蒸馏水定容。室温下静置 25 min 后，以蒸馏水为空白，用 1 cm 比色杯在 λ_1、λ_3 两波长下分别测定 $A\lambda_1$、$A\lambda_3$，即得 ΔA 直 $=A\lambda_1-A\lambda_3$，以 ΔA 直为纵坐标，直链淀粉浓度（mg/mL）为横坐标，制作双波长直链淀粉标准曲线。

（3）双波长支链淀粉标准曲线绘制

分别吸取 2.0 mL、2.5 mL、3.0 mL、3.5 mL、4.0 mL、4.5 mL 和 5.0 mL 支链淀粉标准贮备液，置于 50 mL 容量瓶中。以下操作同双波长直链淀粉标准曲线绘制。以蒸馏水为空白，用 1cm 比色杯在 λ_2、λ_4 两波长下分别测定 $A\lambda_2$、$A\lambda_4$，即得 ΔA 支 $=A\lambda_2-A\lambda_4$，以 ΔA 支为纵坐标，支链淀粉浓度（mg/mL）为横坐标，制作双波长

支链淀粉标准曲线。

2. 样品前处理

将鲜食玉米籽粒样品用组织捣碎机捣碎，置于 60 ℃鼓风干燥箱中烘干，使其水分含量降低到 10% 以下，过孔径为 0.25 mm 试样筛。称取 1 g 的烘干样品放入索氏抽提器中，加入 35 mL 石油醚，加热回流脱脂 4 h，然后放入鼓风干燥箱中烘干，挥去残余的石油醚。

3. 淀粉提取

准确称取脱脂样品 0.1000 g，置于 50 mL 容量瓶中，加 1mol/L 氢氧化钾溶液 10 mL，在 75 ℃水浴中充分溶解 20 min，冷却后用蒸馏水稀释至刻度，摇匀，静置 15 min 后过滤。

4. 含量测定

取 5 mL 滤液，置于 50 mL 容量瓶中，加 25 mL 蒸馏水，以 0.1mol/L 盐酸溶液调 pH 至 3.0，加 0.5 mL 碘试剂，用蒸馏水定容至刻度。于室温静置 25 min 后，以样品空白液为对照，用 1 cm 比色杯，分别测定样品液 λ_1、λ_2、λ_3、λ_4 的吸收值 $A\lambda_1$、$A\lambda_2$、$A\lambda_3$、$A\lambda_4$，得到 ΔA 样直，ΔA 样支，再与标准化系列比较定量。

四、注意事项

① 本方法对鲜食玉米籽粒中直链淀粉和支链淀粉的测定低限为 0.1 g/100 g。

② 在重复性条件下获得的两次独立测定结果的绝对差值不得超过算术平均值的 10%。

③ 因蜡质和非蜡质支链淀粉碘复合物颜色差异较大，在制备双波长支链淀粉曲线时，在测定其他谷物的种子时，应根据测定的谷物类型选择不同支链淀粉纯品（蜡质或非蜡质型）。

五、实验结果与分析

① 计算每 100 g 鲜食玉米籽粒中直链淀粉和支链淀粉的含量。

$$Y_1 = \frac{C_1 \times 50 \times 10 \times (1 - W_1 - W_2)}{M \times 1000} \times 100;$$

$$Y_2 = \frac{C_2 \times 50 \times 10 \times (1 - W_1 - W_2)}{M \times 1000} \times 100。$$

式中，Y_1 为试样中直链淀粉的含量，单位为克每百克（g/100g）；Y_2 为试样中支链淀粉的含量，单位为克每百克（g/100g）；C_1 为标准曲线查得的样品液中直链淀粉的浓度，单位为毫克每毫升（mg/mL）；C_2 为标准曲线查得的样品液中支链淀粉的浓度，单位为毫克每毫升（mg/mL）；M 为测定用脱脂样品的质量，单位为克（g）；W_1 为试样中水分含量，单位为克每百克（g/100 g）；W_2 为试样中粗脂肪含量，单位为克每百克（g/100 g）。

② 双波长法测定谷物中直链、支链淀粉的原理是什么？

③ 测定直链淀粉和支链淀粉的方法还有哪些？

实验九　种子中粗脂肪含量的测定

一、实验原理与目的

种子中的脂类物质易溶于某些有机溶剂，可用乙醚或石油醚来提取和测定。但提取的物质中，除脂肪外还含有其他能溶于溶剂的物质，如脂肪酸、磷脂、植物固醇、蜡、芳香油、色素和有机酸等，因此称为粗脂肪。

在油脂种子和胚中，油脂占提取物的主要部分。本实验借助于索氏提取器对样品进行循环抽提，然后对提取的脂肪称重。通过本实验熟悉种子中粗脂肪含量的测定方法。

二、器材与试剂

1. 实验仪器

分析天平、实验室用粉碎机、研钵、恒温水浴锅、恒温箱、滤纸筒、干燥器、索氏脂肪抽提器、铜丝筛等。

2. 实验试剂

无水乙醚（化学纯）或石油醚。

3. 实验材料

作物种子。

三、实验步骤

1. 试样的选取和制备

选取有代表性的种子，拣出杂质，按四分法缩减取样。试样选取和制备完毕，立即混合均匀，装入磨口瓶中备用。小粒种子，如芝麻、油菜籽等，取样量不得少于25 g；大粒种子，如大豆、花生仁等，取样量不得少于30 g。大豆经（105 ± 2）℃烘干1 h后粉碎，并通过40目筛；花生仁切碎。带壳油料种子，如花生果、蓖麻籽、向日葵籽等，取样量不得少于50 g。逐粒剥壳，分别称重，算出仁率，再将籽仁切碎。

2. 试样的测定

称取备用试样2 ~ 4 g两份（视样品的脂肪含量而定，含油0.7 ~ 1.0 g），精确至

0.001 g。置于（105 ± 2）℃烘箱中，干燥 1 h，取出，放入干燥器内冷却至室温。同时测定试样的水分。

将试样放入研钵内研细，必要时可加适量纯石英砂助研，用药匙将研细的试样移入干燥的滤纸筒内，取少量脱脂棉蘸乙醚抹净研钵、研锤和药匙上的试样和油迹，一并投入滤纸筒内，在试样面层塞以脱脂棉，以防漏撒，然后将滤纸筒放入抽提管内。

在装有 2 ~ 3 粒浮石并已烘至恒重的、洁净的抽提瓶内，加入约占瓶体 1/2 的无水乙醚，把抽提器各部分连接起来，打开冷凝水流，在水浴上进行抽提。调节水浴温度（70 ~ 80 ℃），使冷凝下滴的乙醚速率为 180 滴 /min。抽提时间一般需 8 ~ 10 h，含油量高的作物种子，应延长抽提时间，至抽提器流出的溶剂蒸发后无油滴为止（用滤纸试验无油迹时为抽提终点）。

抽提完毕后，从抽提管中取出滤纸筒，连接好抽提器，在水波上蒸馏回收抽提瓶中的乙醚。取下抽提瓶，在沸水浴上蒸去残余的乙醚。

将盛有粗脂肪的抽提瓶放入（105 ± 2）℃烘箱中烘干 1 h，在干燥器中冷却至室温（约 45 ~ 60 min）后称重，准确至 0.0001 g，再烘 30 min，冷却，称重，直至恒重。抽提瓶增加的质量即为粗脂肪质量，抽出的油应是清亮的，否则应重做。

四、注意事项

① 严禁直接用火加热索氏提取器。连接索氏提取器的接口不能抹凡士林以防漏气，紧接磨口即可。

② 用滤纸检测提取是否完成时，可将冷凝管中的流出提取液滴于滤纸上，待溶剂蒸发后，滤纸上无透明油斑，提取即告完成。

③ 乙醚是一种神经麻醉剂，粗脂肪的抽提应在通风橱中进行。

五、实验结果与分析

① 按照下式计算种子中的粗脂肪含量。

$$\text{粗脂肪（干基，\%）} = \frac{\text{粗脂肪质量}}{\text{试样质量} \times (1 - \text{含水量})} \times 100\%;$$

$$\text{带壳油料粗脂肪（\%）} = \text{籽仁粗脂肪（\%）} \times \text{出仁率（\%）}。$$

测定的结果保留小数后两位；重复间测定结果的相对相差，大豆不得大于 2 %，油料作物种子不得大于 1%。

② 实验中有哪些因素影响测定结果？

实验十　种子中蛋白质含量的测定（考马斯亮蓝法）

一、实验原理与目的

考马斯亮蓝 G-250 是一种染料，在游离状态下呈红色，在 465 nm 波长处有最大光吸收。它能与蛋白质稳定结合，结合蛋白质后变为青色，在 595 nm 处有最大吸收，在一定蛋白质浓度范围内（0 ~ 1000 μg/mL），蛋白质色素结合物在 595 nm 波长下的光吸收与蛋白质含量成正比，故可用于蛋白质的定量测定。该法反应迅速，蛋白质与考马斯亮蓝 G-250 的结合反应能在 2 min 内达到平衡。结合物在室温下 1 h 内保持稳定，反应非常灵敏，可测出微克级蛋白质含量，是一种较理想的蛋白质定量法。通过本实验熟悉种子中蛋白质含量的测定方法。

二、器材与试剂

1. 实验仪器

分光光度计、离心机、50 mL 容量瓶、10 mL 刻度试管、研钵、量筒、移液管。

2. 实验试剂

（1）牛血清白蛋白（1 mg/mL）

称取 100 mg 牛血清白蛋白，溶于 100 mL 蒸馏水中，配制成标准蛋白质溶液。

（2）考马斯亮蓝 G-250 溶液

称取 100 mg 考马斯亮蓝 G-250，溶于 50 mL 90% 乙醇中，加入 85%（*W/V*）的磷酸 100 mL，最后用蒸馏水定容至 1000 mL，过滤，常温下可放置 1 个月。

3. 实验材料

作物种子。

三、实验步骤

1. 标准曲线的制作

取 6 只 10 mL 刻度试管，编号，按表 3-8 数据配制不同浓度牛血清白蛋白标准溶液。

表 3-8　牛血清白蛋白标准溶液配置表

管号	1	2	3	4	5	6
1mg/mL 牛血清白蛋白 /mL	0	0.2	0.4	0.6	0.8	1.0
蒸馏水 /mL	1	0.8	0.6	0.4	0.2	0
蛋白质浓度 /（μg/mL）	0	200	400	600	800	1000

加入 5 mL 考马斯亮蓝 G-250 溶液，盖塞，充分混匀，在 595 nm 波长下比色。以光密度值为纵坐标、蛋白质浓度值为横坐标，绘制标准曲线。

2. 样品中蛋白质提取

准确称取 0.1 g 种子干样品，放入研钵中，加 10 mL 磷酸盐缓冲液（pH7.0），充分匀浆。将匀浆液全部转入离心管中，10 000 × g 离心 10 min，将上清液转入 25 mL 容量瓶中。用 5 mL 磷酸盐缓冲液悬浮沉淀，同上述操作，再提取 2 次，上清液并入容量瓶中，用磷酸盐缓冲液定容至刻度。

3. 样液的测定

吸取提取液 1 mL，放入 10 mL 具塞刻度试管中，加 5 mL 考马斯亮蓝 G-250 试剂，混匀，在 595 nm 波长下比色（比色空白用 1 mL 蒸馏水代替提取液与 5 mL 考马斯亮蓝 G-250 试剂混合），记录 OD 值。然后根据所测 OD_{595nm} 在标准曲线上查出所对应的蛋白质浓度（C）。

四、注意事项

① 由于此方法十分灵敏，因此，所用器皿必须清洗干净，取样必须准确，否则会造成大的误差。

② 定容时蒸馏水要沿着管壁缓慢加入，以免产生大量气泡，造成定容不准确，实验也会出现误差。

③ 蛋白样品和考马斯亮蓝 G-250 的反应液应在混匀后 15 min 至 1 h 测定。

④ 每次测定样品时，应做一次标准曲线。

五、实验结果与分析

① 按照下式计算种子中的蛋白质含量。

$$蛋白质含量(\%)=\frac{查表得蛋白质含量(\mu g)\times\frac{提取液总体积(mL)}{测定时的体积(mL)}\times稀释倍数}{样品质量(g)\times 1000000}\times 100\%$$。

② 测定蛋白质含量还有哪些方法?

实验十一　纸上发芽法测定种子发芽率和发芽势

一、实验原理与目的

种子在一定的环境条件下，包括外界温度、种子水分、能够到达种胚的氧气及一定的光照等条件下，一段时间后胚根会突破种皮，种子开始萌发。在适宜的萌发条件下，发芽种子数与供试种子数的百分比，称为发芽率。在规定的时间内，发芽种子数与供试种子数的百分比，称为发芽势。

各种作物进行发芽率和发芽势测定时，根据作物种子特点选用的适宜发芽床不同。通常小粒种子选用纸床，大粒种子选用砂床或纸间；中粒种子选用纸床、砂床均可。纸床包括纸上（TP）和纸间（BP）；砂床包括砂上（TS）和砂中（S）；当在纸床上幼苗出现植物中毒症状或对幼苗鉴定发生怀疑时，为了比较或者有某些研究目的时，才采用土壤作为发芽床。此外，不同的种子发芽势和发芽率测定时，规定的统计时间不同。常见作物种子的发芽床、温度及统计时间等见表 3-9。

表 3-9　农作物种子的发芽计数规定

种（变种）名	发芽床	温度 /℃	初次计数天数 /d	末次计数天数 /d
洋葱	TP；BP；S	20；15	6	12
花生	BP；S	20 ~ 30；25	5	10
结球白菜	TP	15 ~ 25；20	5	7
辣椒	TP；BP；S	20 ~ 30；30	7	14
西瓜	BP；S	20 ~ 30；30；25	5	14
大豆	BP；S	20 ~ 30；20	5	8
稻	TP；BP；S	20 ~ 30；30	5	14
萝卜	TP；BP；S	20 ~ 30；20	4	10
小麦	TP；BP；S	20	4	8

续表

种（变种）名	发芽床	温度 /℃	初次计数天数 /d	末次计数天数 /d
玉米	BP；S	20 ~ 30；25；20	4	7
蓖麻	BP；S	20 ~ 30	7	14
烟草	TP	20 ~ 30	7	16
紫花苜蓿	TP；BP	20	4	10
芝麻	TP	20 ~ 30	3	6

通过本实验熟悉种子发芽率和发芽势的测定方法。

二、器材与试剂

1. 实验仪器

发芽盒、培养箱、滤纸或湿沙、镊子。

2. 实验试剂

1% 次氯酸钠。

3. 实验材料

作物种子。

三、实验步骤

以 TP 为例。

① 随机选取种子 100 粒，4 个重复（大粒种子或带有病菌的种子，可以再分为 50 粒甚至 25 粒为一重复），用 1% 次氯酸钠消毒 15 min，将每 100 粒种子均匀地排列在垫有 2 层滤纸的发芽盒中（10 × 10 的列阵），加入适量的蒸馏水，盖上盖子。

② 将盛有种子的发芽盒，置于所需要的温度条件下的培养箱中，每天记录种子的萌发状态，直至发芽结束。

四、注意事项

① 对于 1 ~ 2 d 能够全部萌发的种子，不宜用发芽势来表示，宜采用简化活力指数。

② 培养皿中加水不宜过多，否则影响种子呼吸。一般以滤纸充分湿润为宜，大粒种子因在吸胀开始时需要较多的水分，加水量可以适当增加。

五、实验结果与分析

① 计算种子的发芽率和发芽势。

发芽率（%）＝发芽结束时（末次计数）发芽的种子数 ×100 ／供试种子数；

发芽势（%）＝规定时间内（初次计数）发芽的种子数 ×100 ／供试种子数。

② 分析影响种子发芽率和发芽势的因素有哪些。

第四章　植物生产学实验

实验一　作物标本地、试验地参观考察

一、实验原理与目的

作物种类繁多，课堂讲授限于时间，不可能一一讲授，也不可能都在某些作物发育期间结合现场进行。即使实验课有一定标本实物，但往往数量有限，典型性不足。宜根据具体情况，在作物生长的主要时间，在教师的指导下，有计划地组织学生参观标本地、试验地，联系实际认识更多的作物，观察一些作物品种、类型的形态特征和生长发育特点，以及了解与其有关的栽培管理技术，增强感性认识，节省课堂讲授时间，提高教学效果。

通过作物标本地、试验地参观调查，认识四大部门九大类别作物，了解其形态特征及发育进程，初步鉴别一些主要作物、主要类型或主要品种的特点，增强感性认识，扩大专业知识学习范围，丰富课堂教学内容。

二、器材与试剂

1. 实验用具

卷尺、铁锹、放大镜、记载本等。

2. 实验材料

标本地（或试验地）作物在不同时期尽可能有不同长势长相的生长现场及其不同品种和类型。

三、实验步骤

作物标本地、试验地参观调查，应根据作物生长季节的具体情况和不同要求进行，一般应在春季、夏季或秋季各系统地进行一次，每次时间长短，可根据内容要求酌情而定，其中有些内容也可结合农学实践基础课程进行。

1. 春季参观调查（5 月中旬）

① 调查春播作物出苗情况，观察其出苗过程。

② 观察玉米、高粱、棉花及油料作物、豆类作物、薯类作物等幼苗的形态特征及

具体类型和品种间的形态区别。

③ 调查冬、春小麦生长发育进程，观察生育时期、叶龄和幼穗分化等情况。

④ 结合作物生长情况，了解春播作物、越冬作物近期田间管理项目及技术措施要求。

⑤ 结合某些试验田现场，对其试验研究方法，进行学习调查。

2. 夏季（或秋季）参观调查（6 月中旬或 8 月中旬）

① 观察玉米、高粱、豆类作物等形态特征及发育进程。

② 观察棉花形态特征、发育进程，认识四大栽培种。

③ 观察油料作物形态特征、发育进程，认识油料三大类型。

④ 观察马铃薯、甘薯形态特征及结薯状况。

⑤ 观察小麦、大麦、燕麦和小黑麦发育进程及其穗部结构异同点。

⑥ 结合几种主要作物生育特点，了解近期田管项目及其技术要求。

四、注意事项

① 参观考察期间要及时做好记录。

② 测量过的作物植株要做好标记，以便后续跟踪测量。

五、实验结果与分析

① 列表说明玉米和高粱苗期形态特征的区别。

② 列表说明油菜三大类型的形态区别。

③ 列表说明棉花四大栽培种的形态区别。

④ 说明粟和糜子的形态特征和区别。

⑤ 说明小麦、大麦、燕麦和小黑麦穗部结构的异同点。

实验二　作物生长分析

一、实验原理与目的

作物的产量是由生物产量中经济价值较高的部分组成，通过作物生长分析，可以了解作物的物质生产量。作物生长分析就是以干物质质量的积累与分配来衡量产量的一种方法，作物的生育过程也是以植物体干物质增长过程为中心进行研究的，这种方法具有两个特点：

①在测定干物质增长过程中，同时测定同化作用的器官——叶面积，即与光合作用的生理功能密切结合。从生育特性与丰产性能的简单相关关系，深入到生理生态的因果关系。

②对不同类的作物，同一作物不同品种和同一品种的不同栽培条件的生育差异，均可以比较。

作物生长特征可用下列指标来表示：

1. 相对生长率（Relative Growth Rate,RGR）

按照生物生长是呈几何级数或指数函数的形式增加的规律，植物在生长过程中，株体越大，其生产效能就越高，则形成的干物质就越多。生产的干物质用于形成植物体，下一部分的生长则以更大的生产为主体，这种生长过程称之为植物生长的复利法则，公式为：

$$R=\frac{1}{W}\cdot\frac{\mathrm{d}W}{\mathrm{d}t}。$$

式中，W 表示某个生育阶段的植株干重，t 表示时间；$\mathrm{d}W/\mathrm{d}t$ 表示某个生育阶段的生长速度。多数情况下，R 并不是一常数（不恒定），而是随着生长进程而变化。因此有人提出以下关系式：

$$W=W_0\exp[\int_0^1 R(T)\mathrm{d}T]。$$

上式发展了复利法则，对任何生长的曲线都适应。为了求出 t_2-t_1 间的平均生长率 R，则用下式计算：

$$R=\frac{1}{W}\cdot\frac{\mathrm{d}W}{\mathrm{d}t}=\frac{\mathrm{d}\log W}{\mathrm{d}t}=\frac{\Delta\log W}{\Delta t}=\frac{\log W_2-\log W_1}{t_2-t_1}。$$

式中，R 一般以日$^{-1}$为单位，RGR 单位为 $g \cdot g^{-1} \cdot d^{-1}$。

2. 净同化率（Net Assmilation Rate,NAR）

表示单位叶面积及单位时间的干物质增长量，它大体相当于用气相分析法所测定的单位叶面积同化率的数值，是根据植物干物质增长与植物叶片叶面积测定法两者间接计算出来的。它是从叶片真正同化作用中减去了叶片、茎部和根系呼吸作用所消耗的部分及落叶失去的部分。根据实测值可用下式计算 NAR：

$$NAR=\frac{1}{L}\cdot\frac{dW}{dt}=\frac{d\log L}{dL}\cdot\frac{dW}{dt}=\frac{\Delta\log L}{\Delta L}\cdot\frac{\Delta W}{\Delta t}=\frac{\log L_2-\log L_1}{L_2-L_1}\cdot\frac{W_2-W_1}{t_2-t_1}$$。

式中，L 表示叶面积，NAR 的单位可用 $g \cdot m^{-2}$ 或 $mg \cdot dm^{-2} \cdot d^{-1}$ 表示。

3. 叶面积比率（Leaf Area Rate,LAR）

若把 NAR 概念引进到相对生长率中，生长率 R 便可分解为两部分。即：

$$RGR=\frac{1}{W}\cdot\frac{dW}{dt}=\frac{L}{W}\left(\frac{1}{L}\cdot\frac{dW}{dt}\right)=\frac{L}{W}\times NAR$$。

式中，L/W 项即作物单位质量的叶面积，称为叶面积比率（LAR），$\frac{1}{L}\cdot\frac{dW}{dt}$ 则为 NAR。

根据实测值可用下式计算：

$$LAR=\frac{1}{W}=\frac{\log W_2-\log W_1}{W_2-W_1}\cdot\frac{L_2-L_1}{\log L_2-\log L_1};$$

$$RGR=LAR\times NAR$$。

4. 作物生长率（Crop Growth Rate,CGR）

在作物群体生长情况下，群体产量可以用土地面积上的干物质量表示，它的增长速度称为作物生长率，可用下式表示：

$$CGR=\frac{W_2-W_1}{A(t_2-t_1)}$$。

式中，A 是土地面积，W_1，W_2 分别为 t_1，t_2 时间单位土地面积上的总干重。单位为 $g \cdot m^{-2} \cdot d^{-1}$。$CGR$ 也可用下式表示：

$$CGR==\frac{1}{L}\cdot\frac{dW}{dt}\cdot F=NAR\times LAI$$。

式中，F 为单位土地面积上的总叶面积，即叶面积指数 LAI。此式表明，产量增长速度与 NAR 和 LAI 两者呈正比例。由于 NAR 的变幅较窄，所以对产量而言，LAI 具有更重要的意义。

通过对作物生长过程的分析，了解作物干物质增长的规律及其计算方法，掌握作物干物质生长量的定量研究方法，并练习作物生长分析的计算方法。

二、器材与试剂

1. 实验用具

打孔器、刀片、剪刀、电热鼓风干燥箱、叶面积测定仪、1/100 g 天平、干燥器、大白纸、铅笔、记录表格纸。

2. 实验材料

大田作物（小麦、棉花）植株。

三、实验步骤

1. 确定样点

根据作物生长田块的形状、大小、作物种类及生长均匀程度等，确定 3 ~ 5 点。每样点的大小因作物而不同，如玉米、高粱可以取 20 ~ 30 m^2，小麦、棉花可取 1 ~ 5 m^2。样点的形状可为正方形或长方形，也可顺行取段。

2. 确定样株

在第一次测定前，按生育时期和植株长势长相，确定有代表性的相似株，如选叶片数（或叶龄）、株高、长相一致的植株，做上记号（挂标签等），作为以后各次测定的采样株，根据测定次数及每次采样数量确定样株数。

3. 测定叶面积指数

在相似株中选一定数量的植株，高秆作物每样点可选 5 ~ 10 株，矮秆作物每样点可选 10 ~ 20 株。用长宽系数法或回归方程法等测定单叶叶面积和单株叶面积，也可将样株绿叶剪下，用叶面积仪测定单株叶面积。再用样点内的实际株数计算出样点内的总叶面积，并求算出叶面积指数。

4. 测定干物质量

在测定单株叶面积的植株中，再选一定数量的植株，高秆作物取 3 ~ 5 株，矮秆作物取 5 ~ 10 株。连根全部挖取后，剪下叶片（不带叶鞘和叶柄），并从根茎处切下根系。将根系放入尼龙网内仔细用自来水冲洗净，尽可能无损地将全部根系收集起来，把叶片、茎秆和根系分别装进纸袋，放入烘箱，先在 105 ℃下杀青 0.5 h，以终止样品的呼吸消耗，再在 80 ℃下烘至恒重称重。当根系不易完整取样时，为避免影响整个测定的准确性，也可只割取地上部分进行测定。一般出苗后每隔 10 ~ 15 d 取样一次，重复做上述测定。

四、注意事项

① 选择代表性田地，便于得到更加准确有效的实验结果。
② 测定样点选择的时要尽可能减少土壤差异和植株差异。

五、实验结果与分析

① 把测定结果进行分析，填入生长分析各量记载表（表 4-1）。
② 进行作物生长分析应测定那些内容?
③ 作物的叶面积大小在作物生长中的意义何在?

表 4-1　作物生长分析结果表

作物种类或品种	RGR	NAR	LAR	CGR

实验三　作物叶面积的测定

一、实验原理与目的

叶片是植物重要的营养吸收与转化的部位之一，是植物将光能转化成化学能的场所，其面积大小对植物的适应进化和作物品质影响很大。由于叶片大小不一、形状多样、边缘复杂程度差异很大，因此，建立方便、准确的叶面积测定方法有着极为重要的实用价值。目前常用的叶面积测定方法有叶形纸称重法、鲜样称重法和干样称重法、长宽系数法及叶面积仪测定法。

1. 叶形纸称重法

主要适宜叶面平展但叶形不规则的叶片，如小麦、水稻。首先求出质地均匀的优质纸的面积质量比（$cm^2 \cdot g^{-1}$），其次根据叶形纸的质量求出叶面积。叶形纸称重法不受叶片短时失水的影响，能克服称叶样时因失水造成的误差，只要坐标纸质地均匀，描绘叶形仔细，称量准确，就可获得很高的精度。另外，在工作繁忙来不及测定时，也可保存叶形纸样。本法的缺点是只能进行离体测定。

2. 鲜样称重法和干样称重法

主要适宜叶形不规则、曲折、不平展的叶片，但厚薄均匀的叶形，如棉花、番茄。其测定原理是取已知面积的叶片，并称量其鲜（干）重，求出代表性叶片的面积鲜（干）重比（$cm^2 \cdot g^{-1}$），然后再根据叶片鲜（干）重求出叶面积。测定局限性是鲜样称重法受叶片失水的影响，缺点是只能进行离体测定。

3. 长宽系数法

适用于平展而规则的叶片，如禾谷类作物和豆类叶片等。该法不需要剪去叶片，测定方法简便易行，能对田间活体植株进行连续测定。长宽系数是由叶长宽乘积再乘以一校正系数，即可算出叶面积。

校正系数的求取有以下几种方法：

（1）叶形纸称重法

按坐标纸上叶形的长宽先剪出相应的长方形并称重。再将长方形中的叶形纸剪下称重。由于质地均匀优质纸质量比就等于面积比，校正系数 = 叶片面积 / 长方形面积 = 叶形纸重 / 长方形纸重。

（2）叶面积仪法

用叶面积测定仪测定选取叶片的面积，再用叶片的长宽求出相应长方形的面积，由叶面积和长方形面积的比即可求出校正系数。

（3）几何图形法如图 4-1 和图 4-2。

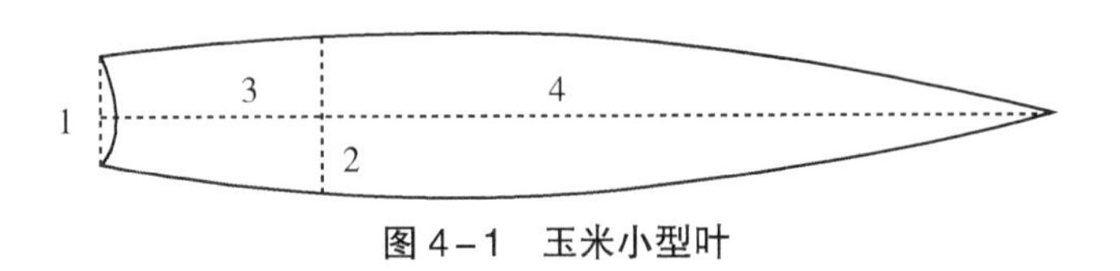

图 4-1　玉米小型叶

1. 基宽；2. 中宽；3. 里长；4. 外长。

$$叶面积 = 梯形 + 抛物形 = \frac{(上底 + 下底)\times 高}{2} + \frac{2}{3}底 \times 高 = \frac{(基宽 + 中宽)\times 里长}{2} + \frac{2}{3}中宽 \times 外长；$$

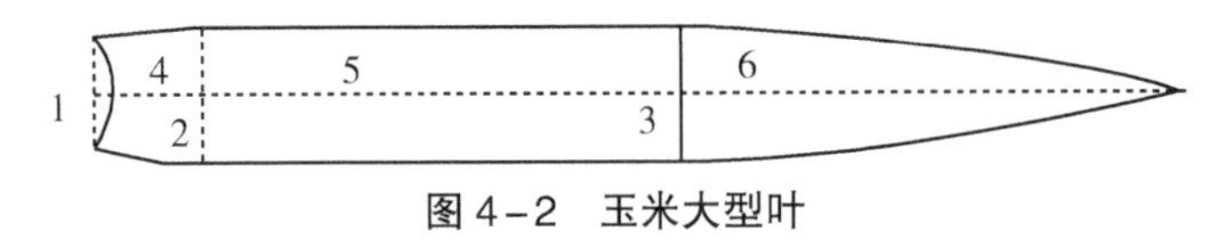

图 4-2　玉米大型叶

1. 基宽；2. 里宽；3. 外宽；4. 里长；5. 中长；6. 外长。

$$叶面积 = 梯形 + 长方形 + 抛物形 = \frac{(基宽 + 中宽)\times 里长}{2} + 里宽 \times 中长 + \frac{2}{3}外宽 \times 外长。$$

单叶的面积和叶片的长度、宽度、长宽乘积、叶片干重或叶片的长宽比，都有很高的相关性，可由这些自变量通过一定的回归方程计算出因变量叶面积，同样也可由单叶计算出单株的叶面积。

对于不同品种、不同生育期或不同栽培条件下，回归方程参数会有所差异，为准确起见，应用时要根据具体情况分别求出其参数值。

4. 叶面积仪测定法

叶面积仪目前大多是按光电原理设计的，从原理看大致分为两种类型：一是利用光电成像转换的原理来测定叶面积；二是利用独特的机械光电扫描原理来测定叶面积。目前主要以后者为主，其工作原理是，通过传输带将叶片送入带有荧光光源的分析器，当叶片通过荧光光源时，其影像通过镜面反射到固定在仪器后部的扫描照相机上，这种独特的光学设计使得测量的准确性大大提高。此外，可调整的压迫式滚筒能够使卷曲的叶片变平，并使其恰好处于两个透明的传输带之间，保证测量的准确性。

通过本实验，学习并掌握测量作物叶片面积的方法和长宽系数法 K 值的求得方法。

二、器材与试剂

1. 实验用具

坐标纸、铅笔、分析天平（1/1000）、硫酸纸、打孔器（直径 0.5 ~ 2.0 cm）、烘箱、透明尺、叶面积仪。

2. 实验材料

小麦和燕麦幼苗（选取代表性叶片 3 ~ 5 片）。

三、实验步骤

1. 叶形纸称重法

剪取 1 dm^2 的坐标纸准确称重，计算纸重面系数 a 值（$cm^2 \cdot g^{-1}$）。用铅笔沿叶片边缘在坐标纸上准确地划出叶形，剪取叶形纸并称重 W（g）。计算叶面积（S），计算公式为：

$$S = a \times W。$$

2. 鲜样称重法和干样称重法

选取大、中、小有代表性的叶片各 3 ~ 5 片，用打孔器（由直径求知面积）在叶片的从基部至叶尖，沿主脉分上、中、下 3 个部位打取，待全部打取完后，立即准确称重。由小圆叶片的总面积和质量计算同一类型叶片的鲜重面积系数 a（$cm^2 \cdot g^{-1}$）。

$$a = \frac{每小圆片面积 \times 小圆片数}{总质量}。$$

3. 长宽系数法

用透明尺测定叶片的长度和宽度，然后用坐标纸和叶面积仪求出正确的校正系数 K。

$$K = \frac{叶片的实际面积}{长方形面积}。$$

4. 叶面积仪测定法

① 打开电源。

② 打开光源。

③ 找“zero”按钮调零。

④ 将测定样品放置在低位透明的传送带上。当载有样品的传送带通过荧光灯光源后，投影的图片经由系统的 3 个反光镜反射到一个投影扫描仪中。这种独特的设计具有较高的准确度和可靠性。

四、注意事项

① 使用叶面积仪测量叶面积时，测量前，可以先把叶柄折断再测量，如果一不小心把叶柄也算入其中，就会影响叶面积的检测结果。

② 叶面积测量的时候把叶片擦拭干净之后再进行测量，以免影响测量结果。

五、实验结果与分析

① 用叶形纸称重法测定比较小麦、燕麦单叶叶面积平均值、标准偏差、变异系数。

② 用鲜样称重法和干样称重法测定单叶叶面积，分析比较这两种方法测定结果的平均值、标准偏差，说明各自的优点与不足。

③ 叶面积仪法测定比较小麦、燕麦单叶叶面积和单株叶面积，并利用长宽系数法分别求得小麦、燕麦成熟叶片的 K 值。

实验四　作物叶片叶绿素荧光参数的测定

一、实验原理与目的

将绿色植物或含叶绿素的部分组织如叶片、芽、嫩枝条、茎或单细胞藻类悬浮液放在暗中适应片刻，然后在可见光照射下，植物绿色组织会发出随时间不断变化的微弱的暗红色荧光信号，这个过程称为叶绿素 a 荧光诱导动力学，这个现象在 1931 年由德国 Kautsky & Hirsch 教授发现，又称为 Kautsky 效应。目前，叶绿素荧光动力学技术逐渐成为农业领域的一项热门技术，广泛应用于农业生产和科研，尤其在鉴定评价作物的耐逆境能力如耐旱性、耐寒性、耐盐性等方面的应用越来越多。

1. 叶绿素荧光动力学的基本原理和测量方法

在室温条件下，绿色植物发出的这种荧光信号，绝大部分来自叶绿体光系统Ⅱ（PS Ⅱ）的天线色素蛋白复合体中的叶绿素 a 分子。经暗适应的绿色植物样品突然受到可见光照射后，其体内叶绿素 a 分子可在纳秒级时间内发出一定强度的荧光，此瞬间的荧光诱导相位称为初级或“O”相，此时的荧光称为固定荧光（F_0），然后荧光强度增加的速度减慢，因而在 F_0 处形成拐点，接着以毫秒级速度形成一个缓台阶，称为“I”相和“D”相，数秒后荧光强度可达最高点，称为“P”峰。在 P 峰之后，通常经 1 ~ 2 次阻尼震荡，才降到接近 F_0 的稳定“T”相终水平。荧光强度下降的过程称为荧光淬灭。根据植物材料和暗适应时的不同，上述过程要延续 3 ~ 5 min。根据国际上的统一命名，可把荧光动力学曲线划分为：O（原点）、I（偏转）、D（小坑）、PI（台阶）、P（最高峰）、S（半稳态）、M（次峰）、T（终点）这几个相。按荧光相位出现时间的顺序有时还被称为“OIDPSMT”曲线。

叶绿素荧光的测量可用调制式和非调制式两种方法：非调制式荧光计的结构简单，仅需要一个强连线光源，信号检测采用光电直流放大系统；调制式荧光计至少含有一个很弱的调制测量光源和一个很强的非调制光化光源，如德国 Walz 公司生产的叶绿素荧光测定系统（PAM）。

2. 叶绿素荧光的研究意义

光合驱动、热能、叶绿素荧光 3 个过程存在竞争，其中任何一个的增加都将造成另外两个产量的下降。因此，测量叶绿素荧光产量，我们可以获得光化学过程与热耗散的效率的变化信息。

荧光光谱不同于吸收光谱，其波长更长，因此荧光测量可以通过把叶片经过给定波长的光线的照射，同时测量发射光中波长较长的部分光线的量来实现。

3. 叶绿素荧光的应用范围

叶绿素荧光可以给出 PS Ⅱ的状态信息，它可以说明 PS Ⅱ使用叶绿素吸收能量的程度和它被过量光线破坏的程度。它提供我们在其他方法无法实现的情况下，快速估计植物光合的潜在能力。

（1）光系统Ⅱ产量作为光合测量的指针

实验室条件下电子传递速率可以和 CO_2 的固定显著线性相关，但是在野外条件下，这种情况可能不会出现，这是因为 CO_2 固定的相对速率和竞争过程如光呼吸、N代谢和氧对电子的利用等过程的变化所造成的。

（2）荧光可提供样品的非破坏性的快速测量方法

荧光可以被用于研究两个栽培品种在不同发育阶段全天的电子传递速率。个体叶片需要标记并且接下来的测量要在相同的叶片上进行，以确保测量间的可比性。

（3）荧光可用于检查植物对微环境的适应

研究 ΦPS Ⅱ可以在野外条件下对不同植物光饱和行为进行快速简单的测量，不同环境条件下绝对光合速率的比较是没有意义的。许多利用气体分析技术无法实现测量的研究对象可以利用叶绿素荧光技术来进行测量。荧光分析也能被应用于理解高低温的影响。例如，CO_2 同化的量子产量和 PS Ⅱ量子产量的比较可以用于此方面的研究。处于低温时，玉米增加了电子向电子受体的传递，这可能会产生好氧的物种。在生长季早期完全展开的叶片测量，PS Ⅱ量子产量与 CO_2 同化的量子产量的比值比非胁迫的高，表明电子利用的途径不是 CO_2 固定。这种增长伴随着抗氧化系统能力的增长，表明叶片正在遭受氧胁迫。

（4）测量胁迫和胁迫耐受力

荧光可提供植物耐受环境胁迫的能力和胁迫已经损害光系统的程度的信息。早期测量往往采用暗适应后 F_v/F_m 的减少和 F_0 的增长来表明由于高温、低温、过高的光强和水分胁迫造成的光抑制破坏的发生。研究表明，叶片在高光强下通常有高的 NPQ，同样的情况也会出现在低温下。

通过本次实验，学习并掌握作物叶绿素荧光的测定方法，熟悉叶绿素荧光各个参数的生物学意义。

二、器材与试剂

1. 实验仪器

便携叶绿素荧光测定仪。

2. 实验材料

经过干旱、低温、高温等逆境处理后小麦或燕麦叶片。

三、实验步骤

1. 叶绿素荧光主要参数

F_0：固定荧光或初始荧光产量；

F_v：可变荧光产量；

F_m：最大荧光产量（$F_m=F_0+F_v$）；

F_v/F_m：最大光化学量子产量；

F_v/F_0：PS Ⅱ的潜在活性；

F_m/F_0：通过 PS Ⅱ的电子传递情况；

qP：光化学猝灭系数；

NPQ：非光化学猝灭系数；

ΦPS Ⅱ：实际的光化学效率；

ETR：表观光合电子传递速率。

2.FMS－2 脉冲调制式荧光测定系统

（1）测定步骤

①将电池放入主机底部的电池槽中，注意电池的两个极片一定要和电池槽中的两极接触簧片良好接触。

②将光纤连接到主机背面的光纤插座上，并将固定螺丝旋紧。

③选择合适的光纤适配器安装到光纤的探头上。

④打开主机右侧的电源开关，主机屏幕右侧显示的 4 个键控制菜单，分别按相应的按键，便执行对应的操作。

Run：按下此键，运行屏幕上方左侧显示的程序（如 F_v/F_m），仪器开始测定，数秒钟后，屏幕上显示出测定结果。

Exp：按下此键，通过按“Previous”或者“Next”来选择执行主机中事先下载的实验程序。

PC：按下此键，主机与计算机建立连接，控制运行程序或传输数据。

Stat：按下此键，查看仪器状态。

⑤开机后，按“EXP”进入选择实验程序界面。

⑥按“Next”，直到找到需要的实验程序，点击右上角的“OK”确认。

⑦选择程序后，将叶夹与光纤适配器结合好，按照正确的方式放置好，按“RUN”运行程序。

⑧按“Yes”键保存数据。显示保存数据的记录号，然后返回到主菜单。

（2）数据传输

①安装软件。FMS-2软件包括一个Parview数据传输软件和一个Modflour连机操作软件。

②用RS232数据传输线连接FMS-2的主机和计算机的串口，然后打开FMS-2主机电源。

③按主机上的“PC”键，并点击桌面上的数据传输软件图标打开软件。

④打开软件后点击“File”→“Upload”→“params”→“Column”→ “headings”→“Auto set” → “OK”。待对话框中显示全部测定参数，点击“File”下拉菜单中的“Convert to ASC Ⅱ”，然后在弹出的对话框中输入文件名和保存数据文件的位置，保存的数据为ASC Ⅱ的格式。

四、注意事项

① 光纤不能过于弯折，在使用或运输的过程中一定要保护好光纤，否则会导致光纤损坏。

② 电池使用前应充满电，使用完毕后也应充满电保存，防止因电池过度放电造成不可再充电。

③ 暗适应夹较小，野外操作谨防丢失。

④ 随着使用年限的增加和光源的老化，请注意经常用光量子探头校正光强。

⑤ 5. 防止仪器受到剧烈震动和进水。

五、实验结果与分析

测定和分析正常叶和高温（45 ℃，4 h）或干旱处理后小麦或燕麦叶片的叶绿素荧光参数，主要包括：F_0、F_m、F_v、F_v/F_m、F_v/F_0、F_m/F_0。每次处理10片以上。

实验五　作物叶片光合速率的测定

一、实验原理与目的

作物产量的90%以上来自光合作用，因此，加强作物光合方面的研究，提高光能利用率是非常有意义的。光合速率的测定是研究光合作用的重要手段之一，也是作物学中经常使用的研究方法。由于光合研究所涉及的对象从叶绿体及其碎片、叶肉细胞到单叶和其他光合器官以至植物个体、群体和整个生态系统，包括了从微观到宏观的多个层次，相应测定方法从十分精确的量子需要量的确定，到生态系统生产力的估算，各不相同。同时，光合作用研究的是活的有机体，光合速率随时受内外因素的影响而有很大变动，如不同光照、温度、CO_2浓度等外部条件及作物的营养状况、叶龄等内部条件都对光合速率有显著影响，这就进一步增加了光合测定的复杂性，带来了光合测定方法的多样性和复杂性。因此，确定快速、精确和适用的测定方法是十分重要的。

光合作用的整个过程可表示为$CO_2+2H_2O+469\ KJ \longrightarrow (CH_2O)+O_2+H_2O$，由该式可见，测定任一反应物的消耗速率或产物的生成速率都可以计算光合速率。相应光合速率（P_n）的测定大致可分为：①有机物的积累速率，主要有半叶法、植物生长分析法；②叶片放O_2的速率，主要有瓦氏呼吸、吉尔森呼吸和化学滴定法、氧电极法；③叶片吸收CO_2的速率，主要有化学滴定法、pH法、同位素法和红外线气体分析法。本节重点介绍氧电极法和红外线气体分析法。

1. 氧电极法

叶圆片或碎片、离体叶绿体等材料如果浸在水介质中，会在光合过程中放出O_2，而使水中溶解O_2增加，用一定方法测水中溶解O_2的增加量，即可表示光合速率。氧电极法是目前测定溶液中溶存的氧量变化的常用方法，是极谱分析的一种类型。氧电极是一种特殊形式的电化学电池，其产生的电流与溶液中所含氧的活度成正比。现常用薄膜氧电极，即用聚四氟乙烯薄膜或聚氯乙烯薄膜覆盖在银－铂电极表面，内充支持电解质KCl。此类薄膜可透过氧，而其他水溶性物质不能透过。当以银为阳极、铂为阴极，施以外加电源时，在银电极上：$4Ag \longrightarrow 4Ag+4e$；在铂电极上：$O_2+2e+2H^+ \longrightarrow H_2O_2$，$H_2O_2+2e+2H^+ \longrightarrow 2H_2O$。此时在电极间产生电解电流，在一定条件下电流的大小受O_2扩散进入薄膜速率的限制，而O_2的扩散速率又受溶液中氧浓度的制约，故可用来测定水中溶解氧。由溶解氧的直线增加趋势可计算出 P_n。其计算公式为：$P_n=a\times60\times100/A$。式中，a 为记录到的放氧速率（g/min）；A 为叶面积（cm）；P_n 单位为 g/（dm·h）。

2. 红外线气体分析法

凡振动频率与气体分子的振动频率相同的红外光，在透过气体时均可形成共振而被气体吸收，使透过的红外光能量减少。由异原子组成的具有偶极矩的气体分子如 CO_2、H_2O、SO_2、CH_4 等，在波长 2.5 ~ 25 μm 的红外光区都有特异的吸收带，其中 CO_2 在终端红外区的吸收带有 4 处，且以 4.26 μm 的吸收带最强，而且不与 H_2O 相互干扰。被吸收的红外光能量多少与被测气体对红外光的吸收系数（K）、气体的密度（C）和气层的厚度（L）有关，并服从比尔－兰伯特定律：$E=Ee$。

该法优点：①灵敏度高，可测 1.0 mol/mL、0.5 mol/mL 基至 0.1 mol/mL 即 Vpm 的 CO_2；②反应速度快，响应时间短，可快速跟随 CO_2 浓度的变化测出 CO_2 瞬间变化；③不破坏试材；④易实现自动化、智能化。由于 IRGA 输出是电信号电流或电压，可以输入记录仪进行自动、连续记录，也可与专用或通用微机相配合，实现 CO_2 及有关环境因子的自动监测、记录、数据储存、计算甚至某些环境条件的控制，现已成为测定光合速率最主要方法。通过本实验，学习并掌握作物叶片光合速率测定方法，熟悉反映光合速率各个参数的生物学意义。

二、器材与试剂

1. 实验仪器

便携光合测定仪、电脑。

2. 实验材料

小麦或燕麦叶片。

三、实验步骤

1. 作物叶片光合速率参数的意义

Li－6400 并非单一用于研究植物光合作用，它同时包括光合、呼吸（分为植物呼吸和土壤呼吸）、蒸腾、荧光等多项测量功能，多项功能的完全集成使得 Li－6400 成为生态学研究领域上重要的、必不可少的基础研究设备。其测量参数包括：净光合速率（P_n）、气孔导度（G_s）、蒸腾速率（T_s）、细胞间隙 CO_2 浓度（C_i）、大气 CO_2 浓度（C_a）、光量子通量密度（PFD）、叶温（TL）、相对空气湿度（RH）。此外，进行自动测量的基础上还可以进一步计算光饱和点、光补偿点、CO_2 饱和点、CO_2 补偿点等多项重要生理生态指标。

2. 作物叶片光合速率的测定方法

（1）对于未装上光源和 CO_2 注入系统时

①硬件连接。装化学药品，正确连接仪器管线，并连接好进气管缓冲瓶，注意样品室、参照室管路连接，信号线红色 Mark 点标记要正对，除去外置光量子传感器红色盖帽。

②开机。仪器开启后显示："Is the Chamber/IRGA connected？（Y/N）"，选择"Y"，进入主界面，预热 20 min。

③开始测量。按 F_4（Msmnts）进入测量界面。

④调节化学管，关闭叶室。无 CO_2 注入系统时，将两个化学管旋钮都拧到"Full Bypass"位置，关闭叶室。

⑤命名文件。按下 F_1(Open Logfile)，起文件名，添加标记(Remark)，按 F_5(Match) 后退出。

⑥记录数据。夹上叶片后，看 c 行 Photo 值是否稳定，稳定后，按 F_1 记录几次数据（要求 Cond，C_i，Trmmol 都不能为负值）。

⑦重复测量。换其他叶片测量。

⑧保存数据。按 F_3（Close File）保存测量数据。

⑨传输数据。按 Esc 退回主界面，按 F_5（Utility Menu），按上下箭头选择"File Exchange Mode"，用 RS－232 数据线连接电脑和 Li－6400，装上 SimFX 软件，双击打开 Li6400Fi1eEx，点击 File，选择 Prefs，选择 Com 端口，按 Connect，连接成功后，选择文件传输到指定位置。

⑩关机。按 Esc，退回主界面，关闭电源。

（2）对于装上光源和 CO_2 注入系统时

①硬件连接。装化学药品，正确连接仪器管线，并连接好进气管缓冲瓶，注意样品室、参照室管路连接，信号线红色 Mark 点标记要正对，除去外置光量子传感器红色盖帽，装上光源和 CO_2 钢瓶。

②开机。仪器开启后显示："Is the Chamber/IRGA connected？（Y/N）"，选择"Y"，进入主界面，预热 20 min。

③开始测量。按 F_4（Msmnts）进入测量界面。

④调节化学管，关闭叶室。将 CO_2 Scrub 化学管拧到"Full Scrub"位置，Dessicant 化学管拧到"Full Bypass"位置，按 2，再按 F_3（Mixer），设定需要 CO_2 浓度，按 F_5，设定需要光强，再按 1。

⑤命名文件。按 F_1（Open Logfile），起文件名，添加标记（Remark），按 F_5（Match）后退出。

⑥记录数据。夹上叶片后，看 c 行 Photo 值是否稳定，稳定后，按 F_1 记录几次数

据（要求 Cond，C_i，Trmmol 都不能为负值）。

⑦重复测量。换其他叶片测量。

⑧保存数据。按 F_3（Close File）保存测量数据。

⑨传输数据。按 Esc 退回主界面，按 F_5（Utility Menu），按上下箭头选择“File Exchange Mode”，用 RS－232 数据线连接电脑和 Li－6400，装上 SimFX 软件，双击打开 Li6400 Fi1eEx，点击 File，选择 Prefs，选择 Com 端口，按 Connect，连接成功后，选择文件传输到指定位置。

⑩关机。按 Esc，退回主界面，关闭电源。

四、注意事项

① 防强光直射光合仪：高温、强光下测定应尽量用阳伞遮蔽主机，否则会造成增温过高仪器工作不正常。

② 保持叶室干净，经常擦洗叶室表面，保持光合仪良好的透光性。

五、实验结果与分析

测定和分析正常叶和干旱处理后作物叶片的光合速率参数，主要包括净光合速率（P_n）、气孔导度（G_s）、蒸腾速率（T_s）、细胞间隙 CO_2 浓度（C_i）等。

实验六　小麦测产

一、实验原理与目的

小麦单位面积产量由收获穗数、每穗粒数和千粒重3个因素构成。小麦灌浆以后，前两个因子已经固定，蜡熟末期粒重也基本固定。麦田测产一般进行2次，一次在乳熟期，能测得穗数和每穗粒数，粒重可根据当年小麦后期生长状况与气候条件等，参考该品种历年千粒重情况推断；另一次在临收获之前（接近蜡熟末期），粒重可用少量麦穗脱粒后晒干称重。

小麦测产的方法较多，具体采用的方法应根据不同的测产目的和生产要求而定。测产的准确性，关键在于选点的代表性和取样方法的科学性。正确测算出单位土地面积、小麦收获穗数、每穗粒数和千粒重，计算理论产量，然后再减去收获损失等，即可得到产量数。

小麦测产是收获前的一项重要工作，通过高产典型及大面积生产情况的产量测定，有利于总结高产经验及技术措施分析；通过产量测定，有利于收获、销售等工作的计划安排。本次实验应掌握测产的方法与技能。

二、器材与试剂

1. 实验用具

测绳、钢卷尺、粗天平、计算器、数种板、记载板及有关表格。

2. 实验材料

小麦种植田。

三、实验步骤

1. 掌握整个大田生长情况

掌握整个麦田面积、地形及生长情况，因为面积大小及地形等关系到选点数目及样点分布，直接影响测产结果的准确性。测产前应调查和目测全田各地段麦株稀稠、高矮，麦穗大小和成熟度等情况，如果各地段麦株生长差异很大，特别是在较大地块测产情况下，必须根据全地段目测结果分类，并按类别估算面积比例，最后分级选点取样，测出全田或全地段的产量。

2. 选点取样

样点应具有代表性，样点是决定测产准确性的关键，样点多误差小，但工作量大，具体数目应根据田块大小、地形及生长整齐度确定。田块长宽比不大于 3，采取双对角线布点，否则采取单对角线布点；样点数 3.33 hm^2（50 亩）以内不得少于 5 个，3.33 hm^2 以上每增加 0.67 ~ 1.33 hm^2（10 ~ 20 亩）增加 1 个样点。样点的确定采取等距离布点法。如样点位置上植株生长不正常或正巧碰在渠埂上，可在附近另选有代表性地点取样。条播麦田取样时，应注意营养面积均衡。垄背、畦埂面积应按比例包括在样点内。

3. 测量样点面积、穗数、单穗粒数，计算产量

样点面积可酌情而定，一般每个样点各取长、宽各 1 m，数清样点内有效穗数，求出单位面积穗数。

穗数（个 /hm^2）= [样点内有效穗数 / 样点面积（m^2）] × 10 000

在每个样点内随机数 20 个麦穗，测算结实粒数，求出每穗平均结实粒数。若在临收前测产，应测定籽粒千粒重，或根据该品种历年千粒重和当年本地块实际情况，确定粒重，计算单位面积产量。

产量（kg/hm^2）=[每 hm^2 穗数 × 每穗粒数 × 千粒重（g）]/[1000 × 1000]

若临收前测产，也可将上述样点内麦株全部割晒、脱粒、称重，根据样点面积计算麦田产量，此法准确性高，但工作量较大。

4. 测定产量

小麦在收割、脱粒、拉运等过程中，不可避免地要有一部分损失，因此，对上述测出的产量应酌情扣除收割损失率（%）；如果田间沟渠占地较多，其面积也应适当扣除。其计算结果，方可得出预计的收获产量。

四、注意事项

① 小麦长势好、中、差调查田块比例要适宜，不能有意识地多选长势好的麦田。

② 抽取的样本内，小麦穗数、粒数一定要有大田代表性，不能在密度和穗粒数偏大或偏小处取样调查。

五、实验结果与分析

将调查的田间测产结果填入小麦田间测产记载表（表 4－2）。

表 4-2　小麦田间测产记载表

单位________　　田号________　　面积________　　品种________

样点	穗数	每穗粒数	千粒重	产量	备注（折扣）
1					
2					
3					
4					
5					
平均					

测产者________　　测产日期________年________月

实验七　萝卜成熟期主要农艺性状调查

一、实验原理与目的

萝卜是十字花科（*Cruciferae*）萝卜属（*Raphanus*）中能形成肥大肉质根的二年生草本植物，学名 *Raphanus sativus L.*，别名莱菔、芦菔，染色体数 2n=2x=18。萝卜的肉质根发达，主要由次生木质部构成，是主要的食用器官。本实验通过实际操作，掌握萝卜主要农艺性状及其考察的方法。

二、器材与试剂

1. 实验试材

天平、尺子、游标卡尺、菜刀、称等。

2. 实验材料

田间种植不同品种萝卜。

三、实验步骤

1. 每个品种随机选择 3 个成熟萝卜。

2. 考察萝卜主要农艺性状。

（1）植株

株高：肉质根成熟期，植株地面基部至植株自然最高处的垂直高度（图 4–3）。单位为“cm”。

株幅：肉质根成熟期，在自然状态下，植株叶丛展幅最大处的宽度（图 4–3）。单位为“cm”。

（2）叶片

叶长：肉质根成熟期，植株最大功能叶片的叶柄基部至叶顶端的长度（图 4–4）。单位为“cm”。

叶宽：肉质根成熟期，植株最大功能叶叶片最宽处的宽度（图 4–4）。单位为“cm”。

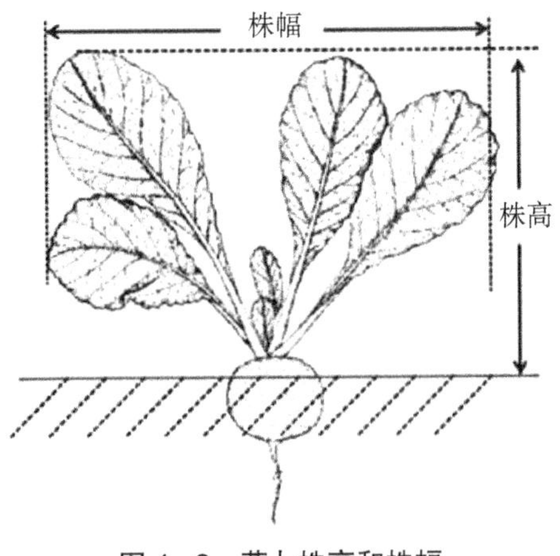

图 4–3　萝卜株高和株幅

叶柄长：肉质根成熟期，植株最大功能叶叶柄基部至叶片基部的长度（图 4–4）。单位为“cm”。

小裂片对数：对有裂刻的种质而言，肉质根成熟期，最大叶片中脉两侧的小裂片数（图 4–4）。单位为“对”。

小裂片间距：对有裂刻的种质而言，肉质根成熟期，最大叶片中脉一侧的小裂片间的最大间距。单位为“cm”。

叶片数：肉质根成熟期，萝卜植株叶丛所具有的完全展开的叶片数（包括脱落的叶片的叶痕）。单位为“片”。

叶型：肉质根成熟时，完全展开的叶片的类型（图 4–5）。

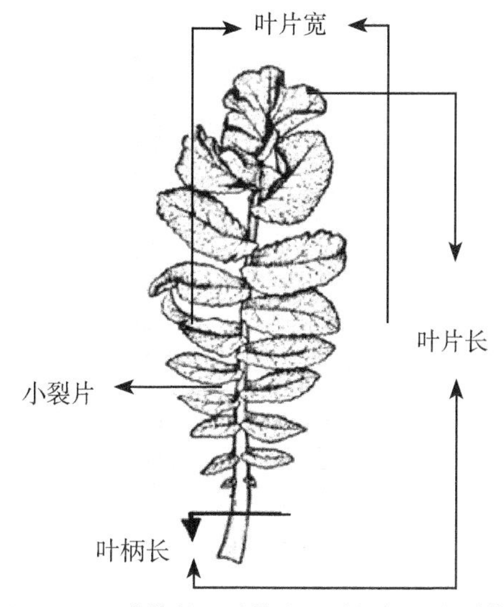

图 4–4　叶片长、叶片宽、叶柄长、小裂片

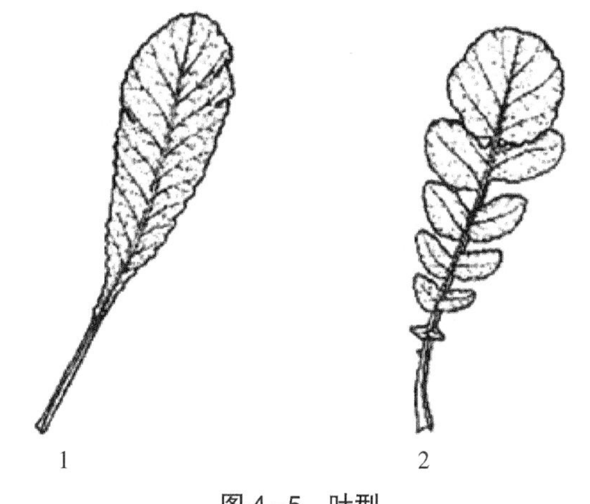

图 4–5　叶型

1. 板叶；2. 花叶。

叶形：肉质根成熟期，完全展开的叶片的形状（图 4–6）。

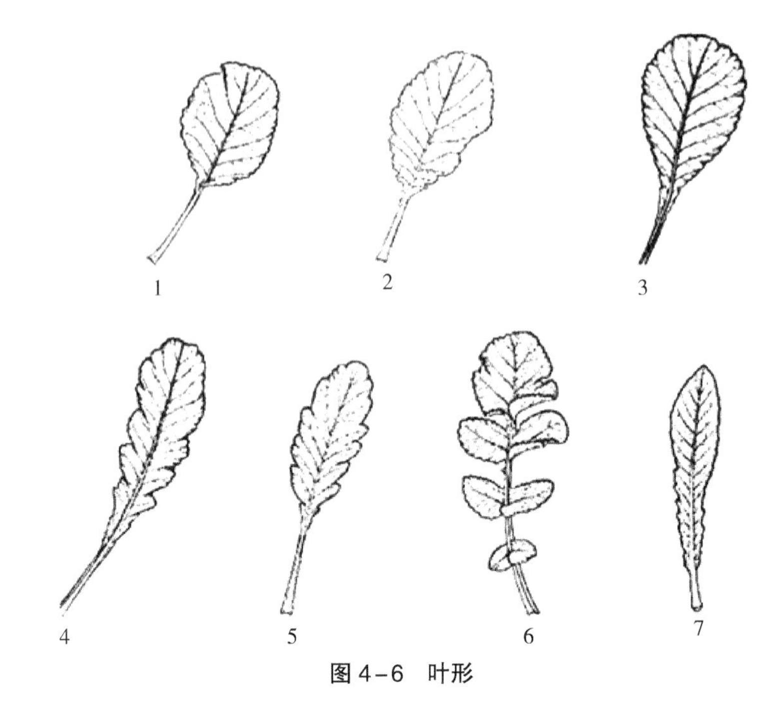

图 4-6　叶形

1. 卵圆；2. 长卵圆；3. 倒卵圆；4. 长倒卵圆；5. 椭圆；6. 长椭圆；7. 披针。

叶尖形状：肉质根成熟期，展开叶叶片顶部的形状（图 4-7）。

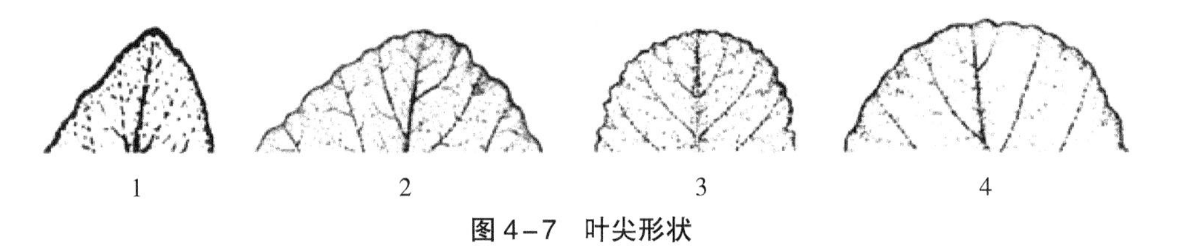

图 4-7　叶尖形状

1. 锐尖；2. 尖；3. 圆；4. 阔圆。

叶色：肉质根成熟期，完全展开的正常成熟叶片正面的颜色。

1 黄绿 2 浅绿 3 绿 4 深绿

叶柄色：肉质根成熟期，植株最大功能叶叶柄外皮的颜色。

1 浅绿 2 绿 3 深绿 4 红 5 浅紫 6 紫

叶面刺毛：肉质根成熟期，完全展开的叶片表面的刺毛多少。

0 无 1 少 2 中 3 多

叶缘：肉质根成熟期，完全展开的叶片先端边缘的波纹的形状和大小（图 4-8）。

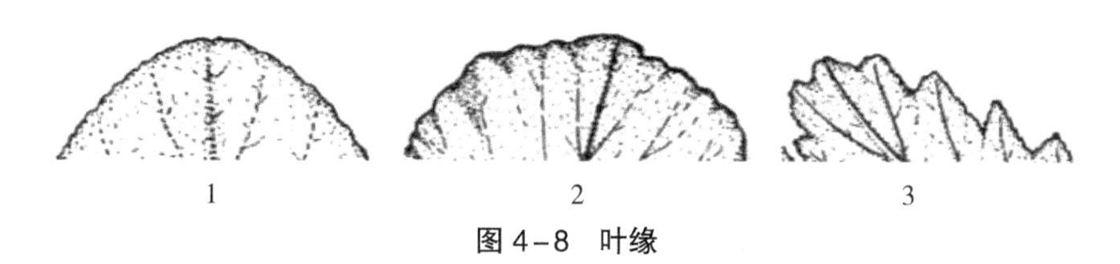

图 4-8　叶缘

1. 全缘；2. 波状；3. 齿状。

叶裂刻：肉质根成熟期，完全展开的叶片边缘叶裂情况（图 4-9）。

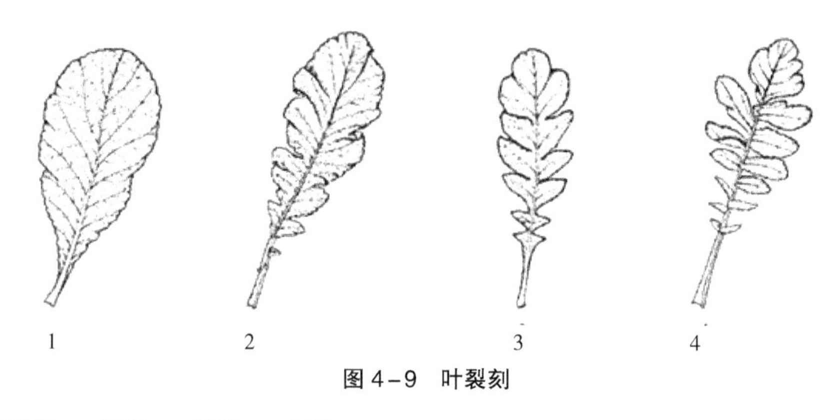

图 4-9　叶裂刻

1. 无裂刻；2. 浅裂；3. 深裂；4. 全裂。

叶基盘宽度：肉质根采收期，根头部着生叶片处的最大宽度(图4-10)。单位为“cm”。

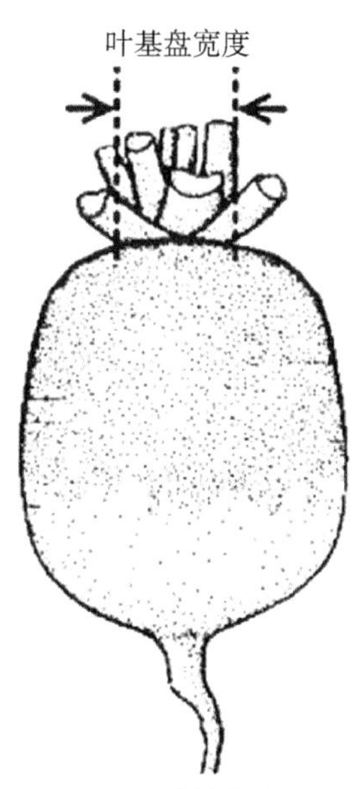

图 4-10　叶基盘宽度

（3）肉质根

肉质根长：收获期，正常商品肉质根的叶基盘基部至肉质根基部（不包括细尾根）的长度（图 4–11）。单位为“cm”。

肉质根地上部长：收获期，正常商品肉质根露出地面部分的长度（图 4–11）。单位为“cm”。

肉质根粗：收获期，正常商品肉质根最粗部分的横径（图 4–11）。单位为“cm”。

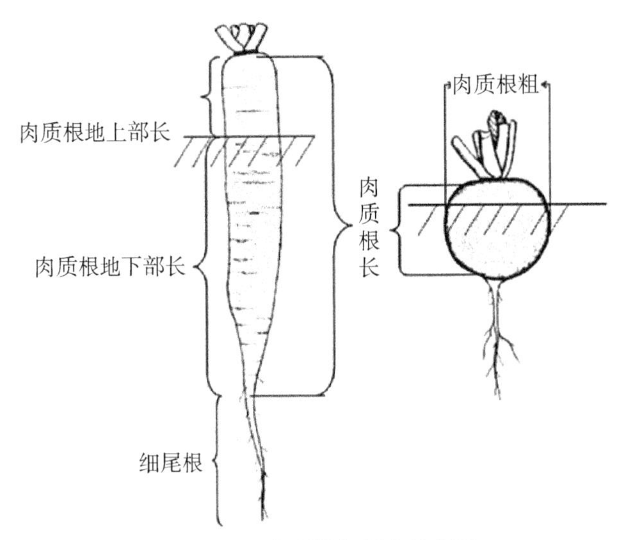

图 4–11　肉质根各部分示意图

肉质根地上部皮色：收获期，正常肉质根露出地面部分的表皮颜色。

1 白 2 白绿 3 浅绿 4 绿 5 深绿 6 粉红 7 红 8 浅紫 9 紫

肉质根地下部皮色：收获期，正常商品肉质根入土部分的表皮颜色。

1 白 2 浅绿 3 绿 4 粉红 5 红 6 紫

肉质根侧根分布：收获期，正常肉质根侧根的分布部位和多少（图 4–12）。

0 无 1 少，分布于下部；2 中，分布于中下部；3 多，分布于一半以上的表面。

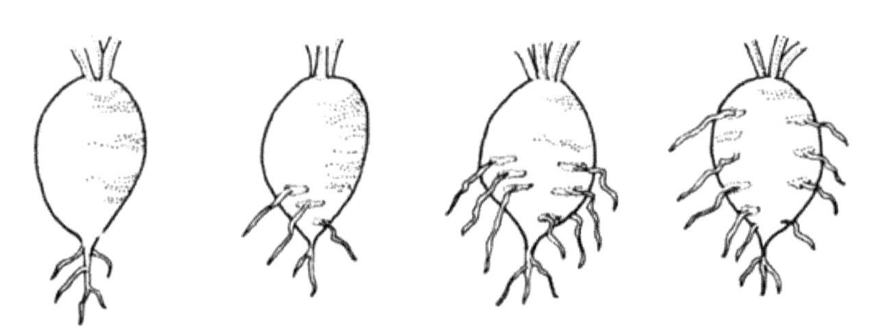

图 4–12　肉质根侧根分布

肉质根皮厚：收获期，正常肉质根最粗处横切面根皮的厚度。单位为“mm”。

肉质根肉色：收获期，正常商品肉质根根肉的主色。如果有多种颜色，在备注内描述。

1 白　2 浅绿　3 绿　4 深绿　5 粉红　6 红　7 浅紫　8 紫

肉质根颜色分布：收获期，正常商品肉质根横切面上根肉颜色的分布（图 4–13）。

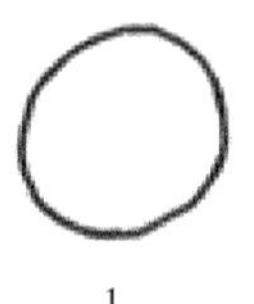

图 4–13　肉质根颜色排列

1. 颜色一致；2. 皮层和形成层有色；3. 放射状分布呈星形；4. 呈同心圆分布；5. 呈不规则分布。

单株重：收获期，包括地上部叶丛和地下部肉质根的单棵植株的总重量。单位为“g”。

单根重：收获期，单个正常商品肉质根除去地上部叶丛后的重量。单位为“g”。

肉质根质地：正常收获时，成熟肉质根组织的致密和疏松程度。

1 致密　2 疏松

肉质根口感：用牙咬嚼正常收获的新鲜肉质根时的感觉。

1 脆嫩　2 艮硬　3 细面　4 粗松

肉质根辣味：正常收获时，新鲜肉质根的辣味程度。

0 无辣味　1 微辣　2 辣　3 极辣

肉质根甜味：正常收获时，新鲜肉质根的甜味程度。

1 淡　2 中　3 甜

四、注意事项

① 随机选取的 3 个萝卜要具有代表性。

② 考查测量期间标尺要一致，尽量测量减少误差。

五、实验结果与分析

① 对不同萝卜的性状进行比较分析，并填写萝卜成熟期性状调查表（表 4–3）。

② 筛选出外观性状及口感质地相对较好的萝卜品种。

表 4-3 萝卜成熟期性状调查表

调查日期:　　　　　　　　　　　　　　　调查品种:

植株	株高 /cm		
	株幅 /cm		
叶片	叶长 /cm		
	叶宽 /cm		
	叶柄长 /cm		
	小裂片对数		
	小裂片间距		
	叶片数 / 片		
	叶型		
	叶形		
	叶尖形状		
	叶色		
	叶柄色		
	叶面刺毛		
	叶缘		
	叶裂刻		
	叶基盘宽度 /mm		
肉质根	肉质根长 /cm		
	肉质根地上部长 /cm		
	肉质根粗 /cm		
	肉质根地上部皮色		
	肉质根地下部皮色		
	肉质根侧根分布		
	肉质根皮厚 /mm		
	肉质根肉色		
	肉质根颜色分布		
	单株重 /g		

续表

肉质根	单根重 /g		
	质地		
	口感		
	辣味		
	甜味		

第五章　作物育种学实验

实验一　植物种质资源圃的设计与建立

一、实验原理与目的

种质资源圃的建立是为了加深对种质资源的研究和利用，是育种的材料仓库。虽然对各种来源的种质资源及其特性有所了解，但可能尚不深入，有必要设置种质资源圃，对每份试材进行观察、研究和比较鉴定，全面地了解每份种质资源的特征特性，从中筛选出育种所需要的原始材料或直接用于生产的优良品种。

种质资源圃设计要尽量减少非试验因子的干扰，提高田间试验的典型性、代表性、正确性和重演性。小区面积大小应根据植物种类的不同而具体确定，为了不造成基因流失或较少流失，需确保栽培株数适宜（白菜、甘蓝、黄瓜、萝卜等需 50 ~ 100 株；茄子、番茄、辣椒 30 ~ 50 株；大葱、洋葱 100 株）；在小区设置方面，一般每隔 5 ~ 10 个小区设 1 个对照小区（一般当地主栽品种，体现出当前对品种综合表现的需求）；在每类植物种植区两侧设置保护行，在试验田周围设置保护区。田间道路的设置应较一般试验田宽一些，以便于观察、记载；应把同类或特性相近的种类归到一起；在每个种类内，把形态性状和生物学特性相近的品种、类型归到一起；对多年生或宿根类植物应另设一个种植区，不至于妨碍种质资源圃土地的合理轮作。

二、器材与试材

1. 试材

搜集到的各种蔬菜、花卉植物品种、类型，半栽培类型、野生植物种子或繁殖材料，实验区的平面图。

2. 工具和用品

整地作畦工具、皮卷尺、木质或塑料标牌、毛笔、变色油笔、墨汁、绘图纸等。

三、实验步骤

将学生分成 2 ~ 3 人为一组。

① 种质资源的初步整理。对搜集或引进的种质资源，根据其原始记录进行统一编号（永久性的编号），写明它的中文名、拉丁名、品种名（若是国外引进，应附上原文

名称、来源和主要性状）。再将各条途径搜集的品种类型，按各种植物归类之后，给每一份材料编一个小区号。

小区号的编法：前 2 位数是年份号（91）；年份后是小区号。小区号数的多少取决于当年种植的材料数，若在 100 以内为 2 位数，大于 100 则为 3 位数或 4 位数。这是一般的常用编号，便于判明年限，便于种子贮藏管理。

为便于计算机管理，可采用三联编号，小区（1 份试材）的编法是：最前 2 位数为年份号，中间 2 位为植物的种类号，最后 2 ~ 3 位为试材号。如 2007 年编的前 2 位则为 07；番茄为第 2 类（蔬菜）则中间 2 位为 02；番茄某一品种的编号则在 0 ~ 99 或 0 ~ 999 之内，假如番茄品种中的编号为 10，则其小区编号为 070210。注意：分类、编号工作应在实验之前完成。

② 考察并绘制地图。每个实验小组按实验小区平面图核对图上的尺码，观察地形地貌、灌溉系统的布局及作物的前茬等。根据上述观察核对情况和全部试材的种类、品种数量，按照田间试验设计原理，在实验区的平面图上，进行蔬菜、果树、花卉等植物种质资源圃的规划设计，包括大区划分、小区设计（小区面积、形状、数量、排列方向和对照小区数量）、保护行和道路设置等。每个实验小组经讨论后设计一个方案，再经全班讨论和教师共同协商选定一个最佳方案。

③ 按最佳设计方案，每实验小组负责一类植物实验区内小区的划分，并在每个小区的左上角或西北角插带有小区编号的标牌。

④ 播种或定植时，可把田间试验图放在一旁，即可按照对号入座的方法进行播种或定植。

⑤ 在播种或定植完毕后，应全面检查一遍，并核实播种田间图或大田定植图，以便日后能快速、准确找到目标材料。

四、注意事项

① 充分了解材料的生长特性与发育规律，尤其目标性状的表现。

② 为了便于田间观测，把相同性状（目标性状）归位一类，并相邻种植。

③ 为减少工作量、避免重复工作、提高工作实效，目标性状应比较突出，以最少的材料，代表最广泛的材料库。

五、实验结果与分析

① 任选 1 种或 2 种植物，每人设计一份 40 份左右材料的种质资源圃，并绘出田间试验分布图（表 5-1）。

表 5-1　番茄种质资源圃平面图

----	----	----	----	----	----	----

			----			

② 课外学习国家作物种质资源信息系统（http://icgr.caas.net.cn/）分类方法。

实验二　小麦室内考种

一、实验原理与目的

室内考种和产量因子分析是田间选择工作的继续，是选拔育种材料必不可少的工作环节。从田间将符合育种目标要求的材料收获，这是田间初选；再经过室内考种才能准确获得诸如单株穗数、穗粒数、千粒重、品质等性状的具体资料。这些数据在田间选择时不易获得或无法获得，但又是材料比较和决选单株所必需的。进而进行产量因子分析，最后，综合田间生育调查及室内考种和产量分析的结果，对各个育种材料做出全面评定，进行决选。室内考种和产量因子分析工作，在选育新品种的过程中有着重要作用，技术性也比较强。例如，自交作物中的小麦，其籽粒产量是一个复杂的数量性状，杂种早代选择效果差，但可间接根据产量构成因素进行选择。从产量构成因素看，单株穗数的遗传力最低，早代选择效果差；穗粒数的遗传率在 40% 左右，可间接通过增加穗长和有效小穗数或每小穗粒数达到增加穗粒数的目的；穗长的遗传率较高，一般可达 70%，早代选择有效；千粒重的遗传率高，一般在 70% 左右，在早代可以进行有效的选择。

而异交作物的玉米产量是数量遗传性状。产量因素包括穗长、穗粒行数、粒重、单株果穗数等，各产量因素也都是数量遗传性状，玉米大多数杂交组合 R 代的果穗长度都表现出明显的超亲优势，但其平均遗传力较低；穗粒行数遗传稳定，杂种优势不明显；粒重的遗传力中等，但杂种优势很明显，超亲优势也很突出；单株果穗数基本不表现出杂种优势。

二、器材与试剂

1. 材料

成熟的小麦、大豆或水稻植株，玉米果穗若干。

2. 工具

天平、直尺、游标卡尺、纸袋、调查记录纸、铅笔、三角盘。

三、实验步骤

1. 材料登记

每个材料（株、穗）都要根据所附标牌登记材料名称或代号，包括当年小区号、收获日期、同一材料内各个单株的编号。

2. 测量和记载

不同作物和鉴定选择目的不同，考种项目和标准不同。小麦一般考种项目和标准列于下文，具体考种测量时可作为参考，然后将测量结果记载到记录本上。

小麦室内考种项目记载及标准

株高：分蘖节至主茎顶端（不计芒）的高度，单位为“cm”；

有效分蘖数：主茎以外的结实分蘖数；

穗长：穗基部至顶端（不计芒）的长度，单位为“cm”；

穗型：分 6 种，纺锤形（中部稍大，两头尖）、长方形（宽厚相同，上下一致）、圆锥形（下部大上部小）、棍棒形（上部大且较密）、椭圆形（两头小且尖、中间宽）、分枝形（穗上长出小的分枝）；

芒：有芒记为“+”，无芒记为“–”；有芒按长短分为“+”“++”“+++”等。

每穗小穗数：包括有效小穗数（结实小穗）和无效小穗数（无籽粒小穗）；

主穗粒数：主茎穗的结实粒数；

主穗粒重：主茎穗籽粒重量，单位为“g”；

单株粒数：单株脱粒后粒数；

单株粒重：单株的籽粒重量，单位为“g”。

千粒重：每份材料随机数取干燥籽粒 2 个 500 粒，分别称重，平均换算。但两份重量不得大于平均值的 3%；若大于 3%，则需另取称重，以相近的两次重量平均换算，单位“g”。或直接按单株粒数和粒重换算。

容重：用种子容重器测定，单位“g/L”。

3. 种子贮存

考种中脱下来的籽粒，自交作物的种子早代入选材料和某些特殊材料应单株保存，原始材料、品种和区试品种可混合装袋保存。异交作物玉米考种的果穗，若是人工自交果穗，以果穗或单株为单位装袋保存；若是杂交种，应以杂交组合为单位装袋保存；如果是田间自然授粉所结的，不能留种，因此，除了某些特殊用途的以外，脱下来的籽粒就作粮食或饲料。

4. 产量因子分析

育种材料生产力的强弱是决定取舍的主要依据，为了准确地选拔出生产性能强的材料，培育高产品种，在选择过程中，对育种材料的产量因素，必须进行细致分析，以了解其构成产量诸因素的相互关系。

（1）明确种粒产量构成因子

小麦：一株穗数、小穗数、一穗粒数、一穗粒重、千粒重等为产量构成主要因子。

玉米：一株果穗数、穗粒行数、一行粒数、一穗粒重等为产量构成主要因子。

大豆：一株荚数、一荚粒数、一株粒数、一株粒重、千粒重等为产量构成主要因子。

水稻：一株穗数、一穗粒数、一穗实粒数、结实率、千粒重等为主要产量构成因子。

（2）根据田间调查及室内考种测定的产量因子进行具体分析

①根据一株粒重分析每个育种材料的实际丰产力。

②根据产量结构的主要因子推算每个育种材料的理论丰产力。

③将理论丰产力与实际丰产力比较，找出每个育种材料的真实丰产力，并分析生产力强弱不一致的原因。

④将各个育种材料的真实生产力水平进行相互比较，从中选拔出生产力强的育种材料，以进一步培育和选择。

⑤将每个单株的产量总结汇总，来看系统或组合的生产力水平，以确定选择的重点。

四、实验结果与分析

① 每组进行某作物3～5个材料，各10株（或穗）育种材料的室内考种，并作比较。

② 根据考种结果和田间调查资料，对该作物产量构成因子进行综合分析。

实验三　玉米的杂交与自交

一、实验原理与目的

1. 玉米花器构造

玉米（*Zea mays L.*）属禾本科（*Gramineae*）玉米属（*Zea*）雌雄同株异花授粉作物。雄穗由植株顶端的生长锥分化而成，为圆锥花序，由主轴和侧枝组成。主轴上着生 4 ~ 11 行成对排列的小穗，侧枝仅有 2 行成对小穗。每对小穗中，有柄小穗位于上方，无柄小穗位于下方。每个小穗有 2 枚护颖，护颖间着生 2 朵雄花，每朵雄花含有内外颖、鳞被各 2 枚，雄蕊 3 枚，雌蕊退化。雌穗一般由从上而下的第 6 ~ 7 节的腋芽发育而成，为肉棒状花序。雌穗外被包叶，中部为肉质穗轴，在穗轴上着生成对的无柄雌小穗，一般有 14 ~ 18 行，每小穗有 2 枚颖片，颖片内有 2 朵雌花，基部的 1 朵不育，另 1 朵含雌蕊 1 枚，花柱丝状细长，伸出苞叶之外，先端二裂，整条花柱（俗称花丝）长满茸毛，有接受花粉能力。

2. 玉米开花习性

玉米雄穗一般抽出后 1 ~ 3 d 7:00—11:00，主轴中部便开花散粉，然后依次向上向下开放；侧枝开花较晚，开花顺序是由上而下开放。每天 7:00—11:00 开花，以 9:00—10:00 开花最盛，始花后 3 ~ 5 d 为盛花期，一株雄穗花期约 7 ~ 10 d。一个雄穗大约可产生 1500 万 ~ 3000 万个花粉粒。开花的最适温度为 25 ~ 28 ℃，最适相对湿度为 70% ~ 90%。温度低于 18 ℃或高于 38 ℃时雄花不开放。花粉生活力在温度 28.6 ~ 30 ℃和相对湿度为 65% ~ 81% 的田间条件下，一般能保持 6 h，以后下降，大约可维持 8 h。

一般雄穗散粉后 2 ~ 4 d，同株雌穗的花丝开始外露。通常以雌穗中下部的花丝先抽出，然后向上向下延伸，以顶部花丝抽出最晚，一般花丝从苞叶中全部伸出约需 2 ~ 5 d，花丝生活力可维持 10 ~ 15 d，但以抽出后 2 ~ 5 d 授粉结实最好。尚未受精的花丝色泽新鲜，剪短后还可继续生长，但一经受精便凋萎变褐。

玉米的花粉借风传播，传播距离一般在植株周围 2 ~ 3 m，远的可达 250 m。花粉落到花丝上后约经 6 h 开始发芽，24 ~ 36 h 即可受精。

3. 实验目的

观察玉米的开花习性与花器构造，了解其杂交制种技术，并通过练习，初步掌握玉米的自交和杂交技术。

二、器材与试剂

1. 材料

玉米自交系（繁殖区）和杂交制种区不同的玉米品种。

2. 仪器用具

皮尺、钢卷尺、大硫酸纸袋（35 cm × 20 cm）、小硫酸纸袋（6 cm × 12 cm）、剪刀、回形针（大头针）、棉纱线、塑料牌、铅笔、试剂瓶、脱脂棉等。

3. 药品试剂

70% 酒精。

三、实验步骤

（一）自交操作

1. 选株

当雌穗膨大，从叶腋中露出，尚未吐丝时，选择具有亲本典型性状，健壮无病虫害的优良单株。

2. 雌穗套袋

先将雌穗苞叶顶端剪去 2 ~ 3 cm，然后用硫酸纸袋套上雌穗，用回形针将袋口夹牢。

3. 剪花丝

如套袋的雌穗已有花丝伸出，则在下午取下雌穗上所套的纸袋，用经酒精擦过的剪刀将雌穗已吐出的花丝剪齐，留下长约 2 cm 再套回纸袋，待次日上午授粉。

4. 雄穗套袋

在剪花丝的当天下午，用大硫酸纸袋将同株的雄穗套住，并使雄穗在纸袋内自然平展，再将袋口对称折叠，用回形针卡穗轴基部固定，防止花粉污染。

5. 授粉

雄穗套袋后的次日上午，在露水干后的盛花期进行。在每次去雄和授粉前用酒精擦拭剪刀和手，以杀死所黏附花粉。

采粉：用左手轻轻弯下套袋的雄穗，右手轻拍纸袋，使花粉抖落于纸袋内，小心取下纸袋，折紧袋口略作向下倾斜，轻拍纸袋使花粉集中在袋口一角。

授粉：取下套在雌蕊上的纸袋，将采集的花粉均匀地散在花丝上，随即套上雌花纸袋，用回形针夹牢封紧袋口。授粉时动作要快，切忌触动周围植株和用手接触花丝。如果花丝过长，可用浸过酒精的剪刀剪成 6 cm 左右即可。一株自交完毕，下一株自交前要用 70% 的酒精擦手，杀死落在手上的花粉。

6. 挂牌登记

授粉后在果穗所在节位挂上塑料牌，用铅笔注明材料代号或名称、自交符号、授粉日期和操作者姓名，并在工作本上作好记录。也可挂彩线作标记。

7. 管理

授粉后果穗伸长膨大，为防止果穗把纸袋顶破或掉落，要及时松动或重新固定好纸袋。在授粉后 1 周内，花丝未全部枯萎前，要经常检查雌穗上的纸袋有无破裂或掉落，凡是花丝枯萎前纸袋已破裂或掉落的果穗应予以淘汰。

8. 收获保存

自交的果穗成熟后应及时收获。将塑料牌与果穗系在一起，晒干后分别脱粒装入种子袋中。塑料牌同时装入袋内，袋外写明材料代号或名称，并妥善保存，以供下季种植。

（二）杂交技术

玉米杂交育种中有关杂交工作中的套袋、授粉、管理等步骤与自交技术基本相同，所不同的是，自交是同株雌雄穗套袋授粉，而杂交所套的雌穗是母本，雄穗则取自另一个自交系（品种）的父本。授粉后，塑料牌上则应写明杂交组合代号或名称。

四、注意事项

① 试验应选取尚未吐丝的雌穗，且健壮无病虫害的优良单株；授粉时动作要快，切忌触动周围植株和用手接触花丝。

② 授粉后果穗伸长膨大，为防止果穗把纸袋顶破或掉落，要及时松动或重新固定好纸袋。在授粉后一周内，花丝未全部枯萎前，要经常检查雌穗上的纸袋有无破裂或掉落，凡是花丝枯萎前纸袋已破裂或掉落的果穗应予以淘汰。

五、实验结果与分析

① 玉米的花器构造有何特点？玉米的开花习性怎样？

② 如何进行玉米人工自交？

③ 每人用套袋法作自交和杂交各 2 个果穗，收获后评述二者的结实率，并说明其差异的原因（表 5-2）。

表 5-2　玉米结实率

类型	穗长 /cm	秃尖长 /cm	穗行数 / 行	行粒数 / 粒	穗粗 /cm	穗粒数 / 粒	穗粒重 /g	千粒重 /g
自交								
杂交								

实验四　萝卜有性杂交

一、实验原理与目的

萝卜（*Raphanu sativus L.*）是十字花科萝卜属一年生或二年生蔬菜作物，是我国北方地区秋冬两季的主要蔬菜，栽培面积仅次于大白菜。

1. 种株的生物学特性

萝卜为半耐寒性蔬菜，喜凉爽气候。种子萌发的适宜温度为20～25 ℃，在2～3 ℃的低温下虽也能萌发，但需很长时间。生长的温度范围为5～25 ℃，以15～20 ℃最适，在25 ℃以上的高温下，植株生长衰弱，极易感染病毒病。在6 ℃以下的较低温度下，生长缓慢，易通过春化阶段而发生未熟抽薹。在0 ℃以下的低温下，肉质根易受冻，但幼苗可忍耐−3～−1 ℃低温。萝卜要求中等光照强度，在长日照下地上部生长良好，在短日照下肉质根肥大迅速。

萝卜一般在第1年为营养生长阶段，形成叶簇和肉质根，第2年进入生殖生长阶段，抽薹、开花、结实、完成生长周期。但若春季提早播种，当年也能完成整个生长周期，成为一年生蔬菜。萝卜属种子春化型作物，从萌动后的种子到肉质根充分肥大的植株，只要在1～15 ℃的温度下生活20～40 d，就能通过春化阶段，尔后在长日照和较高温度下抽薹开花。

萝卜的花是完全花，有萼片4枚、花瓣4枚、雄蕊6枚、雌蕊1枚。蜜腺发达，虫媒异花授粉。花瓣颜色与肉质根皮色有一定的相关性，一般白皮萝卜是白色花，青皮萝卜是紫色花，红皮萝卜是浅粉色或白色花。花序总状，主花茎花序最先开花，侧枝花序后开，每朵花花期3～4 d，每个植株花期20～30 d，品种花期30～40 d。始花期较白菜晚15 d左右，种子成熟期也相应推迟。果实为长形角果，分两节，上部节较长，内有种子3～8粒，下部节较短，内部无种子，果实成熟后不开裂。种子扁圆球形，多呈黄褐色或暗褐色，千粒重10～15 g，种子发芽力可保持3～4年。

2. 采种方式

成株采种：秋季按当地菜用栽培的最适播期播种，冬前收获时，按品种的标准性状严格选择优良植株作种株，削去叶簇，窖藏过冬，翌春栽植在隔离区内采种。此采种方式的优点是，能在正常栽培季节里，对种株的性状表现进行严格的鉴定选择，确保种子的种性质量；缺点是种子繁殖率低，易在贮藏期间糠心或感染病虫害，生产成本高，故多用于原种生产。

半成株采种：播种期比成株采种的推迟 15 ~ 30 d，冬前收获窖藏过冬，翌春定植采种。由于冬前收获时肉质尚未充分肥大，因而生命力强，病害少，种子产量高，但由于只能进行粗略选择，种性质量较差，多用于生产种生产。

小株采种：早春土壤刚刚化冻时"顶凌播种"，以萌动的种子和幼苗通过春化阶段，春暖日长后抽薹、开花、结籽。小株采种的优点是种株生育期短，节约工时，生产成本低；缺点是不能进行种株选择，种性质量差，连年小株采种必导致种性退化。故此采种方式只可用于生产种生产。

3. 实验目的

萝卜的主要育种途径是杂种优势利用。本实验试图通过对萝卜株间或自交系间杂交，为选育出理想的自交系或杂交组合提供一定的选择依据。

二、器材与试剂

1. 材料

不同类型的萝卜品种，要求花期相同。

2. 仪器用具

小硫酸纸袋（6 cm × 12 cm）、剪刀、镊子、大头针、塑料牌、铅笔、试剂瓶、脱脂棉。

3. 药品试剂

70% 酒精。

三、实验步骤

① 根据育种目标，选择、选配好自交系亲本。

从大量种质资源中精选亲本；尽可能选用优良性状多的种质材料；明确目标性状，突出重点；重视选用地方品种；选长势强，无病虫的植株；选单株性状符合育种目标。

② 授粉前 1 ~ 2 d，套袋（硫酸纸袋、羊皮纸袋或普通信封）隔离父本花朵，防止蜜蜂等昆虫活动而引起花粉污染。

③ 当花蕾膨大，含苞欲放时，便可用尖头镊子（注意操作前后镊子的消毒）轻轻拨开母本花瓣，注意不要伤及雌蕊和柱头，然后授以不同类型植株上的花粉。

④ 杂交一般在晴天上午 8:00—11:00 进行，先去除母本已开放的花朵和幼小角果；用消毒过的镊子去除过小花蕾，剥开母本中的较大花蕾，去雄（四强雄蕊，包含 4 个长的花丝和 2 个短花丝），注意不要伤及柱头；用镊子夹住父本花丝，并在母本柱头上

磨蹭；授粉后及时标注品种、杂交日期、天气情况等。更换杂交组合时，务必对手和镊子擦拭消毒，以杜绝异父本花粉而发生假杂交，杀死母本花粉而真自交。

⑤ 授粉完毕，对母本套袋隔离，杜绝蜜蜂等昆虫传粉，并用大头针加固套袋于花枝上，以防止雨淋风吹落纸袋。

⑥ 杂交后管理。防止雨淋、风吹落纸袋；防止枝条相互碰撞而弄破纸袋；授粉后1周左右，去掉纸袋，并观察授粉、受精情况。若柱头或子房变绿，则杂交成功。

四、注意事项

① 授粉最好于早晨或傍晚进行，中午袋内温度太高，不利于花粉萌发；阴雨天需重复授粉，确保成功。

② 为防止天然杂交，确保种子纯度，采种田四周 2000 m 以内不得栽植其他萝卜种株。

③ 萝卜果实为长形角果，上部节较长，内有种子 3 ~ 8 粒；下部节较短，内部无种子，果实成熟后不开裂。

④ 鸟能啄开萝卜角果，取食内部种子，在种子接近成熟时，加盖防鸟网。

⑤ 角果黄熟时，可分批采收，脱粒。

五、实验结果与分析

① 统计自交成功的比例（表 5-3）。

表 5-3　自交、杂交成功率统计表

项目	杂交花朵总数	成功杂交花朵总数	成功率（%）
萝卜 1× 萝卜 3			
萝卜 1× 萝卜 7			
……			

② 自交、杂交 1.5 个月后，统计每荚果所结种子数（表 5-4）。

表 5-4　自交、杂交结果统计表

项目	荚果总数	种子总数	每果含种子粒数
萝卜 1× 萝卜 3			
萝卜 1× 萝卜 7			
……			

③ 分析自交杂交注意事项、结果和可能原因。

实验五　田间去杂与纯度检验

一、实验原理与目的

作物品种、组合是根据特定的经济需要，经过不断培育和选择或利用现代育种手段获得的作物群体，品种有相对整齐一致、稳定的形态特征和生理生化特性，不同品种间的各种特征特性彼此不同。清杂是提高种子质量，保证种子纯度的一项重要措施。经去杂去劣后，才能获得较高纯度的亲本种子及整齐一致的杂交种子。清杂工作要细致、耐心，勤检查、早清除、从严、彻底，清杂工作贯穿于制种全过程，主要在苗期、拔节期（抽蔓期）、抽穗开花期和成熟期来进行。根据品种、组合的特征特性，从种子特征、植株形态、长势、细部特征（叶形、叶色、株高、分枝性、花形、花色、果实形态等）清除异品种植株、杂株、病劣株和雄性不育系中的可育株，标记性状中的非标记植株，雌性（株）系中的雄株等。

品种纯度是种子质量的重要指标之一，是评定种子等级的主要依据。品种纯度检验一般有田间检验、室内检验和种植检验 3 种。田间检验以品种纯度为主，同时检验异作物、异品种、杂草、病虫感染率、作物生长发育情况等。田间检验是以作物植株高度，叶片、穗部、芒、籽粒、护颖的性状和颜色，以及成熟迟早等差异为依据，进行分析鉴定。纯度检验时期，以品种特点、特征、特性表现最明显的时期为宜。稻麦可分别于幼苗期、抽穗期、开花期和蜡熟期检验。如果条件有限，至少应在蜡熟期检验 1 次。苗期检验结果供定级参考用，花期、成熟期的检验结果作为定级依据。如 3 次结果不同，要按最低的一次检验结果定级。一般在作物品种形态特征表现最明显的时期，如禾谷类作物黄熟期进行苗期检验。

凡同一品种、同一种子等级和来源一致、栽培管理大体相同者，可作为一个检验区。每个检验区再选有代表性的地块，面积不少于检验区的 5% ~ 10%，块数不少于 3 块，并均匀分布。设点取样一般用梅花式、单对角线式、双对角线式或棋盘式取样法。代表性地块在 5 亩以上的，最少设点 5 个；在 50 亩以上的，每增加 25 亩增设样点一个。麦类每点取样 20 ~ 40 穗，玉米、高粱、谷子每点取样 20 株，豆类每点取样 10 ~ 20 株。取样总数随代表性地块面积大小而定，一般以 100 ~ 1000 穗，或 50 ~ 500 株为限。取样后，根据品种特征，鉴别本品种的株（穗）数、异品种的株（穗）数和其他作物株（穗）数，计算出该品种的田间纯度。

田间品种纯度（%）= 本品种株（穗）数 / 供检总株（穗）数 ×100%

品种纯度室内检验是指种子在收获、脱粒、加工等过程中都有可能造成机械混杂。因此，在田检基础上必须进行品种真实性和一致性检验。室内检验杂交玉米种子纯度检测主要有籽粒形态法、幼苗形态法和电泳法。种子形态鉴定法是根据粒色、粒型、粒质、顶部凹陷和饱满状况、胚的形状与大小、籽粒表面圆滑程度、棱角的有无、稃色和花丝遗迹等特征进行鉴定的，其特点是快速、简单、经济，但因主要依据籽粒外部形态特征，由感官鉴别，对一些外部形态差异不大的品种鉴别准确性较差，在应用上存在一定的局限性。

幼苗形态鉴定法主要是以幼苗表现出的不同特征为依据进行的检验，可根据芽鞘的颜色和长短、叶色、叶型、叶上茸毛的多少，中胚轴和近根处颜色、次生根的粗细、长短和多少等综合鉴别。幼苗形态鉴定可与发芽率鉴定一并进行，方法简单易行，但受环境因素及籽粒大小饱满程度的影响较大，容易引起较大的误差。不过，凡是杂交的籽粒都具有杂种优势，其长势旺盛，如茎根比未杂交的粗壮，长得也快，次生根也多，用来区别杂粒与自交粒还是很适用的。

幼苗形态鉴定可与籽粒形态鉴定结合进行。在籽粒形态鉴定的基础上，将形态特征一致的籽粒进一步进行幼苗形态鉴定，可减少鉴定误差，提高鉴定的准确性。据经验，籽粒形态与幼苗形态两者结合鉴定，适宜的品种范围广些，准确度也有较大提高，鉴定结果与田间种植结果基本一致，但要求操作人员必须熟悉业务。

电泳法测定品种纯度主要是利用电泳技术对品种的同工酶及蛋白质组分或 DNA 和 RNA 的指标进行分析，找出品种间差异的生化指标，以此来区分不同品种，测定种子纯度，方法主要有同工酶电泳法、玉米醇溶蛋白等电聚焦电泳法、玉米醇溶蛋白高压液相色谱法和玉米蛋白质聚丙烯酰胺凝胶电泳法。

二、器材与试剂

1. 材料

番茄、小麦、玉米。

2. 场地及仪器用具

制种田、钢卷尺、剪刀、纸袋、天平、尺子、游标卡尺、放大镜、铅笔、PANTONE 比色卡、田间记录本、照相机、瓷盘、记载表格。

三、实验步骤

1. 田间去杂（以番茄为例）

（1）苗期

播种时，一些大粒种子可以根据种子形状、色泽进行去杂。出苗后根据幼苗芽尖或茎梢的颜色、叶片的颜色、叶片形状、叶脉透明程度、幼苗的长势长相等特征进行综合鉴定，去掉杂株、劣株和可疑株。苗期去杂一般结合间苗和定苗进行。

（2）起身期（营养生长期）

结合叶型、株型、长势、分枝、身毛，去掉明显的优势株、弱株或明显区别于大多数植株的植株。

（3）开花结果期

是去杂去劣、保证种子纯度的关键阶段，务必做到干净、彻底、及时，避免杂株散粉造成生物学混杂。杂交制种父本清杂在杂交授粉开始前彻底完成，雄性不育系、雌性（株）系清杂在显蕾、开花期分几次完成，去杂时间在早晨 6 ~ 8 h，昆虫没有活动之前。杂交授粉结束后及时清理父本，防止混杂。此期根据生长习性、叶形、花序（包括着生节位、类型、花数）、幼果特征等典型性状选择；在第一穗果实成熟期根据抗病性、生长势、熟期、果实性状（色泽、形状、心室、种子数量）等选择。

（4）种子（果实）收获期

种子收获期是清杂工作的最后一关，采收时剔除病、劣果、无标记或标记不清果实、杂果、落地果实，晾晒、脱粒时检查清除杂果、杂穗等。取籽、精选时挑除颜色、形状等特征不符合标准的种子，防止混杂，提高种子质量。

2. 纯度检验（以小麦为例）

① 欲检验品种纯度，必须先掌握被检品种的性状。例如，小麦品种的主要性状大致有：a. 茎秆性状：株高、粗细、色泽；b. 叶片性状：基部叶鞘色、叶色深浅、长度、宽窄、茸毛多少、着生姿态、剑叶长短、宽窄、剑叶与穗的主轴角度、小麦叶鞘蜡粉的多少；c. 穗部性状：穗伸出度、穗长、穗型、着粒密度（或小穗密度）、穗的颜色；d. 芒的性状：芒的有无及长短、芒色；e. 籽粒性状：籽粒形状、大小、颜色、颖尖色及麦粒色泽；f. 护颖性状：小麦的护颖、颖肩、颖脊、颖嘴形状及颖嘴长度。

② 了解供检品种的田块面积、种子来源、繁殖世代、上代纯度、良种繁殖田的前作及繁殖技术、隔离情况等，以对被检品种有大概了解，也在一定程度上对后续试验有针对性。

③ 划分检验区和选择代表田。了解情况后，在田块多、面积大的情况下，凡同一品种，同一良种繁育地段，田块连片，其种子来源、繁殖世代、繁殖技术相同的田块可划分成一个检验区。但每个检验区的面积不得超过 33.33 hm^2。在划定的检验区中选择代表田，每个检验区的代表田一般是 3 ~ 5 块，至少占总面积的 5%。原种繁殖田、亲本繁殖田和杂交制种田则应加倍或逐块取样检验。

④ 设点取样。在确定的代表田中设点取样，设点位置、数量和每点取样多少，应根据田块的面积和作物田间生长情况，纯度高低等因素确定。取样点数和每点取样数目原则上要既有代表性、又不可太多。一般面积在 0.67 hm^2 以下的取 5 点，0.73 ~ 6.67 hm^2 取 8 点，6.73 ~ 13.33 hm^2 取 15 点，每点取样 500 株（穗）。

取样点的分布方式与田块形状和大小有关，常用方法有：a. 梅花形状。在田块四角和中心共设 5 个取样点。适宜面积较小的方块或长方形田块。所设角点至少距田边 5 m 左右。b. 对角线式。取样点分布在一条或两条对角线上，等距设点。适用于面积较大的长方形或方形田块。c. 棋盘式。在田块的纵横每隔一定距离设一点。适用于不规则田地。

⑤ 检验与计算。取样点选定后，应根据被检品种的主要性状，逐点、逐株（穗）地分析鉴定，将本品种、异品种、异作物、杂草、感染病虫株（穗）数甄别记载。田间检验时，应背着太阳进行，避免光线直射而发生错觉和误差，提高检验结果的准确性，然后计算百分率。田间品种纯度用本品种株（穗）数占供检本作物总数的百分率表示。

品种纯度 =（供检试样种子粒数 – 异品种的种子粒数）/ 供检试样种子粒数 × 100%；

异品种 = 异品种株（穗）数 / 供检本作物总株（穗）数 × 100%；

杂草 = 杂草株（穗）数 /（供检本作物总株（穗）数 + 杂草株（穗）数）× 100%；

病虫感染率 = 感染病虫株（穗）数 / 供检本作物总株（穗）数 × 100%。

在检验点以外，有零星发生的检疫性杂草、病虫感染株，要单独记载。

⑥ 填写报告单。分析鉴定完毕后，将每个检验点的各个检验项目平均结果，填写在田间检验结果表上，并提出建议和意见。

四、注意事项

① 实验前，针对不同作物或性状，确定最佳目标性状，找到合适的测定方法。

② 对不容易测定的性状，需要特殊设备或器具进行测量。

③ 对有损其他性状或指标测定的项目，待其他项目测试再行测定。

五、实验结果与分析

① 你所操作的杂株与正常株在特征特性方面有哪些不同?

② 填写田间检验报告单（表 5–5）。

表 5-5　小麦田间检验报告单

繁种单位			
作物名称		品种或组合	
繁殖面积		隔离情况	
取样点数		取样总株（穗）数	
品种纯度 /%			
异品种 /%			
异作物 /%			
杂草 /%			
病虫感染 /%			
田间检验结果分级	纯度达到（　）级		
建议或意见			

附：小麦种子分级指标：原种，纯度不低于 99.8%；一级良种不低于 99.0%；二级良种不低于 98.0%；三级良种不低于 96.0%。

实验六　杂交后代田间选择与鉴定

一、实验原理与目的

有性杂种于杂种二代（F_2）开始基因分离，对一些基因或寡基因控制的质量性状的选择从 F_2 代就开始了，经过若干世代个体和群体鉴定、选择和淘汰，把分散在不同亲本上的优良基因集中到若干个个体或小群体内，把入选的优良个体或小群体加以繁殖，再经过一系列鉴定、选择和淘汰，就育成了新的植物定型品种。在整个选育过程中，由于不同种类的植物的开花结果习性、繁殖方式、性状遗传特点和目标性状要求等不同，对杂种不同世代的人工控制授粉、留种方式、群体大小、选择压力、选择标准等也应该是不同的。由于采用的选择方法不同，对杂交后各个世代的处理方法差别较大。

二、器材与试剂

1. 材料

有性繁殖植物的杂交种的各世代材料（父母本、F_1、F_2、F_3……），自花授粉植物可选小麦、番茄、葡萄等，异花授粉植物可选玉米、大白菜及杏等，常异花授粉植物可选茄子、辣椒、棉花和高粱等。

2. 仪器用具

隔离纸袋、棉线、纸牌、镊子、放大镜、显微镜、地插牌、钢卷尺、70% 酒精、铅笔、记录本、比色卡、游标卡尺等。

三、实验步骤

每实验组 3 ~ 5 个人，按下列程序进行。

1. 准备种子

将亲代（P_1、P_2）、F_1、F_2，以及以后各代的种子在实验室整理、编号、登记准备好。

2. 育苗

把上述种子分别在苗床中按组合、世代、株系播种在营养中进行育苗分别按系统的编号插上标牌。注意苗期肥、水和病虫害防治管理，也可直接播种于事先规划好的试验区。

3. 分组讨论

每小组按教师分配的具体任务，讨论杂种后代的选择和处理实施方案，经教师确认后执行。

4. 田间实验的规划设计

按各组合、世代、株系的种子量或育苗数规划好试验地，即 F_1 代区、F_2 代区、F_3 代区等。

（1）杂种一代（F_1）区

按杂交组合分别播种、栽植，两旁为父本、母本。若亲本为自花授粉作物或自交系，一般以获得 F_2 代足够播种量为依据确定栽种株数，以 5 ~ 10 株为宜；若亲本为异花授粉作物或品种，则栽种 30 ~ 60 株。父本、母本的栽种应按实验地的面积大小设等定，一般 5 株左右。

自花授粉植物或自交系间异花授粉的 F_1 代，性状基本一致，除淘汰不良组合外，一般不进行组合内株选，只在组合内淘汰伪杂种和性状表现特别差的植株，按组合单株留种。在性状观记载方面，通常只记载性状显隐关系和杂种优势情况，其余性状不作详细记载。

异花授粉植物或复合杂交，性状一般都会发生不同程度地分离，除淘汰不良组合外，在入选组合内选择若干优良单株，人工控制自交，分株系留种。在观察记载方面，除观察、记载重要性状显隐关系和杂种优势外，还应注意性状分离情况，有时还要进行一些分析、统计研究。

（2）杂种二代（F_2）区

按 F_1 组合和组内株系编号分别播种、栽植，可按 $X=2.5\times4^n$ 这一公式去计算栽种株数，X 为出现 1 株纯合理想株应栽种的杂种二代株数，2.5 为概率常数，n 为控制目标性状的基因对数。这种计算对亲本遗传规律不清的试材是不能适用的。有时可用目标性状数代替基因对数（n），一般栽种 1000 ~ 2000 株。每隔 10 个小区设 1 个标准品种为对照，栽种株数为 30 株左右。

F_2 是性状强烈分的世代，同一组合内株间差异很大，会出现各种各样的性状。因此，先进行组合间比较，淘汰一部分重要性状表现平均值低，又没有突出优良单株的组合，再在中选的组合中进行单株选择。选择时力求准确适当，选择标准不要过严，针对质量性状和遗传力高的性状（如抗病性、植株生长习性、成熟期、产品器官的形态和色泽等）进行单株选择，应多入选一些较优良的单株，通常优良组合的入选株数约占本组合群体总数的 5% ~ 10%，次优组合的入选率可低些。当选单株挂上标牌做好标记，对异花授粉蔬菜要分株人工控制自交。成熟时按组合分株收获，分别脱粒，种子分株装袋，编号保存，来年按组合分株播种。

在观察、鉴定、记载方面，主要对重要经济性状进行观察、鉴定，调查其分离情况及变异幅度，并尽量使调查标准数量化，以便于统计分析。

（3）杂种三代（F_3）区

将 F_2 单株系（系统）分别栽种 1 个小区，每小区栽种 30 ~ 100 株，每隔 5 ~ 10 个小区设 1 个标准品种对照区。

无论自花授粉还是异花授粉的蔬菜作物，都是从 F_2 代选留下来的单株系。杂种三代的性状，一般仍有分离，有些可能多数性状符合要求，但仍有一些性状尚未达到目标。因此，F_3 代的选择要以单株选择为主，性状稳定下来的就可进行株系比较选择。F_3 代是开始对产量等遗传力低的数量性状进行系统间（株系）比较选择的世代，从 F_3 代开始要重视系统间优劣的比较，按主要经济性状和整齐性选择优良系统，再在当选系统内针对仍在分离的性状选择单株。应多入选一些系统，每一系统入选株数可少些，为6 ~ 10株。如在 F_3 中发现有优良的、比较整齐一致的系统，对自花授粉作物（菜豆、红豆）可在去劣后混合采种，下代升级鉴定；对异花授粉作物则在去劣后进行人工控制的系统内株间授粉，然后混合留种。

在观察、鉴定时，应主要注意系统间性状优劣的鉴定和系统内一致性的鉴定。F_3 代是质量性状和数量性状同时并举的世代。

（4）杂种四代（F_4）区

将 F_3 代选出的系统群、系统、系统内选出的株系分别栽种各自的小区，栽种株数为 30 ~ 100 株，每隔 5 ~ 10 个小区设 1 个标准品种对照区，有时可设 2 次重复。杂种四代以后的世代同杂种四代相似，可将小区面积适当增大些。

首先比较 F_4 代系统群的优劣，从优良系统群中选择优良系统，再从优良系统中选择优良单株。F_4 代的选择任务是株系选择和单株选择并用。对优良稳定的系统群去劣混合采种，下代升级鉴定。在优良稳定的系统群中各姐妹系如表现一致，可按系统群去劣混收，下代升级鉴定。F_4 升级鉴定的系统内如出现特别优良的单株，可单选出下一代播种成单系，继续选择提高。

F_4 以后各代主要是进行系统间的比较和选择，选出优良一致的系统后混合留种，进行升级鉴定。F_4 以后表现性状仍不稳定的材料，需继续进行单株选择，直至选出整齐一致的系统。不过，杂种到了第四代，如果还没有优良单株分离出来，以后就不大可能出现好的单株，这样的组合和系统应该予以淘汰。

四、注意事项

① F_1 代一般不进行选择，除非双亲之一为杂合，或 F_1 代中目标性状出现极其不良的个体。

② F_2 代注意群体大小和选择标准，入选率应控制在合理范围，否则容易滥竽充数

或有利性状不足而丢失。

③ 每代选择标准应有所改变，一般对目标性状的标准越来越高。

五、实验结果与分析

① 每人绘制 1 份田间栽种平面图。

② 每组制定 1 份《杂种后代选择和处理实施方案》，包括性状鉴定，株选、系选标准，入选株的授粉处理和种子成熟后室内考种等。

③ 每人写 1 份各代植株性状遗传变异观察报告。

④ 杂种后代选择的理论根据是什么？

第六章　种子生产学实验

实验一　小麦种子生产

一、实验原理与目的

小麦是世界上种植面积最大、总产量最多的粮食作物，全世界 35% ~ 40% 的人口以小麦作为主食。目前小麦生产中所用的品种以通过杂交育种育成的常规品种为主。小麦种子生产按照育种家种子、原种和大田用种（良种）程序进行，包括原种种子生产和大田用种种子生产两部分。育种家种子是由育种单位提供的最原始的一批种子；原种是指用育种家种子繁殖的第一代至第三代，或按原种生产技术规程生产的达到原种质量标准的种子；大田用种指用常规种原种繁殖的第一代至第三代，或杂交种达到规定质量标准的种子（GB 4404.1—2008）；小麦原种种子是采用育种家种子直接繁殖，或者采用三圃制、二圃制等方法进行生产的。

小麦是自花授粉作物，多数品种为开颖授粉，天然异交率为 1% ~ 4%，因此在小麦种子生产过程中要注意隔离，避免生物学混杂。小麦为具有分蘖的作物类型，复穗状花序，每个穗子由 20 个左右小穗组成，每小穗一般有 3 ~ 5 朵小花。同一株内，小麦开花顺序为先主茎穗、后分蘖穗；同一麦穗上，中上部小穗的颖花先开，然后向上、向下依次开花；同一小穗上，基部颖花先开，然后依次向上开花。小麦开花，昼夜进行，一般每天有 2 次高峰，即上午 8: 00—11: 00、下午 2: 00—6: 00，全穗花期约 3 ~ 5 d。

通过本次实验了解小麦（*Triticum aestipum L.*）的开花习性，学习和掌握小麦常规品种种子生产技术以及常规小麦品种原种、大田用种种子质量标准。

二、器材与试剂

1. 实验用具

种子袋、剪刀、纸牌、插地牌、笔记本、铅笔、记号笔、卷尺、单株脱粒机等。

2. 实验材料

生产上正在应用的常规小麦品种的原种和大田用种种子生产田、株行圃、株系圃和原种圃。

三、实验步骤

1. 原种种子生产

（1）三圃制

三圃制是目前小麦原种种子生产中应用最广泛的方法，其程序为：单株选择—株行鉴定—分系比较—混系繁殖。由于三圃制在生产原种的过程中经过一次单株选择、一次分系比较，具有防杂保纯的效果。具体方法如下：

①单株选择。单株选择的材料来源包括原种圃、经决选的株（穗）系圃、纯度较高的种子繁殖田，还可以专门设置选择圃。对原种或需要提纯的良种进行稀播种植，便于单株选择。单株选择包括株选和穗选。在抽穗至灌浆阶段根据原品种的典型性，对株型、株高、抗病性和抽穗期进行初选，当选单株挂牌标记。在成熟期再根据穗型、穗色、芒型、整齐度、抗病性、熟相和成熟期等进行复选，淘汰不典型的单株。当选单株数量主要根据品种的纯度和品种的稳定性确定，品种纯度低可适当增加当选单株的数量。当选单株要求分单株收获、分单株脱粒，并考查穗型、芒型、护颖颜色和形状、粒型、粒色、籽粒饱满度和粒质，淘汰不典型单株。当选单株编号保存（GB/T 17317—1998）。

②株行圃。种植上年当选单株。每个单株种成 1 个小区。

小区种植规格：行距 20 ~ 30 cm，点播或稀条播，株距 3 ~ 5 cm 或 5 ~ 10 cm，根据入选单株种子数量确定种植行数，一般种 3 ~ 5 行。每隔 9 个小区种一对照小区，田间走道 50 ~ 60 cm。四周种保护行并设 25 m 以上隔离区。对照小区和保护行种植原品种的原种种子。播前编制记载本和田间种植图，按田间种植图播种，防止错误。

工作内容：根据与对照的比较，对种植的株行分别在幼苗、抽穗、成熟 3 个阶段进行鉴定，对符合原品种典型性的株行进行记载并挂牌标记。对当选株行单独收获和脱粒，并考察粒形、粒色、籽粒饱满度和粒质，保存符合原品种典型性的株行种子，淘汰非典型株行（GB/T 17317—01998）。

③株系圃。种植上年当选的株行种子。

种植规格：每个当选株行的种子种植 1 个小区。小区种植采用人工条播或机械播种。小区面积根据种子生产需要可设置 15 ~ 30 m^2 不等。基本苗在 8 万 ~ 12 万株 /667 m^2 为宜，株系圃内设置对照小区，对照品种为原品种的原种种子。小区间走道 0.5 ~ 1.0 m。四周种保护行并设 25 m 以上隔离区，保护行种植原品种的原种种子。播前编制记载本和田间种植图，按田间种植图播种。

工作内容：分别在幼苗、抽穗、成熟 3 个阶段对种植的株系进行鉴定，对符合原品种典型性的株系记载并挂牌标记，淘汰非典型和杂株率超过 0.1% 的株系。对杂株率小于 0.1% 的株系进行严格去杂。当选株系单独收获、脱粒、称重，并考察粒形、粒色、籽粒饱满度、粒质、千粒重和容重，分区计产，淘汰产量低于对照和籽粒性状不典型的株系。当选株系编号保存（GB/T 17317—1998）。

④原种圃。上年当选株系的种子混合种植成原种圃。

选地与隔离：选择地势平坦、土质良好、排灌方便、前茬一致、地力均匀的地块，并注意两年（水旱轮作两季）以上的轮作倒茬，忌施麦秸肥，避免造成混杂。采用空间隔开或错开花期的方式严格隔离。常规品种空间隔离，生产上以原种圃四周25 m内禁止种植其他小麦品种来实现；对于异交率较高的品种，可适当增加隔离距离。

种植要求：播种前搞好种子精选、晾晒和药剂处理。精细整地，合理施肥，适时播种，确保苗全、齐、匀、壮。管理措施要合理、及时和一致。稀播扩繁，行距20 ~ 25 cm，基本苗在8万 ~ 12万株/667 m^2 为宜。

工作内容：做好病虫害和杂草防治。在齐穗后、成熟前进行纯度鉴定，严格拔除杂株、弱株。在播种、收获、运输、晾晒和脱粒等过程中，严防机械混杂。收获种子妥善保存，防止霉变、虫蛀（GB/T 17317—1998）。

（2）两圃制

由于三圃制时间长，许多单位采用两圃制，即省去三圃制中的株系圃。两圃制的株行圃不单收单脱，而是严格去杂去劣，当选株行混合收获脱粒，直接种于原种圃生产原种。两圃制生产原种时间短，但由于省去了一次分系比较的机会，所获原种纯度不及三圃制好。两圃制适用于退化不严重的品种的提纯。对于退化严重的品种，采用三圃制的效果更好。

2. 大田用种种子生产

选地与隔离：同原种生产。

种植要求：根据原种产量和种子需求量确定种植面积。要求集中连片种植，种植区内不得随意种植其他品种。冬小麦一般每667 m^2 播量5 kg，基本苗10万株/667 m^2。其他管理同原种生产。

工作内容：做好病虫害和杂草防治。在苗期、抽穗和成熟阶段分别进行纯度鉴定，严格拔除杂株、弱株；在收获、运输、晾晒和脱粒等过程中，严防机械混杂，收获种子妥善保存。

3. 种子质量检验

各省（自治区、直辖市）、地、县各级种子管理部门根据GB/T 3543. 1 ~ 3543.7—1995《农作物种子检验规程》对种子进行检验，符合GB 4404. 1—2008标准的种子，才能按GB 20464—2006的相关规定进行包装、标注（表6-1）。

表 6-1　小麦原种和大田用种（良种）种子质量标准

单位：%

种子类别	纯度不低于	净度不低于	发芽率不低于	水分不高于
原种	99. 9	98. 0	85	13.0
大田用种	99.0	98.0	85	13.0

四、注意事项

① 正确认识田间杂株，误算错算漏算。
② 考查测量时标尺要一致，尽量减少测量误差。

五、实验结果与分析

3 人一组，调查同一小麦品种成熟期生产田、株行圃、株系圃、原种圃的杂株率，并在上述 4 种田块各取样 30 株，考察株高、穗长、穗型、芒型、护颖颜色和形状、粒形、粒色、籽粒饱满度和粒质，经统计分析，比较上述 4 种田块的田间纯度和性状变异度。

实验二　玉米杂交种生产

一、实验原理与目的

玉米是全球三大重要谷物之一，年产量已超过 8 亿 T，高于小麦（6.3 亿 T）与水稻（6.2 亿 T）。玉米由于适应性强，种植环境范围大于小麦和水稻，从北纬 58° 不间断地经过温带、亚热带和热带到南纬 40°，从海拔 0 m 到海拔 3800 m，从年降水量不到 25 cm 的地区到年降水量超过 102 cm 的地区都有栽培。玉米是雌雄同株异位的异花授粉作物，天然异交率一般在 99% 以上。生产上种植的品种类型，不到 10% 是异质杂合群体的自由授粉品种，90% 以上是杂种品种。杂种品种中，90% 以上是单交种，其余是双交种、三交种或综合种。

玉米雄花位于植株顶部的雄花序中，雌花位于茎秆中部的穗枝中。通常雄花比雌花早成熟。雄花与雌花成熟度差异的大小取决于基因型和开花期的环境条件。高温干旱引起的逆境加速雄花成熟而延迟雌花成熟。在 35 ~ 40 ℃的高温和水分胁迫的极端条件下，雄花不产生可育的配子，雌花花丝不能伸出接受花粉。雄花成熟时，花药从雄花序上的小穗中伸出，花粉通过花药顶端的细孔散出。雄花序上的花药伸出通常是在主轴的中上部开始，然后随着花序成熟逐渐向上和向下推移。花药伸出后，有的几分钟内就散粉，有的要经过较长的时间，取决于植株基因型和环境条件。对于一个雄花序，散粉可能只持续 1 ~ 2 d，或持续一周甚至更长，取决于基因型和环境。一个雄花序散出的花粉粒数目取决于基因型和植株的活力。杂交种比自交系散出的花粉多且持续的时间长。在正常的条件下，一个雄花序可以为每个雌配子产生 25 000 粒花粉。一天当中散粉的时间因基因型和环境而异。在没有露水的温暖日，太阳升起后 3 h 开始散粉，持续 1 ~ 3 h。如果上午气温低，散粉可能要延迟到中午并持续到几乎整个下午。花粉释放和飘散以后生活力可维持 3 ~ 5 h。

玉米单株具有产生多于 1 个雌穗（穗枝）的潜力，且品种之间单株产生穗枝的数目不同。由于过去的选择，顶部穗枝通常位于雄花序下的第 6 节或第 7 节上。顶部穗枝以下的每一个节都有 1 个侧芽，每个侧芽都有发育成 1 个穗枝的潜力，但通常只有顶部 2 个或 3 个穗枝发育。穗枝包括两个可见的构造：一是包裹着玉米穗的变态叶，通常称为苞叶；二是从玉米穗和苞叶顶端伸出的花丝。从玉米穗顶端伸出的花丝是有功能的柱头的延长物，一根花丝就是一个潜在的籽粒。抽丝顺序是从玉米穗的基部到顶部。抽丝通常晚于散粉，散粉与抽丝间隔天数取决于品种和花期环境条件。如果植株多于 1 个雌穗，顶部雌穗的抽丝比第 2 个或第 3 个雌穗早几个小时或 1 ~ 2 d。在气温凉爽和湿度较高的最适条件下，抽丝可在 2 ~ 3 d 内完成，并与散粉同时发生。在 35 ~ 40 ℃的高温和干旱胁迫的极端条件下，花丝生长停止，在散粉时间内无法受精。如果产生有活力的雌雄配子的条件得不到满足，成熟的雌穗要么没有籽粒，要么结的籽粒稀稀拉拉。结实率差可能是无活力的花粉或花丝导致的，也可能是散粉与抽丝时间同步性差异导致的。

通过本次实验，使同学们学习和掌握玉米一代单交种种子生产的关键技术，并了解玉米的种子质量标准。

二、器材与试剂

1. 实验用具

用于套雌穗隔离花粉的黄色羊皮纸小袋（20 cm × 11 cm）、用于套雄穗隔离花粉并在授粉后替换黄色纸袋套雌穗的白色羊皮纸大袋（40 cm × 22 cm）、回形针、普通剪刀、塑料挂牌、铅笔、记载本、橡皮筋、镊子、75% 酒精棉球、大尼龙袋（60 cm × 40 cm）（用于装拔出的雄穗）。

2. 实验材料

单交种制种田母本自交系顶叶抽出 2/3 的植株群体。

三、实验步骤

1. 玉米单交种种子生产技术

（1）制种基地的准备

玉米杂交种的制种基地要选择土质肥沃、排灌方便、旱涝保收且符合隔离条件的地块。制种田选茬以豆类茬、绿肥茬、麦茬、葱蒜茬、蔬菜茬为好。不宜选用 2 年以上重茬地、盐碱地、漏沙地、园林地种植。利用山沟、河流、村镇等自然屏障阻拦外来花粉的侵入；对空间隔离的，其距离严格控制在 500 m 以上，尤其隔离区地势较低或处于下风口时，必须增大距离（不得少于 1000 m）。

（2）播种前挑选和包衣亲本种子

制种亲本选用纯度在 98% 以上、发芽率高于 85% 的种子。播前将亲本种子进行严格挑选，选择粒大、饱满、无损伤的种子晒种 2 ~ 3 d，然后包衣，防治地下虫害，确保一播全苗。

（3）播种要求与父母本行比

一般每 667 m^2 母本保苗 7500 株左右为宜。株型紧凑、植株较矮的品种宜密植，否则宜稀植。播种时按宽、窄行开沟（宽行 72 cm，窄行 48 cm），深浅一致，株距一致，每穴 2 ~ 3 粒，种间布肥，种肥施尿素 75 kg/hm^2、磷酸二铵 150 kg/hm^2、硫酸钾 75 kg/hm^2，混匀施入，种、肥隔离，平耙覆土，均匀一致。地膜采取大、小行种植，大行宽 60 cm，小行宽 40 cm，株距 23 cm。露地采取等行种植，即行距 40 cm、株距 30 cm。为确保玉米制种花期相遇，延长授粉时间，父本应分两期播种，一期播 70 %，二期播 30 %，两期相差 7 d 以上，以点播形式为宜。玉米亲本芽鞘软，播种不宜过深，掌握在 5 cm 左右，黏土地浅一点，沙土地可适当深一点。耧播或机播，达到深浅一致。

父母本行比为 1 ∶ 6 较为合理。有些组合父本植株较大，花粉量大，父母本行比也可为 1 ∶ 8。播种时严禁错行、串行、漏行。

两亲本花期有较大差异时，父母本应错期播种。以母本吐丝期比父本散粉期早 1 ~ 3 d 为标准确定父母本播差期。

（4）定苗和肥水管理

地膜覆盖制种，在植株出苗 1 叶 1 心至 2 叶 1 心时应及时放苗，以防遇高温伤苗。间苗、定苗同时进行。露地播种 5 ~ 6 片叶时结合中耕开始定苗，母本去大、去小，留长势均匀一致的苗；父本留大、中、小 3 类苗，以延长授粉时间。根据父母本的生物学特征，定苗时拔除杂苗。如发现缺苗，切不可补种其他玉米，父本行可补种或移栽原父本的种子或幼苗，母本行一般不允许补种或移栽，以防止抽雄时间过长，影响去雄质量。

在水浇条件不太充足的情况下，植株长到喇叭口前期，结合浇水追尿素 300 ~ 375 kg/hm^2 或碳酸氢铵 600 ~ 750 kg/hm^2，以保证植株生长后期不脱肥。此时要搞好花期预测和调节，采取叶片计数比较法预测花期，母本比父本叶片多 1 ~ 2 片叶为花期相遇良好。根据预测结果，判断父母本花期不相遇时，可对父母本偏施肥水，调节花期。

（5）严格去杂去劣和彻底去雄

制种田要在苗期、拔节期、抽雄前期进行 3 次去杂去劣：①苗期去杂，结合间苗、定苗和中耕，根据父母本苗期特征严格细致去杂，母本留苗要大小一致，缺苗处可留双苗，一般不提倡补苗，父本留苗要大小不一，以延长散粉期。②拔节后(喇叭口时期)去杂去劣，根据双亲的株高、株型、叶色等特征细致、彻底、干净地拔除杂株。③抽雄散粉前，结合去雄，按照自交系的典型性状进行关键性的去杂去劣，一次性彻底清除杂株、矮小株、病劣株、异型株、双株，保证杂株花粉绝对不在隔离区内扩散。父本去杂依据父本雄穗的分枝数、花药颜色，做到逐株检查；母本去杂依据雌穗的花丝颜色进行。凡是杂株必须连根拔除。另外，收获后脱粒前仍可根据穗型、粒型、粒色、轴色等性状对母本果穗认真进行穗选，去除杂穗劣穗。

抽穗开花前彻底拔除母本的雄花序。在拔除时间上宜早勿迟，一般在母本顶叶抽出 2/3 时，即可连同顶叶甚至下一片叶一起拔除，常称“母本摸苞带叶去雄”，拔除的母本雄花序必须带出田间妥善处理。为了获得较高的制种产量，可进行人工辅助授粉。人工辅助授粉一般要求在每天上午 9: 00—10: 00 开始，11: 00—12: 00 结束。

（6）收获

玉米制种全生育期为 110 ~ 120 d。当玉米苞叶呈现黄白色、果穗柄微弯时应及时收获。成熟后父本与母本要严格分收分藏。收获时先收父本，隔 1 d 后再收母本，确保不混杂。采后将玉米果穗放在阳光下暴晒至种子松动时及时脱粒，注意不要损伤种胚。脱粒后再将种子晾晒，至含水量低于 13% 时包装储藏。母本上收获的种子就是杂交种，提供下一年大田种植。在生长期间严格去杂去劣的情况下，父本上收获的种子便是繁殖的父本，可供下一年制种时继续作父本使用。

2. 玉米种子质量检验

根据国家标准 GB 4404. 1—2008 检验种子质量（表 6–2）。

表 6–2　玉米种子质量国家标准（%）

品种类型	种子类别	品种纯度不低于	净度不低于	发芽率不低于	水分不高于
常规种	原种	99. 0	99.0	85	13.0
	大田用种	97.0	99.0	85	13.0
自交系	原种	99.9	99.0	80	13.0
	大田用种	99.0	99.0	80	13.0
单交种	大田用种	96. 0	99.0	85	13.0
双交种	大田用种	95.0	99.0	85	13.0
三交种	大田用种	95.0	99.0	85	13.0

四、注意事项

① 正确认识田间杂株，误拔错拔漏拔。

② 去掉的母本雄穗务必装入尼龙袋中并带出田外。

③ 授粉过程中严防其他花粉落入。

五、实验结果与分析

两人一组，每组在玉米单交种制种田采用“摸苞带叶去雄法”拔除 10 株母本自交系的雄花序，装入尼龙袋带出田外。沿父本自交系行走 30 m，将发现的杂株连根拔除，带出田外。将上述实验的过程和结果填入实验报告，连同套袋授粉种子一起交给实验指导老师。

实验三　芦笋种子生产

一、实验原理与目的

芦笋（*Asparagus Officinalis L.*）属百合科（*Liliaceae Juss*）天门冬属（*Asparagus L.*）多年生宿根性草本植物，别名石刁柏、龙须菜，雌雄异株，种植至今已有2000多年历史。其可食器官为嫩茎，具有极高的营养保健价值，含有多种氨基酸、黄酮类、皂苷类等活性成分以及微量元素，具有抗癌、提高机体免疫力、降血脂、抗衰老、抗疲劳、护肝等多种功效。

芦笋果实为浆果，呈球形，直径7～8 mm，由果皮、果肉、种子3部分组成。果实未成熟时呈绿色，成熟后为红色，有研究表明，野生果皮红色特征更明显，且所处生境纬度越高颜色越重。果实内有3室，每室可结1～2粒种子，不同果实内形成的种子数有所差异，这与品种、授粉条件、植株营养状况及植株倍性等有关。

种子呈黑色，坚硬而有光泽，略呈半球形或短卵形，稍有棱角；腹面以脐为偏中心，三棱较明显，放射状伸向边缘，不对称；背面光滑呈半球形，千粒质量20 g左右。种子由种皮、种脐、胚及胚乳4个部分组成。种皮革质坚硬致密，表皮细胞为厚壁组织，内层为薄壁组织，吸胀后不易剥离，发芽过程中不易腐烂；种脐是种子从果实的胎座上脱落后的痕迹；胚包埋在胚乳中，幼小瘦弱，与种子的纵径近于平行，萌发过程中胚根、胚芽、胚轴和子叶均由胚性细胞发育而形成；胚乳呈白色，吸胀后有一定的透明度，在种子萌发过程中为前期幼苗生长及建成提供营养物质。

通过本次实验，使同学们掌握芦笋亲本种子及杂交种种子生产技术。

二、器材与试剂

1. 实验用具

铅笔、标签、记载本、隔离纸袋、种子袋、大头针等。

2. 实验材料

亲本繁育田，杂交种制种田。

三、实验步骤

1. 亲本扩繁（组织培养扩繁）

（1）外植体

3 月中下旬，将田间取回的优良亲本嫩茎用 75% 酒精表面消毒 10 s，再用 0.1% 升汞消毒 10 min，然后用无菌水冲洗 4 ~ 5 遍，在无菌条件下取带 1 ~ 2 个鳞芽的茎段。

（2）诱导培养

截取的茎段采用 MS+0.1 mg/L NAA+0.2 mg/L 6–BA 配方诱导培养，培养室温度为（25 ±2）℃，光照强度为 4000 Lx 左右，光照时间为每天 15 h，诱导培养 20 d 左右，鳞芽处将诱导出基部膨大且完整的嫩芽。

（3）增殖培养

切取上述嫩芽 2 ~ 3 mm，采用 MS+0.1 mg/L NAA+0.2 mg/L 6–BA 配方增殖培养，培养条件同（2），增殖培养 25 d 左右。

（4）生根培养

继代培养 3 ~ 4 代以后，取 2 ~ 3 mm 长的茎尖，采用 MS+0.1 mg/L NAA+0.2 mg/L 6–BA+0.5 mg/L IAA+0.1 mg/L KT 配方生根培养，培养条件同（2），生根培养 50 d 左右。

（5）炼苗

当芦笋主根上长出许多白色、纤细的吸收根时，转移至半遮阴的自然光下锻炼，炼苗时每天揭开一点封口膜，让试管苗逐渐适应棚内生态条件，直到芦笋试管苗把封口膜顶起时（闭瓶炼苗 3 ~ 7 d），撤去封口膜，棚内温度保持 25 ℃左右，湿度 60% ~ 80%。当试管苗的茎叶由浅绿变为深绿、油亮时可以移栽到基质中。

（6）移植

选择光照弱的时候，洗去根系附着的培养基，选用 m（泥炭或园土）：m（蛭石）= 2：1 的基质，保湿移植到小拱棚中。

（7）移植后管理

移栽后初期以遮光保湿为主，移栽后第 1 ~ 2 周空气相对湿度保持 60% ~ 80%，第 3 周以后逐渐降低空气相对湿度，去掉薄膜，正常生长。活棵后管理同苗期管理，7 月底 8 月初新芽萌发即可定植于繁种田。

（8）壮苗标准

株高 15 ~ 20 cm，单株成茎数 2 ~ 3 个，茎粗 0. 15 cm 以上。

2. 芦笋杂交种种子生产

（1）建立繁种田

根据品种更新计划制定繁种计划，芦笋繁种田可以连续采收 10 ~ 15 年。

（2）隔离

在繁种田周围 1000 m 之内，不设芦笋栽培田。

（3）亲本配置

按株距 100 cm 将芦笋苗带土移植，种植深度 20 ~ 25 cm，稍作压实，浇水后盖土 5 ~ 6 cm。移栽时，按 N（父）：N（母）= 1 : 4 的比例定植。

（4）繁种田管理

① 肥水管理。第 1 年定植后至入冬前，每亩 2.5 ~ 4 kg 尿素兑水追肥 1 次。冬天结合清园追施一次基肥，每亩施复合肥 30 ~ 50 kg，腐熟有机肥 3000 kg。第 2 年起，每年种子采收后，冬天结合清园追施一次基肥，每亩施复合肥 30 ~ 50 kg，腐熟有机肥 3000 kg。多雨季节，四周开好排水沟，及时排除积水，注意病虫害的防治。

② 除草培土。采用人工除草，每次除草后，培土 1 ~ 2 cm，逐步增加覆土高度，至 10 ~ 15 cm 为止。

③ 整枝。第 1 年以培育壮苗为目标，不许采笋，根据苗子长势适时追肥浇水培育壮株。第 2 年起，春季出笋后每株保留先发的 20 ~ 30 支健壮的茎秆，其余的适当采收上市。

（5）采种

浆果变红时分批采收。发酵后熟后选择晴天，用清水漂去果梗、果皮、果肉、瘪粒等杂物，捞出后摊在纱网上晾晒直至充分干燥。

（6）清园

每年采种后茎叶完全干枯时清园，拧茎拔除，将残留的地上茎杆彻底拔净，清扫残枝落叶，带出田块集中处理。

（7）种子质量

发芽率不低于 85%，纯度不低于 96%，水分不高于 8% ~ 10%，净度不低于 99%。

（8）种子包装与贮藏

种子经检验合格后用马口铁罐、铜版纸袋、聚乙烯塑料袋或铝箔袋包装，标明产地、生产日期和质量标准后 0 ~ 4 ℃条件下贮藏。

四、注意事项

① 组培扩繁移植的时候一定要尽量洗净培养基中残留的琼脂，不然容易滋生细菌。

② 杂交种种子生产整枝时不适合留太多的茎，以免通风透光不好。

五、实验结果与分析

每人操作 1 ~ 2 瓶组培扩繁苗，直至炼苗。

实验四　萝卜种子生产

一、实验原理与目的

萝卜为复总状花序，无限生长型。萝卜花序一般可分为主枝、一级侧枝、二级侧枝，少数也萌生三级侧枝。开花顺序是先主枝、后中上部侧枝，再逐渐向下各级侧枝，每个枝开花顺序是由下向上，花期一般为30 ~ 40 d，授粉最适温度为25 ~ 28 ℃。开花早晚与品种春化特性有关，对春化条件要求不严格的早熟品种，花期短；对春化条件要求严格的品种抽薹开花晚，花期长。萝卜花序各级侧枝的花量常因品种和种株的生长势而异，一般来说，一级侧枝的花数较多，是结籽的主要部位。

萝卜是十字花科（*Cruciferae*）典型的异花授粉作物，杂种优势非常明显，产量、品质、抗逆性、储运性、整齐度等性状优于亲本。萝卜一代杂种可以通过自交不亲和系与自交系、自交不亲和系与自交不亲和系、雄性不育系与自交系杂交等多种方式获得。与自交不亲和系相比，利用核质互作雄性不育系（CMS）配制杂交组合，可以克服人工蕾期授粉繁殖亲本成本高、长期连续自交生活力易衰退、杂交率易受留种环境制约等缺陷。利用萝卜CMS配制一代杂种较为普遍，目前萝卜生产上应用的种子多数为F_1杂交种。萝卜生产优质一代杂种的方法主要有大株制种与小株制种。

通过本次实验，使学生掌握萝卜（*Raphanus sativus L.*）的生长特性和开花习性，掌握萝卜亲本繁育和杂交种生产的方法及关键技术，了解萝卜亲本和杂交种的种子质量标准。

二、器材与试剂

1. 实验用具

铅笔、标签、记载本、隔离纸袋、种子袋、大头针等。

2. 实验场地及材料

不育系繁育田、保持系繁育田、恢复系/父本系繁育田，杂交种制种田中的亲本系。

三、实验步骤

1. 亲本繁殖

生产上使用的品种有常规品种、利用自交不亲和系或雄性不育系配制的一代杂交种。常规品种和杂交种亲本原种生产用育种家种子直接繁殖。无育种家种子时，可视其原种混杂退化程度，采用单株混合选择法或母系选择法生产原种。

（1）采种方式

为便于种株选择和保持种性，一般采用成株（大株）、半成株（中株）采种。

（2）秋季种株培育

①适期晚播，合理密植。原种繁殖比一般菜用萝卜生产田晚播 10 ~ 15 d，密度大一些。根据不同品种的特点，掌握在收获（储藏）时品种特征特性能够表现出来且便于种株选择的密度为宜。一般秋萝卜密度为每 667 m^2 定苗 5000 ~ 5500 株。

②秋季种株田的管理。要及时间苗、定苗。水肥管理要适中，既要使种株特征特性表现出来便于选择，又不能使肉质根过大而不利于冬储。一般来讲，苗期要小水勤浇以降低地温，防止病毒病发生；肉质根膨大期要保证水肥供应；后期不能缺水以防止糠心；收获前几天停止浇水，注意防治病虫害。

（3）种株选择

苗期要观察叶型、叶柄和胚轴颜色，结合间苗严格去杂。在收获时，先观察叶簇、叶型、叶色、叶梗及叶面特征，严格去杂；然后拔出萝卜，观察肉质根形状、皮色等特征，再严格去杂去劣；出窖（定植）时，淘汰糠心萝卜、过早抽薹的种株；抽薹开花期要观察薹茎和花的颜色，严格去杂。自交不亲和系做亲和指数测定，雄性不育系进行育性观察。

（4）种株越冬储藏

霜降后至立冬前，将入选的种株拔起，稍晾晒切去叶簇，进入冬储。多用沟埋藏，也可窖藏，温度保持在 1 ~ 2 ℃，既不能受冻也不能受热；南方冬季高于 -2 ℃地区，可以进行冬前定植。

（5）春季定植采种

①选好地块注意隔离。选择排灌方便的地块，空间隔离距离 2000 m 以上，也可用纱网等器械隔离。主要是对不同类型、不同品种、不同亲本的萝卜花粉进行严格隔离。

②适期定植，合理密植。一般保护地（塑料大棚、日光温室等）采种在 2 月中旬定植。露地采种在 3 月上、中旬定植（有防寒措施可适当早定植）。密度要根据品种、地力、采种方式确定，一般成株采种每 667 m^2 定植 2000 ~ 2500 株，半成株采种每 667 m^2 定植 3000 株左右。

③定植方式。常规品种、自交系繁殖定植方式同一般采种田。自交不亲和系繁殖时，父母本应分开单独隔离，常采用蕾期授粉或盐水喷洒等方法繁殖。为便于人工剥

蕾授粉，一般采用宽行 120 cm、窄行 33 cm 进行定植，株距 33 cm 左右。

④雄性不育系繁殖：将雄性不育系及其保持系定植到不育系繁殖隔离区内，不育系与一代杂种父本定植到另一隔离区（一代杂种制种区），隔离距离一般为 1500 m 以上。父母本配比为 1∶（4～5）。

⑤人工辅助授粉。常规品种、自交系、不育系繁殖时在空间隔离区内自然授粉，纱网等器械隔离采用人工辅助授粉。自交不亲和系繁殖时，对于一些亲和指数较小的一代杂种父本，需在尼龙纱网罩内进行人工蕾期授粉。剥蕾授粉以上午 9:00—11:30 和下午 3:00—5:00 为好，严防生物学混杂。

人工辅助授粉一般选用主茎或一级、二级分枝上的花。若自交，待袋内花朵开放后在柱头上授上本株当天开放花朵内的花粉；若进行杂交，则在蕾期剥开花蕾露出柱头再授父本花粉，授粉后挂牌并记录。

⑥采种地田间管理。定植初期，主要是提高地温，促使根系发育，水不宜大，土壤潮润即可。开花结荚期要有充足的水肥供应，注意追施磷、钾肥。保护地温度白天 25 ℃左右，夜间不低于 10 ℃，当外界气温合适时，要及时拆除保护物。种荚成熟期逐渐减少浇水。

⑦不育系繁殖区，花期结束后割去保持系，利于通风透光。及时防治病虫害，在临开花前根治蜡虫，尽量避免花期打药；打药应在傍晚进行，避免杀死传粉昆虫；放蜂传粉有利于提高种子产量；必要时设立支架防倒伏。

⑧适时采收。角果黄熟时就要及时采收。萝卜种子不经后熟不易脱粒。一般晾干后熟一周为宜。种子脱粒时应避免损坏种皮。种子晒干后须加工精选。不同亲本材料上的种子收获时一定要按系收获，分开脱粒，分开储藏，严防机械混杂。

2. 一代杂种种子生产

萝卜一代杂种可以通过自交不亲和系与自交系、自交不亲和系与自交不亲和系、雄性不育系与自交系间杂交等多种方式获得。利用萝卜雄性不育系配制一代杂种较为普遍，具有遗传稳定、杂交率高、杂种优势强、亲本保纯及杂种生产操作简便等优点。利用萝卜胞质雄性不育系生产优质一代杂种的方法主要有大株制种与小株制种。

（1）大株制种法

①优良亲本系的培育。亲本有雄性不育系、保持系及一代杂种的父本系（自交系）。培育壮苗是提高产量、生产优质良种的关键措施。第 1 年秋天将 3 个亲本系分区播种。为了获得生活力较强的种株，避开苗期的高温多雨及病虫害，播种期可比大田生产稍晚。南京地区多为 9 月 5—30 日，黄淮地区 9 月 1—20 日。播种密度比生产上稍高。土地耕作及种株肥水管理同常规。初冬严霜来临前及时收获，根据品种典型特征特性，坚持高标准，严格选择具典型性状的材料作为种株，同时肉质根要皮光、色鲜、根痕小、肉质密致、不空心、叶簇相对较小、全株无病虫伤害。不同亲本材料应分别收获。

②种株冬季管理。严霜来临，肉质根充分膨大时即可进行冬储。储藏时注意不可碰伤肉质根。南方地区一般浅窖冬储或露地种植（适当覆盖），浅窖宽 1 ~ 1.5 m，长度视材料多少而定，一般 1.5 ~ 2 m 为好，深 0.3 m 左右。黄淮地区冬天气温较低，采用深窖冬储，长宽视品种材料多少而定，深 1 m 左右。储藏期间要注意通气，视天气翻窖 1 ~ 2 次。

冬季不太寒冷的地区，为避免窖储费工费时，可采用冬前定植的方式。定植前对种株进行一次严格挑选。选择具备良好隔离条件（与其他类型萝卜材料至少应 1000 m 以上）、地势较高、肥力充足、排灌方便的田块进行定植。定植前田块应施足基肥，种株叶子应略加整理，通常留叶 3 ~ 5 cm 高，注意一定不可伤及生长点。定植密度可因品种而异，夏秋萝卜中型品种行距（50 ~ 60）cm ×（50 ~ 60）cm，秋冬萝卜大型品种行距可略大，定植时应用土稍加压实。

③早春定植与田间管理。早春将亲本肉质根再次选优去杂，去除病株和烂株，选生长点完好的萝卜定植于制种田。注意不可碰伤肉质根。将雄性不育系及其保持系定植到不育系繁殖隔离区内，不育系与父本系定植到另一隔离区（制种区），隔离距离一般为 1500 m 以上。父母本配比为 1∶（4 ~ 5）。当气温回升，种株恢复生长，对养分需求量大时，要重施肥水，促使种株多发枝、发壮枝。每 667 m^2 可施复合肥 30 ~ 45 kg。初花期为了促使籽粒壮实饱满，要追施化肥。还可用 0.2% 硼肥、0.3% 磷酸二氢钾或 1% 过磷酸钙进行根外追肥并适当浇水。开花后期应保持适当少浇水，以促进早熟，增加粒重。开花期病虫害防治极为重要。病害主要有菌核病、霜霉病等，应以预防为主，结合轮作、选种、高畦栽培及合理密植等栽培技术进行防治。虫害主要有蚜虫、菜青虫、小菜蛾及潜叶蝇等，可用乐果、敌敌畏或 50% 甲霜灵等 400 ~ 800 倍液喷透喷匀，尤其是弱虫防治必须彻底。

④育性调查与调整花期。在不育系繁殖区与制种隔离区内，开花初期应及时对不育系母本进行育性调查，尤其是不育系繁殖区母本行内，严格拔除有花粉植株。制种前，应充分了解组合父母本开花习性，使杂交一代萝卜父母本花期基本相遇。但由于遗传性与年度间气候差异，仍有可能出现花期不遇现象，必要时可对抽薹过早的亲本实行摘心，即摘去植株主薹花，从而延迟该亲本花期，促使下部侧枝萌发，起到调整花期的作用。也可通过改变播期、定植期、保护地栽培、春化处理来调整花期。

⑤适时采收。角果黄熟时就要抢晴天收割以防霉烂。萝卜种子不经后熟不易脱粒。一般晾干后熟一周为宜。后熟切忌暴晒，以免烧坏种子，降低发芽力。种子脱粒时应避免损坏种皮。种子晒干后须加工精选，严防机械混杂。

（2）小株制种法

①露地春播制种。一般在早春地化冻后进行，采用拱棚地膜可以适当提前。制种田选用肥水状况、隔离条件良好的地块。父母本株行比 1 ：（4 ~ 5）。确保双亲花期相遇。肥水管理方面应注意前期晚浇水提高地温，定苗后及时追肥浇水，开花期不断增

施肥水，末花期应少追肥浇水，促使种荚早成熟。

②春育苗移栽制种。春育苗可在阳畦、日光温室或塑料棚内进行。父母本分床播种，播种量父母本比例为1:(4～5)。定植时覆盖地膜可提早抽薹开花，延长结荚期，有利于种子产量和质量的提高。

3. 种子质量检验

根据《中华人民共和国国家标准——蔬菜种子》(GB 8079—1987)，萝卜种子质量分级标准如表6-3所示。

表6-3　萝卜种子质量标准

单位：%

<table>
<tr><th>种子级别</th><th>纯度不低于</th><th>净度不低于</th><th>发芽率不低于</th><th>水分不高于</th></tr>
<tr><td>原种</td><td>98</td><td>99</td><td>98</td><td rowspan="4">8</td></tr>
<tr><td>一级良种</td><td>95</td><td>98</td><td>98</td></tr>
<tr><td>二级良种</td><td>90</td><td>97</td><td>96</td></tr>
<tr><td>三级良种</td><td>85</td><td>95</td><td>94</td></tr>
</table>

四、注意事项

① 萝卜种株储藏时，应选择质密、皮厚和含糖分、水分较多的萝卜种株。

② 储藏过程中，要时刻关注储藏温度和湿度，确保温湿度适宜。

五、实验结果与分析

① 3人一组，选择30个萝卜种株，切去叶簇；全班选择的种株集中储藏在一个浅窖内越冬。描述亲身体验的种株选择过程和浅窖储藏操作技术。

② 简述萝卜杂交种“三系”配套的技术要点及其应用。大株制种和小株制种各有什么优缺点？

实验五　番茄种子生产

一、实验原理与目的

番茄为自花授粉作物，完全花，花冠黄色，花器由花梗、花萼、花瓣、雄蕊、雌蕊组成。花萼、花瓣及雄蕊通常 5 ~ 7 枚，雄蕊花药长，聚合呈筒状，花丝短；雌蕊位于药筒中央，容易保证自花授粉。也有少数花朵的花柱较长，露在药筒外面，天然异交率较高，不宜作杂交用。

番茄花序一般有总状、复总状及不规则花序 3 种，因品种不同而异。一个花序有 4 ~ 10 朵花，小果品种花数更多。小花的花柄和花梗连接处有离层，条件不适合时易落花落果。植株每隔 1 ~ 3 个叶片着生一个花序。生长习性分为无限生长型与有限生长型（自封顶类型），无限生长型植株不断向上生长，不断开花结果；有限生长型一般每个枝 2 ~ 4 个花序后封顶，这类品种分枝能力强，可利用侧枝多开花多结果。

番茄开花顺序是花序基部花先开，顺次向上陆续开放。通常第一花序花尚未开完，第二花序的花开始开放。番茄花芽分化在播种后 25 ~ 30 d，当幼苗出现 2 ~ 3 片真叶时开始第一花序分化，34 ~ 38 d 进行第二花序的分化。番茄的花开放后经过 1 ~ 2 d 花冠变为深黄色的同时，花药开裂，散出花粉。这时柱头迅速伸长，并分泌出大量黏液，此时为授粉的最佳时期。雌蕊受精能力一般可保持 4 ~ 8 d，并在花药开裂前 2 d 已经具有受精能力。

番茄的开花结果与环境条件密切相关。晴天比阴天开花多，每天 4: 00—8: 00 开花最多，下午 2: 00 以后就很少开花。开花时间可持续 3 ~ 4 d。授粉后，花粉管到达子房所需时间由花柱长短及温度条件决定。授粉后 24 h，受精率可达 30% ~ 40%，一般需 50 h 完成受精。番茄是喜温性蔬菜，生长发育适温为 15 ~ 29 ℃，最适温为 22 ~ 26 ℃。花粉发芽最适温度在 23 ~ 26 ℃。在干燥条件下，花粉生活力可保持 4 ~ 5 d。正常情况下，番茄开花前 1 d 授粉结实率为 45% ~ 50%，开花当天为 65% ~ 70%，开花后 1 d 与开花当天相近。低温与高温均易导致番茄的落花和落果。授粉后子房膨大形成果实。从授粉到果实成熟需 40 ~ 60 d。果实为多汁浆果，有圆球形、扁圆形、椭圆形、长圆形及洋梨形等多种形状。果实成熟呈红色、粉红色、黄色。采种用的果实，到完熟时种子才饱满，种子千粒重 3.0 ~ 3.3 g。

通过本次实验，使学生掌握番茄的开花习性及番茄亲本繁育和杂交种生产的关键技术，了解番茄亲本和杂交种的种子质量标准。

二、器材与试剂

1. 实验用具

镊子、铅笔、塑料挂牌标签、记载本、种子袋、回形针、酒精棉球等。

2. 实验材料

母本系、父本系、杂交种制种田中的母本与父本。

三、实验步骤

1. 番茄原种生产

（1）隔离

番茄为自花授粉作物，但仍有 2% ~ 4% 的天然异交率。为了保证种子遗传纯度，在原种与亲本系生产时隔离距离要求 100 ~ 300 m。大田用种生产，隔离距离在 50 m 以上，品种整齐度下降时可采用单株选择法或混合选择法进行提纯。

（2）培育适龄壮苗

①种子处理。用 55 ℃热水温汤浸种，6 ~ 8 min 后捞出种子，用 10% 磷酸三钠浸泡 30 min（杀死病毒），再用清水浸泡 4 h 左右；必要时放入 100 倍福尔马林溶液中浸泡 10 ~ 15 min（杀死真菌）。消毒完成后，用清水反复清洗，用纱布包好捞出种子。

②催芽。将处理好的种子置于 25 ℃左右恒温条件下，催芽至露白。

③培育壮苗。将催芽后的种子混入适量细沙，均匀散播于苗床，覆土 0.5 cm 并加盖其他覆盖物，出苗后注意通风和光照。当苗龄 40 ~ 50 d、幼苗达 2 ~ 3 片真叶时，如果密度过大，应进行分苗。一般采用阳畦或小拱棚或大棚育苗。

（3）定植

在无保护条件下，当地晚霜过后，地温稳定在 10 ℃以上时便可定植。北方地区多畦栽，每畦两行，行距 45 ~ 50 cm，株距 35 cm，定植深度以子叶与地面相平为宜。

（4）采种田管理

定植一周后，灌一次小水并及时中耕，促进新根形成和生长。在第一个果实坐果后，追施三元复合肥 30 kg/667 m^2，及时中耕浇水，保持土壤见干见湿。必要时应采取植株调整措施，如搭架、绑蔓、整枝、打杈、摘叶、疏花疏果等。此外，应及时防治病虫害。

（5）种果采收及处理

当种子达到生理成熟后及时采收种果，早熟品种约在开花后 45 ~ 50 d；中晚熟品种约在开花后 56 ~ 60 d。应选择生长健壮、无病害或病害较轻的植株留种。第一果及后期结的果实发育不良，不宜留种，以第二、第三节上的果为好。种果采收后，放置待后熟 3 ~ 5 d 再取种。取种方法是将种果用小刀切开或用手掰开，把果肉连同种子一起挤入非金属容器内，然后在 25 ~ 35 ℃下发酵 1 ~ 2 d，每 3 ~ 4 h 搅拌一次，待上部果液澄清后，种子沉到缸底，用手抓有沙沙的爽手感则表明发酵已完成。将上部液体倒掉，用清水冲洗种子数遍，捞出在散射光下晾干即可。

2. 番茄一代杂交种子生产技术

番茄一代杂交种子的生产目前主要采用人工杂交制种，在隔离、育苗、田间管理和采种等方面与原种、父母本生产的要求基本相同，但应注意父母本比例、花期调整、适时去雄、采粉与授粉等关键环节。

（1）父母本种植比例与花期调整

①父母本比例。番茄杂交制种时父本、母本植株的行比因品种而异，总的原则是保证父本花粉够用为宜。如果父本是无限生长类型，父母本比例为 1∶（7 ~ 8）；如果父本是有限生长类型，则父母本比例应为 1∶（4 ~ 5）。

②播期调节。原则上以父本比母本开花早 5 d 为宜，以便于采集花粉。如果父、母本花期基本一致，则可同期播种育苗，或将父本提前几天播种育苗；如果双亲始花期有明显差异，则可通过调整育苗期、控制温度条件、肥水促控等办法，促成双亲花期相遇。

（2）适时去雄

一般选用第二、第三花序基部的 4 ~ 5 朵花进行去雄。去雄时间以花冠稍超出萼片、颜色由绿变黄而花瓣尚未展开之前，选择花药呈黄绿色尚未开始散粉，即将于次日开花的花蕾进行去雄。去雄时先将花序上开放花和先端发育不好的小花蕾从基部剪掉，然后用左手拇指和食指轻轻夹住花基部，右手持镊子拨开花瓣，露出花药筒，把镊子从花药筒基部的浅沟插入，把花药筒撑开，镊尖夹住花药将其雄蕊全部摘除，或连同花瓣一起剥掉。

（3）采粉与授粉

①花粉采集。去掉雄蕊的花蕾经过 1 ~ 2 d 即可成熟，此时授粉结实率最高。采集花粉时，应从父本行中生长正常的植株上采集花粉。采集时父本应处在盛花期，而且以当天开放的花朵为最优。可于上午露水干后进行采摘或采集，把父本的花朵整个摘下带回室内，置于通风干燥处晾干，几小时后花药即可散粉，此时用镊子夹住花朵轻轻振动，使花粉落入培养皿内。每次采集的花粉可以使用 1 ~ 2 d，尽量使用当天的新鲜花粉。大量杂交制种时，可于前一天傍晚或当日清晨将欲开的花和初开的花摘下，放入洁净的容器内，再放入底部有干燥剂（如硅胶、氯化钙）或生石灰的密闭容器内。几小时后，将花药开裂的花朵拿出振动使花粉散出，将花粉集中起来过 300 目筛子，装入棕色磨口瓶内备用。也可以用电动采粉器采粉，将采粉器的震动针向上插入父本的花药筒中振动花朵，花粉会自动落入容器内，所采集到的花粉最好当天用完。

②授粉。以左手拇指和食指持花，右手持授粉器（如橡皮头、玻璃授粉器等）将花粉授于柱头上。大量杂交制种时，可将花粉装入带有胶囊的玻璃滴管内，滴管的尖端对准柱头，手压胶囊使花粉喷落在柱头上。授粉后应做好标记，最常见的方法是去掉2个萼片。授粉工作全部结束后，应对制种株进行2～3次检查，及时摘除多余的或新萌发的侧枝，以及未去雄的花朵或幼果。

（4）田间管理和采种

基本上同原种生产。为防止落花落果，要在高温时灌溉降温。加强肥水管理；及时进行植株调整，如搭架、绑蔓、整枝、打杈、摘叶、疏花疏果等。此外，应及时防治病虫害。

（5）病虫害防治

定植前后各喷一次NS83增抗剂100倍液，促使番茄耐病、增产。发病初期喷洒1.5%植病灵乳剂1000倍液，同时结合喷药叶面喷施1%硝酸钾以提高植株抗病性。高温干旱时应及时喷药防蚜虫，预防TMV侵染。可选用20%菊马乳油2000倍液或50%抗蚜威可湿性粉剂。

3. 种子质量检验

根据《瓜菜作物种子第3部分：茄果类》（GB 16715.3—2010），番茄种子质量分级标准见表6-4。

表6-4　番茄种子质量标准

单位：%

种子类别		品种纯度不低于	净度不低于	发芽率不低于	水分不高于
常规种	原种	99.0	98	85	7.0
	大田用种	95.0	98	85	7.0
亲本	原种	99.9	98	85	7.0
	大田用种	99.0	98	85	7.0
杂交种	大田用种	96.0	98	85	7.0

四、注意事项

① 去雄过程中千万不能碰伤子房或折断柱头，同时还要把花药全部摘净；如果不小心将花药夹破，则此朵花必须全部摘除。

② 种果采后过程中要严防机械混杂。

五、实验结果与分析

① 3 人一组，每组人工去雄、人工授粉 30 朵番茄花并做好标记，成熟时采收杂交果，取出杂交种，晾干，连同实验报告一起交给实验指导老师。

② 简述番茄一代杂交种种子生产过程中技术要点。如何保证番茄种子质量和产量?

实验六　三倍体无籽西瓜种子生产

一、实验原理与目的

西瓜是人们最喜欢的生食瓜类之一。西瓜一般为雌雄同株异花作物，也有部分为两性花，这种两性花雌蕊和雄蕊都有正常生殖能力，在杂交制种时必须去雄，以防自交。西瓜花冠黄色，上分 5 毛，合于同一花筒上；花萼 5 片，绿色；雌蕊位于花冠基部，柱头宽度 4 ~ 5 mm，上有许多细毛，柱头先端为三裂，与子房内心皮数相同；子房下位，雌花出现时即可见花冠下有与将来成熟果实同形的子房，其形状和花纹与其后形成的果实相关。形状不正和较小的子房坐果率低且发育不良，在授粉杂交时应当舍弃不用。雌雄花都有蜜腺，是虫媒花。

三倍体无籽西瓜是多倍性水平上的杂种一代，是四倍体西瓜与二倍体西瓜的杂种一代。由于其自身不能结子或所结种子不育，所以必须年年制种。通过本次实验，使同学们了解西瓜的开花习性，学习和掌握三倍体无籽西瓜种子生产技术。

二、器材与试剂

1. 实验用具

种子袋、剪刀、纸牌、插地牌、笔记本、铅笔、记号笔、卷尺、回形针、酒精棉球等。

2. 实验材料

西瓜种子或刚出土不久的幼苗，杂交种制种田中的母本与父本，二倍体西瓜、四倍体西瓜、三倍体无籽西瓜果实及植株。

三、实验步骤

1. 四倍体西瓜的人工诱变技术

四倍体的获得通常是用人工的方法把二倍体西瓜的染色体加倍来实现的。最常用的方法是用秋水仙碱处理西瓜的种子或刚出土不久的幼苗，其中以处理幼苗效果最佳。使用浓度一般为 0.2% ~ 0.4%。在幼苗出土不久，两片子叶的开张度为 30° 时开始用药液点滴生长点。为防止药液很快蒸发，可在两片子叶间夹一小块脱脂棉。每天点滴 1 ~ 2 次，连续点滴 4 d。植物的生长点有 3 层分裂旺盛的细胞层，它们将分化成不同的组织和器官。处理的目的是得到完全多倍性，即全部组织的细胞染色体均被加倍。

2. 选用四倍体作母本

无籽西瓜的采种量低，只有准备足够数量的父母本纯种，才能保证配制到足够数量的无籽西瓜种子。因此尽量选择采种量高的品种。此外，在高配合力的杂交组合中，只能用四倍体作母本，反交不能结出饱满有生活力的种子。对于四倍体亲本在品质好、坐果率高、种子小、单瓜种子含量多的基础上，尽可能选用具有某种可作为标记性状的隐性遗传性状的亲本，如浅绿果皮、黄叶脉、全缘叶（板叶）、主蔓不分枝（无杈）等。

3. 选择合适的父母本种植比例。

四倍体西瓜茎粗、节间短、分枝性弱，坐果稳不易徒长，故应适当增加密度，要求父母本总密度为每公顷 0.9 万 ~ 1.0 万株。进行无籽西瓜的种子生产时，若主要是依靠昆虫传粉、人工辅助的方式，在田间父母本的比例应为 1：（3 ~ 4）较好。在边行种植二倍体父本品种，以利于授粉。若生产中主要运用人工授粉的方式制种，父母本的比例可达 1：10，父本可靠集中种植在母本田的一侧，便于集中采集花粉。

4. 无籽西瓜的采种

无籽西瓜的种子发芽率低于普通二倍体西瓜种子，故在采种技术上应注意提高其发芽率。首先，种瓜必须充分成熟才能采摘，三倍体种瓜一般需 35 d 左右才能充分成熟，积温约为 900 ℃。其次，种瓜采种时不进行发酵处理无籽西瓜种子，进行发酵处理会降低发芽率。最后，采摘时，应选择生长健壮、无病虫害植株上的瓜留种。

5. 三倍体西瓜的鉴别

生产上所优选出的四倍体和二倍体的组合，其二倍体一般是具有和三倍体母本相对应的显性标记性状，如花皮或深绿色果皮、绿叶脉、深裂叶、分杈型等，这使自然授粉法生产三倍体种子时，能够分辨出三倍体和四倍体植株或果实，即具有了父本显性性状的果实里的种子才是已经杂交上的种子。

四、注意事项

① 注意无籽西瓜的采收时间和三倍体西瓜的准确鉴别。

② 人工诱导四倍体时要精准控制秋水仙素的浓度，以防诱变失败。

五、实验结果与分析

① 根据观察结果，记录不同倍型西瓜植株的差异（表 6-5）。

表 6-5 不同倍型西瓜植株差异

器官＼品种	二倍体	四倍体	三倍体
根			
茎			
叶			
花			
果实			
种子			

② 根据对不同倍型西瓜植株气孔观察结果和花粉观察结果，完成表 6-6。

表 6-6 不同倍型西瓜植株气孔和花粉观察结果

品种	二倍体	四倍体	三倍体
气孔数量 /（个 /cm^2）			
花粉直径 /μm			

实验七　黄瓜种子生产

一、实验原理与目的

黄瓜（*cucumber*）又名胡瓜，为葫芦科（*Curcurbitaceae*）甜瓜属（*Cucumis*）一年生草本蔓生攀缘植物。黄瓜是异花授粉作物，单性花，雌雄同株异花（偶尔出现两性花），有蜜腺，虫媒花，自然异交率53%～76%。花冠钟形黄色，5裂，雄花有雄蕊5枚，雄蕊合抱在花柱周围，花药侧裂散出花粉；雌花的柱头较短，柱头三裂，子房下位，多为3室，侧膜胎座。

黄瓜杂种优势明显，一代杂种具有明显的产量和抗病优势，目前推广的黄瓜品种基本上都是利用优势育种培育出的F1杂种。目前，多采用人工杂交法或雌性系杂交法生产一代杂种种子。

利用人工杂交法进行黄瓜一代杂交种种子生产，主要涉及母本系与父本系。通常用于制种的母本与父本均为优良自交系，要求综合性状突出，配合力高。母本系的雌花留瓜时，须清除雄花，因此，通常利用人工杂交法进行的一代杂种种子生产必须人工去雄和授粉。为节省制种成本，可以利用雌性系。黄瓜雌性系是指植株只有雌花或绝大多数是雌花，而无雄花或仅少数雄花的稳定遗传品系。利用雌性系作为母本进行黄瓜一代杂交种种子生产，可以省去人工去雄，从而降低杂交种种子生产成本。

通过本次实验，使同学们掌握黄瓜的生长习性和开花习性，掌握黄瓜亲本种子生产和杂交种种子生产的关键技术，同时了解黄瓜亲本和杂交种的种子质量标准。

二、器材与试剂

1. 实验用具

铅笔、标签、记载本、授粉器、包扎绳、种子袋。

2. 实验场地及材料

母本系繁育田、父本系繁育田，杂交种制种田中的亲本系。

三、实验步骤

1. 亲本繁殖

生产上使用的品种有常规品种，以及利用自交系或雌性系配制的一代杂交种。原种（常规品种和杂交种亲本）生产用育种家种子直接繁殖。无育种家种子时，可视其原种混杂退化程度，采用单株混合选择法生产原种。黄瓜露地亲本原种要求隔离距离在 1000 m 以上；保护地栽培采用网棚隔离。

（1）培育壮苗

在早春用阳畦育苗，播前用 55 ℃温水烫种 8 ~ 10 min，然后 30 ℃温水浸泡 5 ~ 6 h，让种子吸足水分。播后覆土 1 ~ 2 cm，白天保持在 25 ~ 35 ℃，夜间保持在 15 ~ 18 ℃。苗龄 35 ~ 40 d。定植前 1 周进行炼苗。壮苗标准为子叶、真叶肥大浓绿；叶柄短，节间短，茎粗壮；根系发达集中，无病虫害，3 叶一心或 4 叶一心。培育壮苗是提高黄瓜种子产量的关键。

（2）定植与采种田管理

采种田要防止重茬，多施有机肥并深耕；注意栽后适量灌水；定植密度为 3000 ~ 4000 株 /667 m^2。定植后缓苗期 5 ~ 7 d，如果干旱则浇一次缓苗水并及时中耕。生长前期应少浇水，后期结合追肥灌水，在生长旺期每 5 ~ 7 d 浇水一次。在主蔓 30 cm 时搭架，及时绑蔓。采种田一般不留根瓜，要及时去掉。瓜型大的每株留 2 ~ 3 个瓜，瓜型小的每株留 3 ~ 5 个瓜。应及时防治枯萎病和炭疽病、霜霉病。

（3）去杂授粉

依据本品种典型性状，如株态和瓜形、刺瘤、皮色、条纹等主要特征进行去杂。从苗期开始就要去杂去劣，尤其是第一雌花坐瓜后进行严格检查。必要时进行人工辅助授粉，在开花当天上午取下雄花，用花药在雌蕊柱头上轻轻摩擦。

（4）采瓜留种

达到生理成熟时及时采瓜，淘汰畸形、烂瓜及病瓜后，让种瓜后熟 7 ~ 10 d。然后用刀剖瓜为两半，将种子连同瓜瓤一起掏出，放入缸内发酵，大部分种子与黏液分离而下沉时停止发酵，捞出种子用清水搓洗干净后晾干。

2. 一代杂种种子生产

黄瓜杂种优势明显。黄瓜雌雄同株异花，花朵较大，人工去雄操作方便。目前，配制杂交种多采用人工杂交法、雌性系杂交法。

（1）人工杂交制种

①亲本播期选定。黄瓜杂交制种，要保证杂交种子的质量，必须在留种前将父母本的杂株彻底清除。父本只利用雄花的花粉，杂交后无法去杂，只有在母本留种的雌花开放前，根据果实形态、果皮颜色及其他性状识别去杂。因此，父本系一般比母本系早播种 15 ~ 20 d，以尽早去除杂株为母本提供高纯度花粉。

②制种地选择。黄瓜是喜温作物，果实在高温、多湿的环境下易发生病害。黄瓜喜温不耐干旱，又怕涝，制种地应选择土地肥沃、有机质丰富、透气性良好、地势平坦、易于排灌的地块，避免重茬。黄瓜属于异花授粉作物，与其他黄瓜品种间的空间隔离应控制在 1000 m 以上。

③培育壮苗与定植。壮苗培育同“亲本繁殖”。定植密度为 2500 ~ 3000 株 / 667 m^2，母本与父本行比为（3 ~ 5）：1。按规定的株行距，将培育的壮苗定植后及时浇水。若两者熟期有较大差异应分期播种调节花期。

④亲本去杂。在授粉之前应对父本和母本田进行去杂，去掉父本和母本田中的不良株、变异株和可疑株，在整个生长季节内要反复进行除杂工作。主蔓结瓜的品种，从第 8 ~ 10 节开始留瓜，每株可留 3 ~ 5 个。授粉的前一天，要去掉母本中全部盛开的雌花、雄花和果实。

⑤去雄授粉。开花期选母本植株上次日开放的正常雌花蕾挂牌标记。去除母本株上全部雄花及花蕾和已开放的雌花，每天一次。同时拔除父母本行中杂株，在隔离区内任其自由授粉。也可人工辅助授粉，在开花当天上午取下父本雄花，用花药在雌蕊柱头上轻轻摩擦，或用干净毛笔蘸取花粉在柱头上涂抹。授粉结束后，可在果节处系上明显标记。待种瓜膨大形成商品瓜后，进一步淘汰杂瓜和畸形瓜，在果实上点上红漆等再做一次标记，以防杂瓜、非人工授粉瓜混入。

⑥授粉后田间管理。母株上每株留瓜 2 ~ 3 个为宜。授粉结束后，要立即追一遍肥，加强母本田管理，及时打顶，一般从植株主蔓第 22 ~ 25 节开始打顶，及时摘除没有授粉瓜果，以减少植株营养消耗，维持植株长势。认真做好追肥、灌水及防治病虫害工作。

⑦种子收获及产后处理。种瓜一般在授粉后 40 ~ 45 d 收获。此时果皮明显变色，呈黄色或黄褐色，并开始变软。收获时要认真检查杂交标记，发现可疑瓜及时扔掉。采摘后的种瓜要放置 7 ~ 10 d 让其后熟。采瓜留种方法与前述“亲本繁殖”相同。种子晒干后，去掉杂质和不充实种子。

（2）利用雌性系杂交制种

黄瓜雌性系植株上都开雌花。利用雌性系作母本进行杂交种子生产不用人工去雄，省工省时。

①雌性系繁殖。雌性系繁殖通常采用人工诱导雌性株产生雄花，在隔离区内令其自然授粉或人工辅助授粉，所得到的种子仍然是雌性系。

②杂交制种。父母本按 1：（2 ~ 3）比例种植。开花前拔除母本雌性系中带雄花蕾及弱小的植株。在制种隔离区让父母本自然授粉或进行人工辅助授粉。母株上留种瓜 2 ~ 3 个，其余全部摘除。老熟后所收种子即为杂交种种子。

3. 种子质量检验

根据《瓜菜作物种子　第 1 部分：瓜类》（GB 16715.1—2010），黄瓜种子质量分级标准见表 6-7。

表 6-7 黄瓜亲本和杂交种的种子质量标准

单位：%

种子类别		品种纯度	净度	发芽率	水分
		不低于	不低于	不低于	不高于
常规种	原种	98.0	99	90	8. 0
	大田用种	95. 0	99	90	8. 0
亲本	原种	99. 9	99	90	8.0
	大田用种	99.0	99	85	8.0
杂交种	大田用种	95. 0	99	90	8.0

四、注意事项

① 黄瓜种子发酵时不能用金属容器。

② 黄瓜种子采收后不可曝晒，以防灼伤种胚降低发芽率。

五、实验结果与分析

② 3 人一组，每组给黄瓜雌性系人工授粉 30 朵花并做好标记，成熟时采收杂交果，取出杂交种，晾干，连同实验报告一起交给实验指导老师。

② 黄瓜雌性系如何繁殖？如何保证黄瓜一代杂种种子质量和产量？

第七章　种子检验学实验

实验一　种子批扦样

一、实验原理与目的

一批种子实质上是一个混合物，由于自然分级的作用，其中各种成分不可能均匀分布，任意从某一点抽取的“样品”绝不可能代表整批种子，必须根据随机原则，按照一定的程序，保证样品能含有和该批种子相同的成分及其比例，否则，无论检验工作如何细致精确，其结果也不能代表整批种子。

二、器材与试剂

1. 实验仪器

套管取样器、锥形取样器、钟鼎式分样器、白色瓷盘、广口瓶、分析天平、刷子。

2. 实验材料

散装水稻种子、袋装玉米种子。

三、实验步骤

1. 初次样品的抽取

（1）袋装种子的扦样

①抽样强度的选定：《农作物种子检验规程》规定的袋装种子是指在一定量值范围内的定量包装，其质量的量值范围在 15 ~ 100 kg（含 100 kg），超出这个范围则不是《农作物种子检验规程》中所指的袋装种子。袋装种子的抽样强度见表 7-1。当种子装在小容器中，如金属罐、小麻袋或零售包装时，则建议以 100 kg 种子的重量作为扦样的基本单位，小容器合并组成的重量不得超过此重量（100 kg）。为了便于扦样，将每个“单位”作为一个容器，再按抽样强度进行扦样。

表 7-1 种子批总袋数和应扦袋数

国家标准		国际标准	
种子批袋数（容器数）	应扦取的最低袋数（容器数）	种子批袋数（容器数）	应扦取的最低袋数（容器数）
1 ~ 5	每袋至少扦取 5 个初次样品	1 ~ 5	每袋都扦取，至少扦取 5 个初次样品
6 ~ 14	不少于 5 袋	6 ~ 30	每 3 袋至少扦取 1 袋，不少于 5 袋
15 ~ 30	每 3 袋至少扦取 1 袋		
31 ~ 49	不少于 10 袋	31 ~ 400	每 5 袋至少扦取 1 袋，不少于 10 袋
50 ~ 400	每 5 袋至少扦取 1 袋		
401 ~ 560	不少于 80 袋	401 或以上	每 7 袋至少扦取 1 袋，不少于 80 袋
561 以上	每 7 袋至少扦取 1 袋		

对于小于 200 g 且密封的较小包装（如瓜菜种子），可直接取一小包装袋作为初次样品，并根据"农作物种子批的最大重量和样品最小重量表"（见 GB/T 3543.2—1995《农作物种子检验规程　扦样》）规定所需的送验样品数量来确定袋数，随机从种子批中抽取。

②扦样点的选择：根据种子批的总袋数和应扦袋数，间隔一定的袋数设置一个扦样点。样袋（扦样点）应均匀地分布在种子堆的上、中、下各个部位（图 7-1），每个容器只需扦一个部位即可。

③选择合适的扦样器：中小粒种子用单管扦样器。扦样时以右手握扦柄，把凹槽向下，扦头向上，倾斜插入袋内，待全部插入后，将凹槽旋转向上取出样品。

大粒种子用双管扦样器扦样。扦样器适用于那些较容易自由移动的作物种子，而对带有稃壳、不易自由移动的种子最好的扦样方法是徒手扦样（如棉花、花生等种子）。

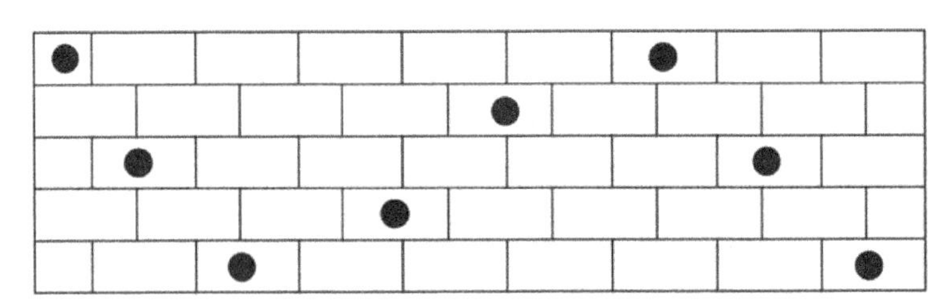

图 7-1 扦样点在种子堆各部位分布

（2）散装种子扦样法

散装种子一般指大于 100 kg 的散装种子及散包种子。

①抽样强度的选定：根据种子批散装的重量确定扦样点数（表 7-2）。

表 7-2　散装种子的扦样强度

种批量	应当抽取的初次样品数
500 kg 以下	至少 5 个初次样品
501 ~ 3000 kg	每 300 kg 一个初次样品，但不少于 5 个初次样品
3001 ~ 20 000 kg	每 500 kg 一个初次样品，但不少于 10 个初次样品
20 000 kg 以上	每 700 kg 一个初次样品，但不少于 40 个初次样品

②分区设点：按种子堆顶面积划分若干区，每区面积不超过 25 m^2。然后在每区中心及四角共设 5 个点，四角各点设在距离边界线均在 50 cm 左右处，在同一检验单位的相邻区的角点，可以合并设在各区的界线上（图 7-2）。

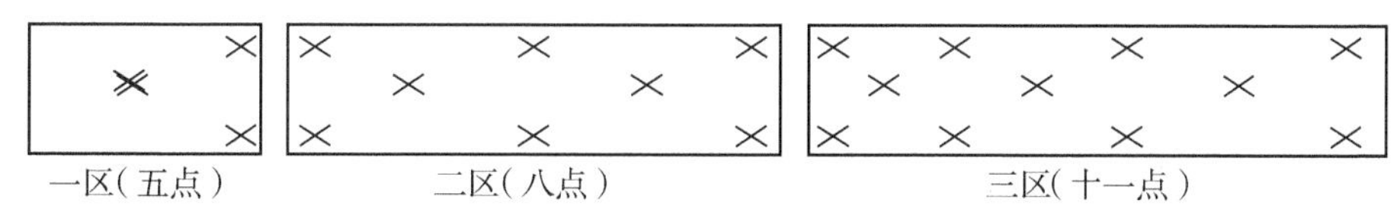

图 7-2　散装种子的分区设点图

③按堆分层：种子堆高不足 2 m 时，分上、下 2 层；堆高 2 ~ 3 m 时，分上、中、下 3 层，上层在顶面下 10 ~ 20 cm 处，中层在种子堆中心，下层在离底部 5 ~ 10 cm 处；3 m 以上增加一层。

④扦取小样：分层定点后，用散装扦样器由上而下逐层扦样，即先扦上层后扦中层，再扦下层（这样可避免先扦下层时使上层种子混入下层，影响扦样的准确性）。扦样器用散装种子扦样器，常用的是长柄短筒锥形扦样器，棉花种子可用特制的锥形或管式扦样器。扦样器插入堆内一定深度后，向上抽动并稍加振动，使该处种子落入扦样器即可抽出。

（3）圆仓（或围囤）种子扦样法

①设扦样点：按圆仓或围囤的直径，分内、中、外 3 处设点。内点在圆仓中心，中点在圆仓半径长的 1/2 处，外点距圆仓边缘 30 cm 处。扦样时在圆仓的一条直径上，按上述部位设立内、外 3 个点；再在与此直径垂直的一条线上，按上述部位设 2 个中点，共设 5 个点（图 7-3）。圆仓或围囤直径超过 7 m 以上另增加 2 点。

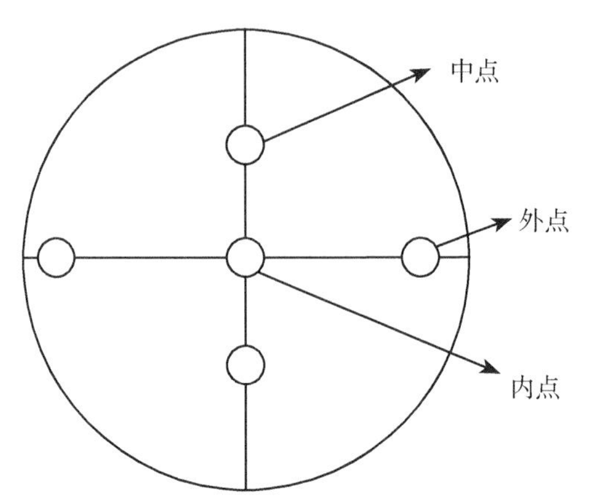

图 7-3 圆仓（或围囤）种子的设扦样点图

②划分层次：圆仓种子堆高为 3 ~ 5 m 的，可分为 4 层。上层在圆仓种子顶斜面下 10 ~ 20 cm 处，下层在种子堆底部，其余 2 层在圆仓中部向上、向下划取，如高度超过 5 m，可增加层数。

2. 混合样品的取得

将从各个扦样点扦出的全部初次样品充分混合即可。注意若扦样前没有进行异质性测定，应先将各点小样品分别倒在一张纸上、一块布上或样品小盘内，认真仔细观察、比较样品纯度、净度、气味、颜色、光泽、水分及其产品质量等方面有无显著差异，如小样间无显著差异，即可混合在一起，成为混合样品。

3. 种子批异质性测定

对于存在异质性的种子批来说，即使严格按照规程进行扦样，也不可能获得有代表性的样品。因此，如果扦样人员在扦样时能明显看出不同种子容器（如包装袋）或初次样品之间的差异，就应停止扦样。如果扦样人员对种子批的均匀性有所怀疑，则需要进行异质性测定，以确定是否确实存在异质性。

从容器中取出（扦样的容器不少于表 7-3 所规定的数目，扦样的容器应严格随机选择）样品，应从每袋的顶部、中部和底部扦取种子。每一容器扦取的样品重量应不少于 GB/T 3543. 2 规定该种子批送验样品的一半（见 GB/T 3543.2《农作物种子检验规程　扦样》）。测定样品的发芽率或净度，按下面公式计算。

$$V=\frac{N(\sum X_i^2)\cdot(\sum X_i)^2}{N(N-1)};$$

$$W=\frac{\overline{X}(100-\overline{X})}{n};$$

$$H=\frac{V}{M}-1。$$

式中，W 表示该检验项目的样品期望（理论）方差；V 表示从样品中求得的某检验项目的实际方差；H 为异质性值，表示多容器种子批的均一性（异质性）程度；N 为扦样袋数；n 为每个样品中的种子估计粒数（如净度分析为1000粒，发芽试验为100粒）；X_i 为发芽率或样品净度分析得出的任一成分的质量百分数；$\overline{X}$为全部测定结果的平均值。

表 7-3　扦取容器数与临界 H 值（1% 概率）

种子批容器数 / 个	扦取的容器数 / 个	临界 H 值
5	5	2. 58
6	6	2. 02
7	7	1. 80
8	8	1. 64
9	9	1. 51
10	10	1. 41
11 ~ 15	11	1. 32
16 ~ 25	15	1.08
26 ~ 35	17	1.00
36 ~ 49	18	0. 97
50 或以上	20	0. 90

①如果 N 小于 10，计算到小数点后一位；如 N 等于 10 或大于 10，则计算到小数点后两位。

②净度分析的任一成分的质量分数高于 99. 8% 或低于 0.2%；发芽率高于 99% 或低于 1%，则不必计算或填报 H 值，表明不存在异质性。

③若有显著差异，应把这部分种子从该批种子内分出，作为另一批种子单位扦取混合样品；若不能将品质有差异的种子从这一批种子中分出，则需要把整批种子经过必要处理（清选、干燥或翻仓）后扦样。对散装种子来说，可以相对比较容易地通过机械掺混来消除异质性。

4. 送验样品的取得

（1）送验样品的重量规定

针对不同的检验项目，送验样品的数量不同。如果送验样品小于规定重量，检验机构可以拒绝接受（见 GB/T 3543.2—1995《农作物种子检验规程　扦样》）。但是小种子批（指种子批重量小于规定重量 1% 的种子）允许使用较少的送验样品。如果不作其他植物种子数目测定，小种子批的送验样品要求至少达到《农作物种子检验规程》规定的相应净度分析试样的重量（见 GB/T 3543.2—1995《农作物种子检验规程　扦样》），但在检验结果报告上必须加以说明："送验样品的重量未达到规程规定的大小"。

（2）送验样品的分取

①用钟鼎式分样器从混合样品中提取送验样品。

使用钟鼎式分样器之前应当：摇晃分样器，检查其中有无过去使用时残留下来的种子或其他夹杂物；检查两个盛种罐所承接的种子是否大体相等，一般要求两者重量之差小于种子重量的 5%。

方法：充分混合初次样品。将混合样品通过分样器，使种子落入两个盛种罐。重复这个操作，即将全部样品再次全部通过分样器。如有必要，可重复 3 次，一般这样操作 2 ~ 3 次即可。

分取送验样品。经过充分混合的混合样品，再按上法操作继续对半区分，每次去掉一半，直到取得大约不少于送验样品所需的数量。如果最后一次所得的一半不够此数，应当使另一半种子通过圆锥分样器，分减到一定程度后即可用来补足不够之数，而不能任意用某一部位的种子凑数。

②四分法：将种子均匀地倒在光滑清洁的桌面上，略呈正方形。把种子充分混拌均匀，然后将种子铺成正方形，大粒种子厚度不超过 10 cm，中粒种子厚度不超过 5 cm，小粒种子厚度不超过 3 cm，用分样板沿对角线将种子分成 4 个三角形，将对顶的 2 个三角形的种子装入容器中，取余下的 2 个对顶三角形种子两次混合，按前法继续分取，直至略多于送验样品数量为止。

四、注意事项

① 异质性的测定提出了 3 种方法，这 3 种方法分别适合于不同的情况：a. 用"种子发芽试验任一记载项目的百分率作测定指标"时，应适用于种子批不同部位扦取的初次样品，在外表上看，具有明显不同的发芽潜力，如有的部位种子出现霉变或受潮、受热而影响了其发芽率等；b. 用"净度分析得出任一成分的重量百分率作测定指标"时，适合于种子批不同部位或不同容器中的种子净度在直观上表现有一定差异；c. 用"种子粒数"表示时，适用于不同样点或容器掺杂有其他种子数较多且差异较明显的情况。

② 扦样过程中，特别是使用扦样器一定要注意避免使种子损伤（如关闭扦样器时可能挤碎种子），否则会破坏种子样品本来的质量状态，从而影响样品的代表性。

③ 扦样过程中，要及时将被扦样器破坏的部位恢复、修补或重新包装。

④ 在扦取初次样品的过程中，扦样员要特别注意观察初次样品是否存在异质性。

⑤ 使用扦样器要注意：a. 各类扦样器要放在干燥地方，勿使其受潮，以免生锈，

不用时可用油类涂之；b. 扦样时力求均匀，并在一条线上，切勿用力弯曲；c. 散装扦样器使用时，各节螺丝必须旋紧，以免强力折断。

五、实验结果与分析

请根据实验步骤进行扦样，并填写种子质量扦样单（表 7–4）。

表 7–4　种子质量扦样单

<table>
<tr><td>作物名称</td><td></td><td>品种名称</td><td></td><td>质量等级</td><td></td></tr>
<tr><td>注册商标</td><td></td><td>型号规格</td><td></td><td>销售单价</td><td></td></tr>
<tr><td>生产日期或种子批号</td><td></td><td>种子批重</td><td></td><td>包装及其件数</td><td></td></tr>
<tr><td>扦样方式</td><td></td><td>扦样地点</td><td></td><td>样品重量 /g</td><td></td></tr>
<tr><td>生产年度</td><td></td><td>样品编号</td><td></td><td>扦样日期</td><td></td></tr>
<tr><td rowspan="3">被扦样单位</td><td>名称</td><td colspan="2"></td><td>电话</td><td></td></tr>
<tr><td>地址</td><td colspan="2"></td><td>邮编</td><td></td></tr>
<tr><td>经营许可证编号</td><td colspan="2"></td><td>法人代表</td><td></td></tr>
<tr><td rowspan="3">生产单位</td><td>名称</td><td colspan="2"></td><td>电话</td><td></td></tr>
<tr><td>地址</td><td colspan="2"></td><td>邮编</td><td></td></tr>
<tr><td>生产许可证编号</td><td colspan="2"></td><td>法人代表</td><td></td></tr>
<tr><td>种子批化学处理说明</td><td colspan="3"></td><td>执行标准</td><td></td></tr>
<tr><td>备注</td><td colspan="5"></td></tr>
<tr><td colspan="3">整个扦样工作均在我们的陪同下完成，以上所填各项真实无误，抽样方法正确，样品具有代表性、真实性和公正性。
被扦样单位法人代表或授权人：
被扦样单位公章：
年　月　日</td><td colspan="3">按有关扦样标准和本次检验实施细则的要求完成全部扦样工作。严守质检纪律，保证样品具有代表性、真实性和公正性，对扦样单填写和样品确认无误。
扦样员：
扦样单位公章：
年　月　日</td></tr>
</table>

实验二　种子净度分析

一、实验原理与目的

净度是衡量种子质量的一项重要指标，为了控制种子质量，各国种子法规都明确规定了净种子重量百分比的最低限度及有毒、有害种子的种类与含量。凡低于净种子重量百分比规定标准或高于杂草种子规定数目标准的，一律不准在市场上流通或用于播种。

净度分析主要测定供检种子样品中各组分的重量百分比，并鉴别样品中其他植物种子和杂质所属的种类。通过本实验，识别净种子、其他植物种子和杂质，学会测定计算种子净度的方法，并掌握其他植物种子数目的测定方法。

二、器材与试剂

1. 实验用具

检验桌、分样器、分样板、套筛、感量 0.1 g 的台秤、感量 0.01 g 的天平、感量 0.001 g 的天平或相应的电子天平、小碟或小盘、镊子、放大镜、木盘、小毛刷、电动筛选机、净度分析工作台等。

2. 实验材料

送验样品 1 份。

三、实验步骤

1. 送验样品称重和重型混杂物检查

① 将送验样品倒在台秤上称重，得出送验样品的重量 M。

② 将送验样品倒在光滑的木盘中，挑出重型混杂物，在天平上称重，得出重型混杂物的重量 m，并从重型混杂物中分别称出其他植物种子重量 m_1 和杂质重量 m_2。m_1 与 m_2 之和应为 m。

2. 试验样品的分取

① 先将送验样品混匀，再用分样器分取试验样品 1 份，或半试验样品 2 份。试样

或半试样的重量见种子检验规程中有关内容。

② 用天平称出试样或半试样的重量（按规定留取小数位数见表 7–5）。

表 7–5　样品的称量精度

样品重 /g	保留小数位数	样品重 /g	保留小数位数
1.0000 以下	4	1. 000 ~ 9. 999	3
10. 00 ~ 99. 99	2	100 ~ 999.9	1
1000 或以上	0		

3. 试样的分析分离

① 选用筛孔适当的两层套筛，要求小孔筛的孔径小于所分析的种子，而大孔筛的孔径大于所分析的种子。使用时将小孔筛套在大孔筛下面，再把筛底盒套在小孔筛的下面，倒入（半）试样，加盖，置于电动筛选机上或手工筛动 2 min。

② 筛选后，将各层筛及底盒中的分离物分别倒在净度分析桌上进行分析鉴定，区分出净种子、其他植物种子、杂质，并分别放入小碟内。

4. 各组分称重

将每份（半）试样的净种子、其他植物种子、杂质分别称重，其称量精确度与试样称重相同。其中，其他植物种子还应分种类计数。

5. 结果计算

① 核查每个成分的重量之和与样品原来的重量的差值是否超过 5%。

② 计算净种子的百分率（P）、其他植物种子的百分率（OS）及杂质的百分率（I）。先求出第一份（半）试样的 P_1、OS_1 和 I_1。

$$P_1=\frac{\text{净种子重量}}{\text{各成分重量之和}}\times 100\%;$$

$$OS_1=\frac{\text{其他植物种子重量}}{\text{各成分重量之和}}\times 100\%;$$

$$I_1=\frac{\text{杂质重量}}{\text{各成分重量之和}}\times 100\%。$$

再用同样的方法求出第 2 份（半）试样的 P_2、OS_2 和 I_2。

若为全试样，各种组成的百分率应计算到一位小数；若为半试样，各种组成的百分率应计算到两位小数。

③ 求出两份（半）试样间 3 种成分的各平均百分率及重复间相应百分率差值，并核对容许差距，见 GB/T 3543.3—1995。

④ 含重型混杂物样品的最后换算结果的计算。

$$P_2' = P_1' \times \frac{M-m}{M};$$

$$OS_2' = OS_1' \times \frac{M-m}{M} + \frac{m_1}{M} \times 100\%;$$

$$I_2' = I_1' \times \frac{M-m}{M} + \frac{m_2}{M} \times 100\%。$$

式中，P_1'、OS_1'、I_1' 为两份（半）试样样品的净种子、其他植物种子及杂质的各平均百分率；P_2'、OS_2'、I_2' 为最后的净种子、其他植物种子及杂质的各平均百分率；$\frac{m_1}{M} \times 100\%$ 为重型混杂物中其他植物种子的百分率；$\frac{m_2}{M} \times 100\%$ 为重型混杂物中杂质的百分率。

⑤ 百分率的修约。若原百分率取两位小数，现可经四舍五入保留一位。各成分的百分率相加应为 100.0%，如为 99.9% 或 100.1%，则在最大的百分率上增减。如果此修约值大于 0.1%，则应检查计算上有无差错。

6. 其他植物种子数目的测定

① 将取出（半）试样后剩余的送验样品按要求取出相应的数量或全部倒在检验桌上或样品盘内，逐粒观察，找出所有其他植物种子或指定种的种子，并对每个种类的种子计数，再加上（半）试样中相应种类的种子数。

② 结果计算。可直接用找出的种子粒数表示，也可折算为每单位试样重量（通常用每 kg）内所含种子数来表示。

$$\text{其他植物种子含量（粒数/kg）} = \frac{\text{其他植物种子粒数}}{\text{送验样品的重量（g）}} \times 1000。$$

7. 填写净度分析结果报告单

净度分析的最后结果精确到一位小数，如果一种成分的百分率低于 0.05%，则填为微量；如果一种成分结果为零，则需填报“-0.0-”（表 7-6 至表 7-8）。

表 7-6 净度分析结果记载

重型混杂物检查：M（送检样品）=____g；m（重型混杂物）=____g；m_1=____g；m_2=____g							
		净种子	其他植物种子	杂质	重量合计	样品原重	重量差值百分率
第一份（半）试样	重量 /g						
	百分率 /%						
第一份（半）试样	重量 /g						
	百分率 /%						
百分率样品间差值							
平均百分率							

表 7-7 其他植物种子数测定记载

其他植物种子测定试样重量 /g	其他植物种子种类和数目							
	名称	粒数	名称	粒数	名称	粒数	名称	粒数
净度（半）试样 Ⅰ 中								
净度（半）试样 Ⅱ 中								
剩余部分中								
合计								
或折成每千克粒数								

表 7-8 净度分析结果报告单

作物名称：　　　　学名：			
成分	净种子	其他植物种子	杂质
百分率 /%			
其他植物种子名称及数目或每千克含量（注明学名）			
备注			

四、注意事项

① 种子检验中所说的“种子”就是种子单位，即通常所见的传播单位。它不仅包括由胚珠发育而来的真种子，也包括由其他器官发育而来的附属成分。

② 当计算各成分的百分比时，必须根据分析后各种成分重量的总和计算，而不是根据实验样品的原始重量计算。

五、实验结果与分析

对水稻种子进行净度分析及其他植物种子数目的测定，完成表 7-6 至表 7-8。

实验三　种子含水量的测定

一、实验原理与目的

种子含水量是影响种子寿命的主要因素之一，干燥的种子（低于安全含水量的种子）在贮藏中能较好地保持活力。如果种子含水量过高，则种子劣变速度加快，导致活力下降与贮藏寿命缩短。通过测定种子含水量，能及时了解种子是否达到安全含水量，对种子收购、贮藏、加工等具有重要意义。

种子水分测定必须使种子水分中自由水和束缚水全部除去，同时要尽可能减少氧化、分解或其他挥发性物质的损失。本实验是利用水遇热可蒸发为水蒸气的原理，用加热烘干法测定种子含水量。

二、器材与试剂

1. 实验用具

电烘箱、感量 0.001 g 的天平、样品盒（直径 4.5 cm、高 2.5 cm）、温度计、干燥器、干燥剂（变色硅胶）、粗天平、粉碎机、广口瓶、坩埚钳、手套、牛角匙、毛笔，以及常用电阻式和电容式水分测定仪。

2. 实验材料

水稻、小麦、棉花、大豆、蔬菜等种子。

三、实验步骤

1. 低恒温烘干法 [（103 ± 2）℃烘箱法]

① 把电烘箱的温度调节到 110 ~ 115 ℃进行预热。

② 把样品盒置于（103 ± 2）℃烘箱中 1 h 左右，取出放干燥器内冷却后用感量 0.001 g 的天平称量，记下盒号和重量。

③ 把粉碎机调节到要求的细度，从送验样品中取出 15 ~ 25 g 种子进行磨碎（禾谷类种子磨碎物至少 50% 通过 0.5 mm 的铜丝筛，而留在 1.0 mm 铜丝筛上的不超过 10 %；豆类种子需要粗磨，至少有 50% 的磨碎成分通过 4.0 mm 筛孔；棉花种子要进行切片处

理），放于广口瓶内。

④ 称取试样 2 份（放于预先烘干的样品盒内称重），每份 4.5 ~ 5.0 g，并加盖。

⑤ 打开样品盒盖，将试样放于盒底，迅速放入电烘箱内（样品盒距温度计测温点 2.0 ~ 2.5 cm），待 5 ~ 10 min 内温度回升至（103 ± 2）℃时，开始计算时间。

⑥（103 ± 2）℃烘干 8 h 后，打开箱门，戴好手套迅速盖上盒盖（最好在箱内盖好），立即置于干燥器内冷却，经 30 ~ 45 min 取出称重，并记录。

⑦ 结果计算。

$$水分（\%）= \frac{样品烘前重量-样品烘后重量}{样品烘前重量} \times 100\%$$

若一个样品两次测定之间的容许差距不超过 0.2%，则用两次测定的算术平均数来表示结果。否则，需重做两次测定。

2. 高恒温烘干法（130 ~ 133 ℃烘箱法）

① 把烘箱的温度调节到 140 ~ 145 ℃。

② 样品盒准备、样品磨碎、称取样品等与（103 ± 2）℃烘箱法相同。

③ 把盛有样品的样品盒的盖子置于盒底，迅速放入烘箱内，此时箱内温度很快下降，在 5 ~ 10 min 回升至 1304 ℃时，开始计算时间，保持 130 ~ 133 ℃，不超过 ± 2 ℃，烘干 1 h。ISTA 规程规定烘干时间为玉米 4 h、其他禾谷类 2 h、其他作物种子 1 h。

（4）到达时间后取出，将盒盖盖好，迅速放入干燥器内，经 15 ~ 20 min 冷却，然后称重，记下结果。

（5）结果计算同“低恒温烘干法”。

3. 高水分种子预先烘干法

① 从水稻或小麦高水分种子（水分超过 18 %）的送验样品中称取（25.00 ± 0.02）g 种子，用感量 0.001 g 的天平称重。

② 将整粒种子样品置于 8 ~ 10 cm 的样品盒内。

③ 把烘箱温度调节至（103 ± 2）℃，将样品放入箱内预烘 30 ~ 60 min。

④ 达到规定时间后取出，至室内冷却，然后称重，求出第一次烘失的水分（S_1）。

⑤ 将预烘过的种子磨碎，称取试样两份，各 4.5 ~ 5.0 g。

⑥ 用（103 ± 2）℃烘箱法或 130 ℃高温法烘干，冷却，称重，求出第二次烘失的水分（S_2）。

⑦ 计算出总的种子水分。

$$种子水分（\%）= S_1+S_2-\frac{S_1 \times S_2}{100}$$。

式中，S_1 为第一次烘干的种子水分，%；S_2 为第二次烘干的种子水分，%。

四、注意事项

① 测量水分的样品必须使用扦样器取样，不能徒手取样，否则手上的汗水会影响测量结果的准确性。

② 烘干后的样品盒，一定要放置于干燥器内进行冷却，不能放在操作台上，否则样品盒在空气中冷却会吸湿。

③ 干燥剂不宜过多，如干燥剂失效，应及时进行加热脱水或更换新的干燥剂。

④ 烘箱回升至所需温度时开始计算烘干时间。

五、实验结果与分析

用标准方法测定水稻种子的含水量，并填写种子水分测定结果报告单（表 7-9）。

表 7-9　种子水分测定结果报告单

测定方法	作物	样品	盒重 /g	试样重 /g	试样 + 盒重 /g		烘失水分	
					烘前	烘后	烘失水分重量 /g	烘失水分重量 /g
低恒温烘干法		1						
		2						
		平均						
高恒温烘干法		1						
		2						
		平均						
高水分种子预先烘干法			整粒样品重量 /g	整粒样品烘后重量 /g	磨碎试样重量 /g	磨碎试样烘后重量 /g	水分 /%	
		1						
		2						
		平均						

实验四 种子发芽率的测定

一、实验原理与目的

种子发芽试验的目的就是测定和评估种子批的种用价值。本实验要求掌握种子发芽试验测定的主要方法。

二、器材与试剂

1. 实验试剂

恒温箱、培养皿、滤纸、纱布、脱脂棉、镊子、温度计（0 ~ 100 ℃）、取样匙、直尺、量筒、烧杯、福尔马林、0.5% 次氯酸钠、高锰酸钾、标签、电炉、蒸馏水、滴瓶、解剖针、干燥箱、老化箱、电导仪、网袋等。

2. 实验材料

不同活力的水稻、油菜、大豆、玉米等种子。

三、实验步骤

1. 发芽试验的基本知识

（1）测定样品的提取

从测定净度时选出的净种子中，用四分法每片内随机数取 25 粒种子组成 100 粒。共组成 4 个 100 粒，成为 4 次重复，分别装入纱布袋中。种粒大的可以 50 粒或 25 粒为 1 次重复，样品数量有限或设备条件不足时，也可以采用 3 次重复，但应在检验证中注明。

（2）消毒灭菌

为了预防霉菌感染，干扰检验结果，检验所使用的种子和各种物件一般都要经过消毒灭菌处理。

（3）检验用具的消毒灭菌

培养皿、纱布、小镊子仔细洗净，并用沸水煮 5 ~ 10 min。供发芽试验用的恒温箱用喷雾器喷洒福尔马林后密封 2 ~ 3 d 然后使用。

（4）种子的消毒灭菌

目前常用的有福尔马林、高锰酸钾、升汞、过氧化氢等。药剂种类不同，处理的方法和时间也不一致。

①福尔马林。将纱布袋连同测定样品放入小烧杯中。注入 0.15% 的福尔马林溶液，以浸没种子为度，随即盖好烧杯。20 min 后取出绞干，置于有盖的玻皿中闷半小时，取出后连同纱布用清水冲洗数次。即可进行浸种处理。

②高锰酸钾。将种子用 0.2% ~ 0.5% 的高锰酸钾溶液浸泡 2 h，取出用清水冲洗数次。

③次氯酸钠。将种子通过 0.5% 次氯酸钠处理 5 ~ 10 min，然后用清水清洗 3 遍，杀菌效果明显。

2. 选用发芽床和发芽容器

（1）纸床

可选用滤纸或者是洁净无毒的纱布、脱脂棉。pH 值应在 6.0 ~ 7.5 范围内。为避免污损破伤，在使用前应当灭菌，消除存放期间可能感染的霉菌。

（2）砂床

选用直径在 0.05 ~ 0.8 mm 范围内的砂粒，使用前用清水洗涤砂粒（除去污染物和有毒物质），随后在 130 ℃高温下烘干 1 ~ 2 h。砂的 pH 值应在 6.0 ~ 7.5 范围内，不含任何种子，砂不能重复使用。需光种子压入砂的表层，嫌光种子播在疏松而平整的砂之上，再均匀疏松地加盖厚度为 10 ~ 20 mm 的砂。

（3）土床

土壤虽是种子发芽的最适环境，但土壤成分各异，很难做到标准化，因此它不适合常规种子发芽试验，但可将其作为重新试验的发芽基质。质地紧密的土壤应适当混加蛭石或砂。土中不能混有任何种子。土的 pH 值应在 6.0 ~ 7.5。土不能重复使用。

（4）发芽容器

①发芽盒。用于纸床的带盖的、内具有孔隔板的透明发芽容器。盒的长度和宽度应能容纳 4 次或至少 2 次重复的种粒。盒高应略大于受检种子正常幼苗的高度。发芽床铺放在具有孔眼的隔板上。隔板同盒底之间的空间用于存水，使盒内的相对湿度尽可能接近 100%。

②直立板发芽盒。有机玻璃制成的长方形盒，盒高约 20 cm。盒内可以垂直嵌入若干块有机玻板（中心距约 2 cm）。在玻板顶边之下适当距离处播放一排种子并覆以同玻板等大的湿滤纸。滤纸下端浸入盒底的水中向种子供水。改变滤纸下端入水的深度可以控制供水量，盖上盒盖可以保持盒内空气湿度。从玻板的反面可以清晰地观察种子的发芽状况。

③带有水箱的发芽装置。主体是镀锌钢板或不锈钢板制作的水箱，水箱顶板上排放钟形发芽皿。钟形发芽皿的芯带穿过顶板上的孔眼或窄缝伸入水箱吸水。水温由控

温器控制，为发芽环境提供所需的温度。水箱上方悬放白荧光灯管。

④发芽箱。能调控温度、湿度和光照的密闭箱体。好的发芽箱应当具有加热和降温两个系统，隔热性能良好，能提供发芽所需的光照条件，且能控制湿度，能使箱内的相对湿度接近100%。箱内的隔板承放纸床，直接排放供检样品。隔板的间距应使同一时间内能够测定尽可能多的样品。不能控制湿度的温箱应当使用以上所述的发芽盒或直立板发芽盒盛放供检样品。

⑤发芽室。能调控温度并有光照设备、专供发芽测定使用的房间。整个发芽室的湿度较难控制，一般用发芽盒或直立板发芽盒向种子提供水分并保持发芽小环境的湿度。

（5）测定样品的预处理

对测定样品作预处理的目的是解除休眠。也可以采用其他有效的预处理方法，但必须在质量检验证书中注明。如果不能肯定某种预处理方法是否有效，可以在4个重复之外，再取4个重复作另一份测定样品；或再取8个重复作为另外2份测定样品，用不同的方法作预处理，同时作发芽测定，以其中最好的结果作为该次测定的结果填报，并注明所用的预处理方法。

国家规程中所列的测定时间不包括预处理时间。带翅的种子可以去翅，但不能伤及种子。

（6）置床培养

在每个培养皿床上整齐地安放100粒种子（种粒较大的可为50粒乃至25粒），种粒之间保持的距离大约相当于种粒本身的1 ~ 4倍，以减少霉菌蔓延感染，并避免发芽的幼根相互纠缠。种粒的排放应有一定规律，以便计数并减少错误。

在培养皿不易磨损的地方（如底盘的外缘）贴上小标签，写明送检样品号、重复号、品名和置床日，以免弄混。然后将培养皿盖好放入指定的恒温箱内。根据作物种子的特性使用变温或恒温表。

（7）发芽测定的管理

①温度：国家规程中所列的温度是指发芽床上种子所处水平层次的温度，因设备性能而产生的温度变化不能超过 ±1 ℃。为发芽种子提供光照时不能使温度发生波动。

国家规程中列出带有幅度的温度指的是变温，每24 h内应有16 h保持较低的那个温度，其余8 h保持较高的那个温度。温度的转换最好在3 h内逐渐完成，休眠性种子可以在1 h内完成。周末或节假日不能按要求转换温度时，应使发芽环境保持在较低的温度水平上。

国家规程中有的树种列有几种温度，它们的排列顺序并不表示其优劣，可以根据检验工作的方便选用。质量检验证书中应当注明实际采用的温度。

②水分：发芽床的用水不应含有杂质。水的pH值应在6.0 ~ 7.5。如果当地的水质不符合要求，可以使用蒸馏水或去离子水。

发芽床应始终保持湿润，不断地向种子提供所需的水分。但供水过量也会影响种子的通气，用指尖轻压发芽床（指纸床），如指尖周围出现水膜，或者种粒四周出现水膜，都表示水分过多。对种子的供水量取决于受检种子的特性、发芽床的性质及发芽盒的种类，由检验机构根据经验确定。各重复间的供水量应当一致。

③通气：有盖的培养皿的缺点之一就是通气不良，应当经常揭开盖子充分换气。

④光：除非确已证实该种子的发芽会受到光抑制，否则发芽测定中的每 24 h 都应当给予 8 h 的光照，使幼苗生长良好，不容易遭受微生物侵害，也便于评定。施加的光照指的是不含或极少含远红光的冷白色荧光，提供的光应均匀一致地使种子表面接受 750 ~ 1250 Lx 的照度。对于变温发芽的，则是在给予高温的那个 8 h 内提供光照。

⑤霉菌：将感染霉菌的种子取出（不要使它们触及健康的种粒），用清水冲洗数次，直到水无浑浊再放回发芽床。发霉严重时整个滤纸和坐垫，甚至整个培养皿都要更换。

（8）观察记录

发芽测定的情况要定期观察记录。为了更好地掌握发芽测定的全过程，本实验最好要求每天做 1 次观察记录。

①发芽测定的持续时间：不同的种子其发芽测定的持续天数不同。计数应以置床之日起算，且不包括种子预处理的时间。如果确认某样品已经达到最高发芽率，且后期连续 3 天每天的发芽粒数不超过各重复供试种籽粒数的 1%，则可在规定的时间以前结束测定。如到规定的结束时间仍有较多的种粒未萌发，也可酌情延长测定时间（延长的时间最多不应超过规定时间的 1/2）。发芽测定所用的实际天数应在检验报告中填明。

②记录项目：按发芽床的编号依次记录以下各点（具体见表 7－10）。

表 7－10　发芽测定结果统计

<table>
<tr><td colspan="3">试验编号</td><td colspan="6"></td><td colspan="5">置床日期</td><td colspan="8">年　　月　　日</td></tr>
<tr><td colspan="3">作物名称</td><td colspan="4"></td><td colspan="3">品种名称</td><td colspan="3"></td><td colspan="5">每重复置床种子数</td><td colspan="4"></td></tr>
<tr><td colspan="3">发芽前处理</td><td colspan="3"></td><td colspan="3">发芽床</td><td colspan="3"></td><td colspan="3">发芽温度</td><td colspan="2"></td><td colspan="3">持续时间</td><td colspan="2"></td></tr>
<tr><td rowspan="3">记录日期</td><td rowspan="3">记录天数</td><td colspan="20">重复</td></tr>
<tr><td colspan="5">一</td><td colspan="5">二</td><td colspan="5">三</td><td colspan="5">四</td></tr>
<tr><td>正</td><td>硬</td><td>新</td><td>不</td><td>死</td><td>正</td><td>硬</td><td>新</td><td>不</td><td>死</td><td>正</td><td>硬</td><td>新</td><td>不</td><td>死</td><td>正</td><td>硬</td><td>新</td><td>不</td><td>死</td></tr>
<tr><td></td><td></td><td></td><td></td><td></td><td></td><td></td><td></td><td></td><td></td><td></td><td></td><td></td><td></td><td></td><td></td><td></td><td></td><td></td><td></td><td></td><td></td></tr>
<tr><td></td><td></td><td></td><td></td><td></td><td></td><td></td><td></td><td></td><td></td><td></td><td></td><td></td><td></td><td></td><td></td><td></td><td></td><td></td><td></td><td></td><td></td></tr>
<tr><td></td><td></td><td></td><td></td><td></td><td></td><td></td><td></td><td></td><td></td><td></td><td></td><td></td><td></td><td></td><td></td><td></td><td></td><td></td><td></td><td></td><td></td></tr>
</table>

续表

平均																					

试验结果：	正	正常幼苗 %	附加说明：
	硬	硬实种子 %	
	新	新鲜未发芽 %	
	不	不正常幼苗 %	
	死	死种子 %	
	合计		

正常幼苗重复间的最大差距	最大容许差距	差距判定
备注		
检测室负责人： 校核人：	检验员：	日期： 年 月 日

实验的结果以最接近的整数填报，并按正常幼苗、硬实、新鲜种子、不正常幼苗和死种子分类填。如果发芽试验中发现任何一类为零，则必须在该栏中填作“0”。如果发芽时间超过规定的时间，其规定栏中填报末次计数发芽率。在“其他测定”项目中，填报规定时间以后的正常幼苗数，并说明如“到规定时间　天后，有　%为正常幼苗”。在其他测定项目中，应注明采用的发芽试验方法，如果为破除休眠而进行了预处理，也应在该处注明预处理。

（9）计算发芽结果

发芽测定结束，并对尚未发芽的种子用适当的方法做了鉴定以后，便可对发芽测定结果进行计算。

$$\text{发芽率（\%）}=\frac{\text{规定时间内生成正常幼苗的种粒数}}{\text{供试种子数}}\times 100\%;$$

$$\text{绝对发芽率（\%）}=\frac{\text{规定时间内生成正常幼苗的种粒数}}{\text{供试种子总数}-\text{供试种子中的空粒数和死粒数}}\times 100\%\text{。}$$

发芽率计算到整数，是应用最广泛的种子质量指标。

$$\text{日平均发芽率（\%天）}=\frac{Gs}{Gd}\text{。}$$

式中，Gs 为总发芽率；Gd 为总发芽天数。

$$\text{发芽峰值} = \frac{Gpt}{Dpt}\text{。}$$

式中，Gpt 指达到发芽高峰日时的累计发芽种子数，Dpt 指达到发芽高峰值的发芽天数。

$$\text{发芽值} = \frac{\text{发芽峰值}}{\text{日平均发芽率}}\text{；}$$

$$\text{平均发芽天数} = \frac{Gpt}{Dpt} \times \frac{\sum (fx)}{\sum f}\text{。}$$

式中，f 指每天新发芽种子数，x 是相应发芽天数。

$$\text{发芽指数} = \sum \frac{Gt}{Dt}\text{。}$$

式中，Gt 指相应各日生成正常幼苗的种粒数，Dt 指从置床之日算起的日数。

$$\text{活力指数} = \text{发芽指数} \times S\text{。}$$

式中，S 指一定时期内幼苗干（鲜）重或幼苗平均根长。一般是在初次计数时，每个重复随机数取 10 ~ 25 株幼苗测定鲜重或干重。因为幼苗鲜嫩，测定干重时应在 85℃下烘干 24 h，放入干燥器内冷却后称重，求出 4 次重复的平均值。

$$\text{发芽系数} = \frac{100 \times (A_1+A_2+\cdots+A_n)}{A_1t_1+A_2t_2+\cdots+A_nt_n}\text{。}$$

式中，A 为逐日发芽种子数，t 为与 A 相应的天数。

3. 种子的吸胀损伤和吸胀冷害试验

水分是种子萌发的先决条件，只有当种子水分达到一定值时，种子才能萌发。在实际生产中，一些种子，如大豆、菜豆、豌豆等的种子，当进行浸种或播种在过湿的土壤中时，由于吸胀速度过快，质膜不能及时得到修复，从而造成物质外渗、细胞和组织的损伤，长成的幼苗往往有许多不正常表现。

在水分进入种子的早期，若种子处于 0 ℃以上的低温下，有些种类的种子其种胚就会受到伤害，即使再转移到正常条件下培养，也无法长成正常的幼苗，从而表现出典型的症状——各种畸形和生长不良。

本次实验采用水稻、油菜、大豆、玉米等 4 种种子为材料，进行对比试验。首先将 4 种种子按表 7-11 所列方法进行处理，每种处理大豆、玉米取 50 粒，水稻、油菜数取 100 粒，选择合适的发芽床（水稻、油菜用纸床，大豆和玉米采用砂床）分别置床发芽。重复 2 次。

表 7-11　种子吸胀处理方法

编号	处理方法
1	直接置床
2	30 ℃下预浸 6 h 后置床发芽
3	30 ℃浸 6 h，再于 5 ℃下浸 1 h，置床发芽
4	5 ℃下预浸 1 h，置床发芽

放于恒温箱中 30 ℃下恒温培养，并于发芽第 7 d 统计萌发种子数，观察萌发过程中出现的异常现象，重点是大豆种子子叶、下胚轴断裂等幼苗畸形的症状，并比较幼苗长势。最后，将观察结果填入表 7-12 中，并就表中数据及所观察到的结果，讨论不同种子对吸胀损伤、吸胀冷害的反应敏感性存在差异的原因。

表 7-12　吸胀损伤和吸胀冷害试验结果统计

作物种类	处理编号	种子数	正常发芽种子数	影响程度		
				子叶断裂	下胚轴断裂	幼苗长势

四、注意事项

① 对于 1 ~ 2 d 能够全部萌发的种子，不宜用发芽势来表示，宜采用简化活力指数。

② 尽管发芽势更能接近实际生产的发芽率，但由于对如何确定发芽势的期限，目前不同学者还有不同的看法，故发芽势并未得到广泛应用，欧美国家已经停用了这一指标。

③ 发芽试验用的发芽箱、发芽板、吸水纱布、滤纸、镊子等在使用前用 120 ℃高温烘烤 2 h 消毒；发芽箱用 0.3% 福尔马林闷 2 h，通气后使用。有些发芽工具的消毒方法也可参考文中相关内容。

④ 福美双、萎锈灵、克菌丹、苯菌灵、有机汞制剂和硫酸铜等杀菌剂处理是杀灭种子携带病菌的常用方法；另外，用 0.5% 次氯酸钠处理 5 ~ 10 min，杀菌效果明显。

⑤ 新鲜粒的鉴定可以采用四唑染色法、切开法、离体胚发芽法或 X 射线衬比法。无法判定是新鲜粒还是死亡粒的一律记为死亡粒，已经生出了幼苗的某些部位（如根尖）即使在评定时确已腐坏，也不记为死亡种子而记为不正常幼苗。

⑥ 我国法规规定，用作发芽试验的种子为净种子。因此，在种子发芽试验之前应先做净度分析，去除杂质和其他植物种子。

五、实验结果与分析

根据实验步骤进行小麦、玉米发芽试验，并填写发芽试验结果（表 7-10），计算各项实验指标。

实验五　种子生活力的测定

氯化三苯基四氮唑（TTC）法

一、实验原理与目的

凡有生活力的种子胚部在呼吸作用过程中都有氧化还原反应，而无生活力的种胚则无此反应。当TTC溶液渗入种胚的活细胞内，并作为氢受体被脱氢辅酶（NADH或NADPH）还原时，可产生红色的三苯基甲腊（TTF），胚便染成红色。当种胚生活力下降时，呼吸作用明显减弱，脱氢酶的活性亦大大下降，胚的颜色变化不明显，故可由染色的程度推知种子的生活力强弱。TTC还原反应如下：

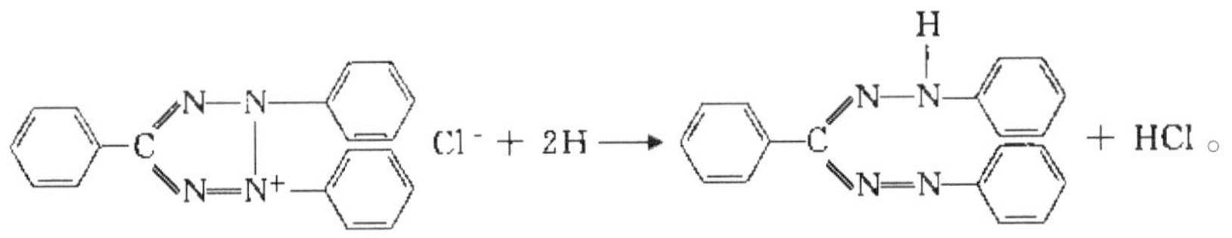

$$Cl^- + 2H \longrightarrow \quad + HCl。$$

通过本实验，掌握氯化三苯基四氮唑（TTC）法测定种子生活力的原理及方法。

二、器材与试剂

1. 实验仪器

培养皿、镊子、单面刀片、垫板（切种子用）、烧杯、棕色试剂瓶、解剖针、搪瓷盘、pH试纸。

2. 实验试剂

0.1%TTC溶液：取1 g TTC溶于1 L蒸馏水或冷开水中，配制成0.1%的TTC溶液。药液pH值应在6.5 ~ 7.5，以pH试纸试之（如不易溶解，可先加少量酒精，使其溶解后再加水）。

3. 实验材料

小麦、玉米等作物种子。

三、实验步骤

① 将玉米、小麦等作物的新种子、陈种子或死种子，用温水（30 ℃）浸泡 2 ~ 6 h，使种子充分吸胀。

② 随机取种子 2 份，每份 50 粒，沿种胚中央准确切开，取每粒种子的一半备用。

③ 把切好的种子分别放在培养皿中，加 TTC 溶液，以浸没种子为度。

④ 放入 30 ~ 35 ℃的恒温箱内保温 30 min，也可在 20 ℃左右的室温下放置 40 ~ 60 min。

⑤ 保温后，倾出药液，用自来水冲洗 2 ~ 3 次，立即观察种胚着色情况，判断种子有无生活力。

四、注意事项

① TTC 溶液最好现配现用，如需贮藏则应贮于棕色瓶中，放在阴凉黑暗处，如溶液变红则不可再用。

② 染色温度一般以 25 ~ 35 ℃为宜。

③ 判断有生活力的种子应具备：胚发育良好、完整、整个胚染成鲜红色；子叶有小部分坏死，其部位不是胚中轴和子叶连接处；胚根尖虽有小部分坏死，但其他部位完好。

④ 判断无生活力的种子应具备：胚全部或大部分不染色；胚根不染色部分不限于根尖；子叶不染色或丧失机能的组织超过 1/2；胚染成很淡的紫红色或淡灰红色；子叶与胚中轴的连接处或在胚根上有坏死的部分；胚根受伤以及发育不良的未成熟的种子。

⑤ 不同作物种子生活力的测定，所需试剂浓度、浸泡时间、染色时间均不同。

五、实验结果与分析

观察分析小麦、玉米等作物四氮唑染色后的种子生活力，并分析染色不正常、无生活力种子的类型及引起的原因。

红墨水（酸性大红 G）染色法

一、实验原理与目的

有生活力的种子，其胚细胞的原生质具有半透性，有选择吸收外界物质的能力，某些染料，如红墨水中的酸性大红 G 不能进入细胞内，胚部不染色；而丧失活力的种子，其胚部细胞原生质膜丧失了选择吸收的能力，染进入细胞内使胚部染色。所以，可根据种子胚部是否染色来判断种子的生活力。

二、器材与试剂

1. 实验仪器

培养皿、镊子、单面刀片、垫板（切种子用）、烧杯、棕色试剂瓶、解剖针、搪瓷盘、pH 试纸。

2. 实验试剂

红墨水溶液的配制：取市售红墨水稀释 20 倍（1 份红墨水加 19 份自来水）作为染色剂。

3. 实验材料

小麦、玉米等作物种子。

三、实验步骤

① 先将待测种子用水浸泡 3 ~ 4 h，待充分吸胀后取出一部分种子，在沸水中煮沸 3 ~ 5 min，作为死种子。

② 取浸好的新种子、陈种子和死种子各 50 粒，如为小麦和玉米，则用单面刀片沿胚部中线纵切成两半，其中一半用于测定。

③ 将备好的种子分别放在培养皿内，加入红墨水溶液，以浸没种子为度。

④ 染色 10 ~ 20 min 后倾出溶液，用自来水反复冲洗种子，直到所染颜色不再洗出为止。

⑤ 对比观察冲洗后的新种子、陈种子和死种子胚部着色情况。凡胚部不着色或略带浅红色者，即为具有生活力的种子；若胚部染成与胚乳相同的红色，则为死种子。记录测定结果（同 TTC 法）。

四、注意事项

① 染色时种子均应被完全浸没。

② 染色温度一般在 25 ~ 35 ℃为宜。

③ 染色时间不能太长，因为膜透性具有相对性，染色后要反复冲洗才能观察到。

五、实验结果与分析

观察分析小麦、玉米等作物红墨水染色后的种子生活力，并分析染色不正常、无生活力种子的类型及引起的原因。

实验六　种子千粒重的测定

一、实验原理与目的

种子千粒重的测定就是测定 1000 粒种子的重量，它是种子质量的重要指标之一，也是衡量种子顽拗性的特征之一。通过本实验，学会种子千粒重的测定和计算方法，并进一步了解种子千粒重对种子重量的影响关系。

二、器材与试剂

1. 实验仪器

电子天平、种子检验板、毛刷、胶匙、镊子、盛种容器（量筒）。

2. 实验材料

本地区主要作物种子 2 ~ 3 种（水稻、玉米、绿豆）。

三、实验步骤

1. 百粒法

（1）测定样品的选取

将纯净种子铺在种子检验板上，用十字区分法将待测种子区分到所剩下的种子略大于所需量。

（2）点数和称量

从测定样品中不加选择地点数种子。点数时，将种子每 5 粒放在一堆，2 个小堆合并成 10 粒的一堆，取 10 个小堆合并成 100 粒，组成 1 组。用同样方法取第 2 组、第 3 组……直至第 8 组，即为 8 次重复，分别称各组的重量，记入种子千粒重测定记录表。各重复称量精确度见表 7－13。

表 7－13　试样称重的精确度

试样重量 /g	小数位数
1.0000 以下	4

续表

试样重量 /g	小数位数
1.000 ~ 9.999	3
10.00 ~ 99.99	2
100.0 ~ 999.9	1
1000 或以上	0

（3）计算千粒重

根据 8 个重量的称量读数，求 8 个组平均重量（$\overline{X}$），然后计算标准差（S）及变异系数（C），公式如下：

$$标准差（S）=\sqrt{\frac{n(\sum x^2)-(\sum x)^2}{n(n-1)}}。$$

式中，X 表示各重复组的重量（g）；n 表示重复次数。

$$变异系数（C）=S/\overline{X}\times 100。$$

式中，$\overline{X}$为 100 粒种子的平均重量（g）。

通过测定和计算，如种粒大小悬殊的种子，变异系数不超过 6.0，一般种子的变异系数不超过 4.0，则可按测定结果计算千粒重。如变异系数超过这些限度，应再数取 8 个重复，称重，并计算 16 个重复的标准差。凡与平均数相差超过 2 倍标准差的各重复，均略去不计。将 8 个或 8 个以上的 100 粒种子的平均重量乘以 10（即 $10\times\overline{X}$）即为种子千粒重，其精度要求与称量相同。

2. 千粒法

用手或数粒仪从试验样品中随机数取 2 个重复，大粒种子数 500 粒，中小粒种子数 1000 粒，各重复称重（g），其精度要求与百粒法相同。

2 份的差数与平均数之比不应超过 5%，若超过应再分析第 3 份重复，直至达到要求，取差距小的两份计算测定结果。

3. 全量法

将整个试验样品通过数粒仪，记下计数器上所示的种子数。计数后把试验样品称重（g），其精度要求与百粒法相同。

4. 结果计算

① 如果是用全量法测定的，则将整个试验样品重量换算成 1000 粒种子的重量。

② 如果是用百粒法测定的，则从 8 个或 8 个以上的每个重复 100 粒的平均重量（$\overline{X}$），再换算成 1000 粒种子的平均重量（即 $10\times\overline{X}$）。

③ 根据实测千粒重和实测水分，按种子质量标准规定的种子水分，折算成规定水

分的千粒重。计算方法如下：

$$国家标准水分种子千粒重 = 实测千粒重 \times \frac{1-实测水分(\%)}{1-规定水分(\%)}。$$

其结果按测定时所用的小数位数表示（小数位数可参考净度分析称重精确度部分），并在 GB/T 3543. 1 的种子检验结果报告单“其他测定项目”栏中，填报结果。

四、注意事项

① 数粒数时务必准确，以免影响最终结果。

② 数粒仪数粒时，种子务必干净，以免造成数粒仪的计数误差。

五、实验结果与分析

测定小麦种子千粒重，并填写种子重量测定结果报告（表 7－14）。

表 7－14　种子重量测定结果报告

<table>
<tr><td colspan="11"></td><td>编号：</td></tr>
<tr><td>样品登记号</td><td colspan="2"></td><td colspan="3">作物名称</td><td colspan="3"></td><td colspan="2">品种（组合名称）</td><td></td></tr>
<tr><td>规定水分 /%</td><td colspan="2"></td><td colspan="3">实测水分 /%</td><td colspan="3"></td><td colspan="2">检验方法</td><td></td></tr>
<tr><td rowspan="2">百粒法</td><td>重复</td><td>Ⅰ</td><td>Ⅱ</td><td>Ⅲ</td><td>Ⅳ</td><td>Ⅴ</td><td>Ⅵ</td><td>Ⅶ</td><td>Ⅷ</td><td>实测千粒重 /g</td><td>规定水分千粒重 /g</td></tr>
<tr><td>重量 /g</td><td></td><td></td><td></td><td></td><td></td><td></td><td></td><td></td><td></td><td></td></tr>
<tr><td></td><td colspan="2">平均百粒重（$\overline{X}$）/g</td><td></td><td colspan="2">标准差（S）</td><td></td><td colspan="2">变异系数（C）</td><td></td><td></td><td></td></tr>
<tr><td rowspan="2">千粒法</td><td colspan="2">重复</td><td>Ⅰ（X_1）</td><td>Ⅱ（X_2）</td><td colspan="2">平均（x）</td><td colspan="3">[（X_1-X_2）/ X] < 5%</td><td></td><td></td></tr>
<tr><td colspan="2">重量 /g</td><td></td><td></td><td colspan="2"></td><td colspan="3"></td><td></td><td></td></tr>
<tr><td>全量法</td><td colspan="2">样品重 /g</td><td colspan="2"></td><td colspan="2">粒数（N）/ 粒</td><td colspan="3"></td><td></td><td></td></tr>
<tr><td>检测依据</td><td colspan="11"></td></tr>
<tr><td>主要仪器及编号</td><td colspan="11"></td></tr>
<tr><td>检验员：</td><td colspan="3">日期：　　校核人：</td><td></td><td colspan="2">日期：</td><td colspan="2">审核人：</td><td colspan="2">日期：</td><td></td></tr>
</table>

第八章　种子加工贮藏实验

实验一　种子消毒技术

一、实验原理与目的

种子处理是植物病虫害防治中经济有效的方法，使用生物、物理、化学因子和技术来保护种子和作物，控制病虫为害，确保作物正常生长，达到优质高产目的。据此，种子处理方法可分为普通处理、种子包衣和种子引发处理，其中普通处理应用最为广泛和掌握。普通处理方法又可以分为物理方法（按比重、光、热、电场、磁场处理）、化学方法和生物方法等，其主要目的就是消除种子携带的病原菌，提高种子活力，为高产稳产和优质农产品打下一定的基础。

种子是传播蔬菜病原菌最重要的途径之一，种子带有的病菌可以直接侵染种芽和幼苗，造成毁种死苗，并且为后期发病提供病源，是引起蔬菜田间发病的祸根。病原菌包括真菌、细菌和病毒，这些病原体以孢子、菌丝体、菌体等形式混杂于种子中间、附着于种子表面，甚至潜伏于种皮组织内或胚内。因此，种子播前消毒是减少病害传播、预防田间病害发生的一项必不可少的措施。

二、器材与试剂

1. 材料

开水、不同种类的种子、杀菌剂（克菌丹、敌克松、多菌灵、福美双、甲霜灵）、磷酸三钠、氢氧化钠。

2. 仪器用具

烧杯、量筒、温度计、玻璃棒、瓷盘、烘箱（200 ℃）、电子天平（0.01 g）、电子天平（0.001 g）。

三、实验步骤

1. 分组与讨论

每实验组 3 ~ 5 个人，查询有关资料并参考下面操作方法，确定出针对所选种子选出适当的种子消毒办法。

2. 主要种子消毒方法

（1）温汤浸种

把种子投入其体积5倍左右的55～60℃的热水中浸烫，并按一个方向不断搅动，使种子受热均匀。保持恒温15～30 min，处理过程中要随时添加热水并不断搅动。待水温降至室温时，停止搅动，转入常规浸种催芽。温汤浸种要严格掌握水温和烫种时间，才能达到既杀死病菌又不烫伤种子的目的。

温汤浸种是一种较安全的种子处理方法，这种方法可有效地杀死附着在种子表面和潜伏在种子内部的病菌。另外，种皮上带有萌发抑制物，通过浸种和冲洗可去除种皮上的萌发抑制物，增加种皮的通气性，促进种子萌发整齐一致。温汤浸种还可促使种子吸足水分，使种子内部的各种酶活化起来，为萌发做好准备。

（2）干热处理

种子摊开平铺在较薄的容器上，置于70℃左右的高温下干热消毒一定时间，以达到杀死种子内外病菌的目的。例如，黄瓜干种子在70℃条件下干热处理72 h，几乎能杀死种子内外所有的病原菌。但应注意，在干热处理前，一定要将种子晒干，否则会杀死种子。

（3）药剂拌种

就是用干燥的药粉与干燥的种子在播前混合搅拌，使每粒种子都均匀地黏附上药粉，形成药衣，有杀死附着于种子表面的病菌和防止土壤中病菌侵染的作用。拌种药剂和种子必须都是干燥的，否则会引起药害和影响种子蘸药的均匀度。用药量一般为种子重量的0.2%～0.5%，由于用药量很少，必须用天平精确称量。拌种时把种子放到罐头瓶内，加入药剂，加盖后摇5 min，使药粉充分且均匀地黏在种子表面。拌种常用药剂有克菌丹、敌克松、多菌灵、福美双等。例如，用种子重量0.3%的50%多菌灵可湿性粉剂拌种，可防治黄瓜根腐病、黑斑病、枯萎病和黑星病等。

（4）药剂浸种

用药剂溶液浸渍种子，使之吸收药液，经一定时间后取出，用清水洗涤干净，然后晾干催芽或直接播种。浸种必须严格掌握药液浓度、浸种时间、药液温度等，否则会影响药效或出现药害。浸种药液必须是溶液或乳浊液，不能用悬浮液。药液用量一般为种子体积的2倍左右，常用药剂有多菌灵、托布津、福尔马林、磷酸三钠等。用此法处理种子，药剂可渗入种子内部，所以能够杀死种子内部病菌。例如，72.2%普力克水剂800倍液或25%甲霜灵可湿性粉剂800倍液浸种30 min，可防治黄瓜疫病；冰醋酸100倍液浸种30 min或50%福美双可湿性粉剂500倍液浸种20 min，可防治黄瓜炭疽病、蔓枯病；若防治番茄、辣椒病毒病，可先将种子用清水浸泡2～3 h，然后浸入10%的磷酸三钠或2%氢氧化钠水溶液中，20 min后取出，用清水反复冲洗干净；如果防治蔬菜苗期猝倒病、番茄早疫病、茄子褐斑病等，可将种子用水浸泡3～4 h，再浸入40%的福尔马林100倍液中，20 min后取出，用湿布盖好闷2～3 h，再用清水洗净。

四、注意事项

① 种子消毒的方法非常多，各地应因地制宜灵活选择，不可盲目跟从。
② 确有拿不准的方法，应先小批量试验，待技术成熟后再转入生产消毒。
③ 正式企业生产的种子（包衣种子、丸化种子或引发种子等）一般不再消毒处理。

五、实验结果与分析

① 描述自己对某种子的消毒操作过程和可能注意事项。
② 以未消毒种子作对照，对已消毒种子进行播种或田间种植，观察消毒对种子发芽或植株的影响，并以表格（结合实际情况绘制）的形式展现。

实验二　种子清选技术

一、实验原理与目的

种子清选是利用种子清选设备，根据种子的物理特性（主要是大小、形状、比重、色泽、电负性和表面特性等），将混杂在种子堆中的非种子成分、虫蛀、霉烂和未充分成熟的种子淘汰掉，从而提高种子的净度，提高种子活力，为整齐发芽和高产稳产打下一定的基础。清选后的种子需符合种子质量分级国家标准，出口种子还需符合对方要求标准。

1. 种子筛选原理

种子清选筛的筛孔可分为圆孔、长孔、三角形孔及金属丝网筛。圆孔筛是按种子宽度进行分离，长孔筛是按种子厚度进行分离，三角形筛和金属网筛可用于不同形状和杂质的分离。筛选可用于种子预清选，从上层筛去大于种子的秸秆、叶片等物质，从下层筛可除去小于种子的其他混杂种子杂草种子和泥沙等物质。

2. 空气筛原理

这种筛利用筛孔清选原理和空气动力学原理。空气动力学清选原理是按分离物的大小、重量形状进行分离的。气流能将比重比正常种子小，迎风面大的颖壳、茎叶碎片、空瘪种子及其他杂质吹走，而留下充实饱满的种子，达到清选的目的。空气筛清选机是最基本的清选机，几乎适用于各种种子的清选。

3. 窝眼滚筒精选分离原理

窝眼滚筒是用金属板冲窝眼制成的，内壁上冲有圆形窝眼的圆筒。可水平或稍倾斜装置，并在窝眼筒里安装有 V 形分离槽，用收集从窝眼筒下落的分离出种子。其分离分级原理是按种子长度不同进行。当种子喂入圆筒时，其长度小于窝眼口径时，就落入窝眼内，并随圆筒旋转上升到一定高度后落入分离槽中，随即被搅龙运出；而长度大于窝眼口径的种子，则不能进入窝眼，沿窝眼的轴向从另一端流出，达到分级精选目的。

4. 色泽选别机分离原理

这是按种子颜色和强度不同进行分离的。其原理是利用光电管，颜色浅的种子，由于光的反射作用，使光电管产生电流能把种子通过的活门打开或关上，达到分离不同颜色种子的目的。

二、器材与试剂

1. 材料

各类农作物种子。

2. 仪器

解剖镜、显微镜、载玻片、盖玻片、滴管、放大镜、单面刀片、种子测微尺、游标卡尺、镊子、解剖针、种子脱粒机、种子清选机。

三、实验步骤

① 确定种子科别、果实类型和种子种类。

② 种子长、宽、厚度的测定：柱形和卵形种子，有长宽之分而无宽厚之分，只用两个数值表示种子的大小；球形种子如油菜用直径表示大小；水稻、大麦种子常带有芒，应先去掉再测量种子长度。

③ 种子比重的测定：用种子比重瓶测定。

④ 特殊指标的测定，如种子的电负性、色泽和含水量的测定，需要特殊设备测定。有经验的师傅，不需要测定也能通过调试清选机的参数，达到种子清选的目的。

⑤ 各种清选精选机操作方法：从现场参观中，了解正确操作使用方法和技术要点。待机器运行稳定后，取样测验种子是否符合标准；也可以对种子目测，大致判断，确实相差太大的，及时调试机器参数，直到目测符合后再扦样测定。根据机器型号，课后查找其内部结构，弄明白其工作原理。

⑥ 正确使用注意事项：应按各种不同清选精选机的工作原理，选择或调节最佳的条件，并进行正确操作，才能达到良好的清选效果。

⑦ 清选检测：经清选后的种子，清杂和重杂已经淘汰，主要是对种子的比重和大小继续检验，看是否符合预定标准。

四、注意事项

① 每种清洗方法对种子都有一定的损耗，注意节约种子、降低损耗。

② 对种皮比较薄的种子，应调整参数，不宜出现太多破损种子。

③ 种子经每道工序清选完成后，应扦样测定，看是否符合预期目的。

五、实验结果与分析

① 通过现场教学实习，你认为你当地主要作物种子应选哪种清选机型最合适？

② 根据种子清选原理，请设计一份种子样品的清选条件，包括筛孔形状和大小、

风压、风量、震动频率和方向等。

③ 对已清选的种子进行检测，包括获选率、破损率、净度等，有条件的可以测定一下清选前后种子活力的变化，据此判断是否符合预定标准。

实验三　种子包衣技术

一、实验原理与目的

种衣剂是由农药原药（杀虫剂、杀菌剂等）、肥料、生长调节剂、成膜剂配套助剂等经过特定工艺流程加工制成的，可直接或经稀释后包覆于种子表面，形成具有一定强度和通透性的保护层膜的农药制剂。种衣剂包被在种子上后，可以起到对种子杀菌消毒的作用，通过药剂内吸传导和药效缓慢释放，达到综合防治农作物苗期的主要病虫害、调节植物生长和为幼苗提供养分的效果。种子包衣有利于实现种子的标准化、商品化。

本实验利用包衣机或简单人工的方法将种衣剂包被在玉米等种子表面，通过检测种子包衣均匀度、包衣脱落率、包衣合格率等指标以确定种子的包衣质量。

二、器材与试剂

1. 材料

玉米种子、种衣剂 19 号、95% 乙醇（或分析纯）。

2. 仪器用具

培养皿、电子天平、托盘天平、移液器、吸头、一次性手套、记号笔、移液管（2 mL、5 mL）、带盖离心管（10 mL）、微孔过滤器（0.1 μm）、721 型分光光度计、比色皿（1 cm 厚）、具塞三角瓶（250 mL）、容量瓶（50 mL）、振荡仪（500 ± 50 r/min）、超声波清洗器。

三、实验步骤

1. 种子包衣步骤

将培养皿洗净晾干后，将培养皿放置在电子天平上进行称重，然后移去培养皿，将天平的读数归零。向培养皿皿底中央加入 0.500 g 种衣剂，待天平读数稳定后将培养皿取出放置在合适的位置。用托盘天平准确称取玉米种子 20.0 g，倒入培养皿中，盖上皿盖，用力摇晃，约 10 min，至种子完全包衣均匀。

2. 种衣剂包衣均匀度的测定

① 随机取包衣种子 20 粒，分别置于 10 mL 带盖离心管中，在每个离心管中，用移液管准确加入 2 mL（或 5 mL）95% 乙醇，加盖、振荡萃取 15 min 后，静置并离心得到澄清的红色液体。

② 以 95% 乙醇做参比，在 550 nm 波长下，测定其吸光度 A（550 nm 是以罗丹明 B 为染色剂时的检测波长，如以其他成分为染料，要根据其成分进行波长选择）。

③ 结果计算：将测得的 20 个吸光度数据从小到大进行排列，并计算出平均吸光度值为 A。试样包衣均匀度 X（%），按 X（%）$= n/20 \times 100 = 5n$ 公式计算，其中 n 为测得吸光度 A 在 0.7 ~ 1.3A 范围内的包衣种子数。

3. 种衣剂包衣脱落率测定

① 称取 10 g（精确至 0.002 g）包衣种子 2 份，分别置于具塞三角瓶中。一份准确加入 100 mL 95% 乙醇，加塞置于超声波清洗器中振荡 10 min，使种子外层的种衣剂充分溶解。将三角瓶取出静置 10 min，取上清液 5 mL 于 50 mL 容量瓶中，用乙醇稀释至刻度，摇匀得到溶液 A。

② 将另一份置于振荡器上，振荡 10 min 后，小心地将种子取至另一个三角瓶中，按溶液 A 的处理方法，得到溶液 B。

③ 以 95% 乙醇做参比，在 550 nm 波长下测定其吸光度（550 nm 是以罗丹明 B 为染色剂时的检测波长，如以其他成分为染料，要根据其成分作波长选择）。

④ 结果计算。包衣后脱落率 X（%），按下式计算：

$$Y(\%) = \frac{A_0/m_0 - A_1/m}{A_0/m_0} \times 100 = \frac{A_0 - m_0A_1/m_1}{A_0/m_0} \times 100。$$

式中，m_0 为配制溶液 A 所称取包衣后种子的量，g；m_1 为配制溶液 B 所称取包衣后种子的量，g；，A_0 为溶液 A 的吸光度，A_1 为溶液 B 的吸光度。

4. 种衣剂包衣合格率的测定

包衣合格率是指种衣剂包敷面积大于 80% 的包衣种子占全部包衣种子的百分比。国家行业标准中，规定小麦、玉米种子包衣合格率 > 93%，棉花种子包衣合格率 ≥ 90%。测定方法是：在包衣机额定生产率下，根据种衣剂要求的药种比例进行包衣，对包衣后种子取样 3 次，从每份样品中分出 200 粒试样，用 5 倍放大镜观察每粒试样，分出种衣剂包敷的种子面积大于或等于 80% 的粒数和小于 80% 的粒数，按下式计算包衣合格率：

$$包衣合格率(\%) = \frac{包敷面积 \geq 80\% 的种子粒数}{包敷面积 \geq 80\% 的种子粒数 + 包敷面积 < 80\% 的种子粒数} \times 100\%。$$

5. 种衣剂牢固度

种衣剂牢固度指种衣剂包裹在种子表面上的牢固程度（也叫脱落率）。国家行业标准规定，包衣后小麦种子种衣牢固度 > 99.8%、玉米种子种衣牢固度 > 99.65%、棉花种子种衣牢固度 > 99.65%。其检验方法是：从平均样品中取 3 份试样，每份 20 ~ 30 g，分别放在清洁、干燥的 125 mL 具塞广口瓶中并置于振荡器上；启动振荡器，在转速 400 rpm 振幅为 40 mm 的条件下振荡 1 h；然后，将分离出的包衣种子进行称量。按下式计算：

种衣牢固度（%）= 振荡后包衣种子重量 / 样品重量 ×100%。

四、注意事项

① 每种种衣剂适合不同种类的种子，不可移花接木或临时拼凑。

② 商品化种衣剂按照说明进行即可，自己研发且不成熟的种衣剂应先进行小批量试验。

③ 种衣剂包裹完成后，需检测种子包衣均匀度、包衣脱落率、包衣合格率等指标。

五、实验结果与分析

① 包衣时对种子有什么要求？

② 在包衣操作过程中有哪些注意事项？

③ 列表展示你的包衣种子并进行综合评价。

实验四　种子丸粒化技术

一、实验原理与目的

种子丸粒化主要应用于小粒农作物、蔬菜种子及某些不规则种子的处理，如油菜、烟草、胡萝卜、葱类、白菜、甘蓝、甜菜、牧草等种子。这些种子经过丸化后，有利于机械播种。丸化剂可以为幼苗生长补充营养元素、防治苗期病虫害等。

种子丸粒化（seed pelleting）是指利用黏合剂，将杀菌剂、杀虫剂、染料、填充剂等物质黏着在种子表面，并做成外形丸状的种子单位。经丸粒化后的种子称为丸粒种子（pelleted seed）或种子丸（seed pellet）。丸粒化种子的类型主要有重型丸粒、速生丸粒、扁平丸粒和快裂丸粒 4 种类型。重型丸粒是在种衣剂中加各种助剂配料使种子颗粒加重为种子原始重量的 3 ~ 50 倍；速生丸粒是先对种子催芽而后丸化包衣，以保提前出苗和一次全苗；扁平丸粒即把细小的种子制成较大、较重的扁平丸片，以提高飞播时的准确性和落地的稳定性；快裂丸粒种子在播种后经过较短时间就能自行裂开。

种子丸化的工艺流程为：种子精选→种子消毒→种子用黏合剂浸湿→与种衣剂混合→与填充剂搅拌→丸化成型→热风干燥→按粒度筛选分级→质量检验→计量→包装。

二、器材与试剂

1. 材料

① 种子，如经精选加工的油菜、烟草、胡萝卜、葱类、白菜、甘蓝、甜菜等作物种子。

② 惰性物质，如黏土、硅藻土、泥炭、炉灰等。

③ 黏合剂，如阿拉伯树胶、聚乙烯醇等。

④ 种衣剂。

2. 仪器用具

① 丸化设备 5ZW－1000 种子丸粒化包衣机或者其他型号的丸粒化设备、小型喷雾器、烧杯、筛子、口罩、橡胶手套等。

② 丸化种子检测用具：扦样器、分样器、螺旋测微尺、白色滤纸、培养皿（直径 9 cm）、细尖玻璃棒、颗粒强度测定仪（灵敏度 0.1 gf，即 9.8×10^{-4} N）、粮食水分快速

测定仪、光照培养箱、发芽室配套设备、电子秤（3 ~ 5 kg）、电子天平（感量 0.01g、0.001 g）等。

三、实验步骤

1. 种子丸粒化

① 材料准备：预先对即将进行丸粒化的种子进行精选，然后对种子进行消毒，再用黏合剂浸湿种子，并将种子丸粒化所需的全部材料、器具准备妥当。

② 检查种子：先调整丸化包衣机控制模式为自动模式，然后设置丸化包衣机的相关参数，转速设置为 10 ~ 31 r/min，倾角 32° 。注意不同作物种子要求不同，要根据实际情况进行调整。确定机器处于良好的安全工作状态后方可进行下一步。

③ 输料：将准备好的种子加入圆筒中，并加入一定量的种衣剂。不同作物种子药种配比一般设定在 1 :（50 ~ 100）。自动模式下每次喷液、加粉时间在 12 s 之内（供液量在 25 mL 以内，粉料质量在 0.6 kg 以内）、胶悬液采用羧甲基纤维素溶液（羧甲基纤维素与自来水质量比为 1 : 50）。最后密封滚圆筒。

④ 丸化转动滚圆筒：以 10 ~ 20 r/min 的速度转动滚圆筒，由于摩擦力，种子也随之转动，当转动到一定高度时，种子在重力的作用下脱离筒壁，然后又被带动。如此反复不停地翻转运动，使药液与种子充分混合均匀。

⑤ 过筛：当种子丸化均匀并达到一定体积时，停止转动，取出种子，并过筛，选取大小、形态一致的丸化种子。不同作物丸化种子粒径大小要求不一样。一般丸化倍数在 3 ~ 20。

⑥ 干燥：对过筛后的丸化种子进行自然风干或人工干燥（烘干温度为 60 ℃，烘干时间为 30 min）。使丸化种子的外表水分蒸发，便于包装、贮藏、播种等。

2. 丸化种子的质量指标及其检测

丸粒化种子的质量指标反映了种子丸化技术工艺、配方的科学性。丸化种子检测取样按种子检验规程要求进行。主要技术指标有：

① 丸粒形状：要求圆形或近圆形，大小适中，表面光滑。用螺旋测微尺测定丸化种子样品纵横两个方向的直径，计算平均值，并判断是否符合圆形或近圆形的要求。

② 整齐度（uniformity degree）：即符合标准粒径要求的丸化种子重量占包衣种子总试样总重量的百分率，要求整齐度 ≥ 98%。

将丸化种子样品置于大孔筛子上，筛去过大粒径的丸化种子后，再置于相差 2 个筛目的小筛上，筛去过小粒径的丸化种子，选符合标准粒径的丸化种子，称重后按下式计算整齐度，并测定丸化种子直径，以判断丸化种子是否均匀整齐一致。

$$\text{整齐度（\%）} = \frac{\text{符合标准粒径的丸化种子重量（g）}}{\text{样品总重量（g）}} \times 100\%。$$

③ 单籽率（single seed rate）：即每粒丸化种子中只有一粒种子的粒数占被检验丸化种子总数的百分率，要求单籽率 ≥ 98%。

④ 有籽率（seed pelleted rate）：即种子丸化后有种子的粒数占被检验丸化种子总数的百分率，要求有籽率 ≥ 98%。

⑤ 伤籽率（injured seed rate）：即种子后受伤受损丸粒种子的粒数占被检验丸化种子总数的百分率，要求伤籽率 ≤ 0.5%。

将丸化种子均匀地置于培养皿内白色湿润滤纸上 5 min 后，用细尖玻璃棒扒开丸化粉料，观察每个丸化种子内种子的粒数。有种子的记为有籽，只有一粒种子的就为单籽，种子损伤的记为伤籽。有籽率、单籽率和伤籽率按下式进行计算：

$$\text{有籽率（\%）} = \frac{\text{有籽粒数}}{\text{试样总粒数}} \times 100\%;$$

$$\text{单籽率（\%）} = \frac{\text{单籽粒数}}{\text{试样总粒数}} \times 100\%;$$

$$\text{伤籽率（\%）} = \frac{\text{伤籽粒数}}{\text{试样总粒数}} \times 100\%。$$

⑥ 单粒抗压强度（single pellet compressive strength）：即平均每粒丸化种子所能承受的最大压力，要求单粒抗压强度 ≥ 150 gf。

每个样品取 100 粒，用颗粒强度测定仪逐个测定被压碎时的压力。单粒抗压强度按下式计算，以克力（gf）为单位（注：gf 为非法定单位，$1\text{gf} = 9.8 \times 10^{-3}\text{N}$）。

$$\text{单籽抗压强度（gf）} = \frac{\text{100 粒化种子所能承受的最大压力之和}}{100}。$$

⑦ 裂解率：即丸粒化种子在水中 1 min 内或湿润滤纸上 5 min 内吸水崩裂的能力，要求裂解率 ≥ 98%。

选用充分晒干的包衣丸化种子，均匀置于培养皿湿润滤纸上，5 min 后，观察裂解情况，单籽裂解显示为丸化种子开裂、松散。裂解率按下式进行计算：

$$\text{裂解率（\%）} = \frac{\text{5 min 单籽裂解数}}{\text{试样总粒数}} \times 100\%。$$

⑧ 丸化倍数（pelleted rate）：即丸化种籽粒重与裸种粒重的比值。

取裸种及丸化种子各 1000 粒分别用天平称其重量，重复 3 次，取其比值作为丸化倍数。丸化倍数按下式进行计算：

$$\text{丸化倍数} = \frac{\text{丸化种子千粒重}}{\text{未丸化种子千粒重}} \times 100\%。$$

⑨ 发芽率测定：按标准发芽试验方法在砂床中进行。

⑩ 种子含水量：用快速水分测定仪测定丸化种子水量，要求种子含水量 ≤ 8%。

四、注意事项

① 操作人员必须戴口罩、橡胶手套，穿防护服，以免药剂中毒。同时，在实验过程中不能喝水、吃东西，实验后用肥皂洗净手脸后方能进食。

② 在种子丸化与应用过程中，对农药、激素等添加剂的使用，要按照国家安全卫生环保标准，严格控制残留量。农药型种衣剂会污染土壤和造成人畜中毒，应尽量避免使用克菌丹农药型种衣剂。

③ 药剂的准备过程中，其配比一定要适当，不能过多，以免造成出苗后幼苗中毒，同时，药液的混合也要均匀。

④ 在输料的环节中，不能一次性地将所有的种衣剂都加入滚圆筒中，防止因全部加入而混合不均匀，影响丸化质量。

五、实验结果与分析

① 根据你的测定，完成丸化种子检验结果（表 8-1）。

表 8-1　丸化种子检验结果报告单　　编号：

品种名称		提供单位			生产日期	
裸种质量指标	纯度 /%		净度 /%		发芽率 /%	
	千粒重 /g		含水量 /%		发芽势 /%	
丸化种子质量指标	裸种重量 /kg		化种子重量 /kg		丸化倍数	
	有籽率 /%		单籽率 /%		裂解率 /%	
	千粒重 /g		发芽率 /%		单粒抗压强度 /gf	
	丸化种子形状		整齐度 /%			
综合评定	合格		不合格		检验日期	

② 种子丸粒化的关键工艺是什么？

③ 简要说明种子丸粒化在生产上的价值。

实验五　种子干燥技术

一、实验原理与目的

种子干燥是种子清选、处理和仓贮的前提和基础，直接关系到种子的呼吸消耗、种子活力、有害生物的发生发展和危害情况，也关系到种子在仓库的贮藏条件和贮藏期限。不同种子因其自身差异，对种子的含水量有不同要求。北方大田作物种子含水量 13% 就能较为安全贮藏，而南方因空气湿度大、温度高而要求低于 12%。种子干燥就是将种子置于干燥环境下，通过种子内部水分向外扩散和表面水分的不断蒸发，达到降低种子或种子堆的含水量至安全含水量。干燥过程中，要保持或提高种子活力，确保种子干燥均匀。

本实验要了解热空气种子干燥的原理和所用能源，了解热空气干燥机主要构造部分和干燥流程，了解种子安全干燥的注意事项。

二、器材与试剂

1. 材料

批量的作物种子，如大麦、小麦、水稻、玉米籽粒或玉米果穗，也可选用蔬菜等的种子。

2. 场地及仪器用具

种子干燥车间、培养皿、电子天平、托盘天平、发芽盒、记号笔、种子快速水分测定仪、人工气候箱、烘箱。

三、实验步骤

1. 干燥车间参观

① 参观和了解当地常用热空气干燥机的干燥原理和所用热能的燃料，干燥机类型。需做好干燥前准备，检查干燥机测温、控温系统和种子原始水分。

② 参观和了解当地常用干燥机的构造和干燥流程。确定种子安全干燥条件，如干燥温度、气流量、相对湿度、种子厚度、时间、降水速率。

③ 了解种子干燥的操作技术并分析其干燥原理。

④ 了解种子干燥的成本及降低成本的措施，熟悉干燥过程种子水分测定时间和方法，检查种子发芽力和活力的变化。

⑤ 参观过程中注意安全，防止头手磕碰和挤夹；留意干燥的种子去向和措施。

2. 烘箱干燥

① 按烘箱设定温度 35 ℃、40 ℃、45 ℃、50 ℃、55 ℃、60 ℃下，种子水分散失效率动态监测，确定最佳失水时间和干燥时间。

② 对经 35 ℃、40 ℃、45 ℃、50 ℃、55 ℃、60 ℃烘干的种子进行活力测定。

四、注意事项

① 不同批量的种子或不同种类的种子，应选择不同的干燥方式。

② 湿种子或刚收获的种子应注意掌控干燥温度和降水速率，避免产生爆腰和不必要的机械损伤。

③ 干燥前应先去杂去劣，减少能源消耗和对好种子干燥的干扰。

④ 每隔一定时间取出称重，并在取出期间保证水分不再变化。

⑤ 特定温度下，烘干并称重。

五、实验结果与分析

① 记录你所参观到的种子干燥机类型、能源类型、工作效率和种子损耗率。

② 记录你所参观到的种子干燥机的工作流程或干燥原理。

③ 对 35 ℃、40 ℃、45 ℃、50 ℃、55 ℃、60 ℃下烘箱干燥的种子数据进行绘图展示，并记录你从中得到的规律性结论。

实验六　种子的超低温贮藏

一、实验原理与目的

优良种子是植株健壮的先决条件。种子在播前贮藏阶段，贮藏条件与管理水平将直接影响种子的生活力及萌发情况，进而影响幼苗素质。传统方法很难长期贮藏种子。种子超低温贮藏是指利用液态氮（-196 ℃）为冷源，将种子等生物材料置于超低温下（一般为-196 ℃），使几乎所有的细胞代谢活动、生长都停止，而达到长期保持（种子）寿命的贮藏方法。

种子超低温贮藏不需要机械空调设备及其他管理，冷源是液氮，容器是液氮罐，设备简单，保存费用只相当于种质库保存的1/4。

液氮保存的种子不需要特别干燥，能省去种子的活力监测和繁殖更新，是一种省事、省工、省费用的种子低温保存新技术，适合长期保存珍贵稀有种质，但对具体作物种子有不同操作要求，不宜生搬硬套。

二、器材、种子与试剂

液氮、液氮罐、变色硅胶、P_2O_5、干燥器、小麦种子、玉米种子、红小豆种子、黄豆种子、花生种子、发芽盒、发芽纸、电子天平（0.0001 g）。

三、实验步骤

1. 种子干燥处理

清选种子，确保干燥前种子的一致性。将不同种子各50 g用铝盒装盛，分别在P_2O_5、CaO、$CaCl_2$和变色硅胶中敞盖干燥24 h。同时将室温贮藏的种子也分别各称取50 g。各种子需复份两份，一份用于超低温贮藏，另一份用于确定种子含水量。

2. 干燥种子含水量的确定

将一份经干燥和室温贮藏的种子取出，迅速合盖称重。将各种子敞盖，置于105 ℃烘箱中烘干24 h，恒重后称重。记下烘干前后种子重量的变化。以室温贮藏的种子为基数，计算经干燥种子含水量。

3. 种子密闭冷冻

将上述用于超低温贮藏的种子用自封袋进行 2～3 层密封（谨防漏气而吸潮或失水），分别置于 4 ℃、-4 ℃、-20 ℃、-80 ℃冰箱预冷各 2 h，最后投入盛有液氮的液氮罐中，并保持在液氮中保存 24 h。

4. 种子活力检测

在液氮中保存 24 h 的种子，分别置于-80 ℃、-20 ℃、-4 ℃、4 ℃冰箱和室温依次解冻 20 min。以室温条件下保存的起始水分种子为对照，对种子进行发芽试验，并对种子发芽率、发芽势、幼苗生长指标和电导率项目等进行测定。

四、注意事项

① 不同种类或成熟度的种子，宜先行低温锻炼处理，预冷速度和解冻速度也不尽相同，操作时需参考相关资料和数据。

② 种子解冻过程中，应避免细胞内冰晶的重新形成而刺破各类细胞膜，从而打破细胞的区腔，引起种子电解质渗漏和损失。最好用防冻液处理，使其细胞降低冰点，减少冰晶形成。

③ 变温模式降温或解冻，优于特定的温度或速度，但没有确切数据定论。

④ 经超低温贮藏的种子，需进行种子活力检测后，才能应用于生产。

五、实验结果与分析

① 种子发芽率或发芽势比较（表 8-2）。

表 8-2　不同干燥条件下种子发芽率和发芽势比较

		变色硅胶	$CaCl_2$	CaO	P_2O_5	室温贮藏
小麦	发芽率 /%					
	发芽势 /%					
玉米	发芽率 /%					
	发芽势 /%					
红小豆	发芽率 /%					
	发芽势 /%					
黄豆	发芽率 /%					
	发芽势 /%					

② 幼苗生长指标比较（表 8-3）。

表 8-3　不同干燥条件下幼苗生长指标比较

		变色硅胶	$CaCl_2$	CaO	P_2O_5	室温贮藏
小麦	叶宽 /cm					
	叶长 /cm					
	径粗 /mm					
	相对生长率 /%					
玉米	叶宽 /cm					
	叶长 /cm					
	径粗 /mm					
	相对生长率 /%					
红小豆	叶宽 /cm					
	叶长 /cm					
	径粗 /mm					
	相对生长率 /%					
黄豆	叶宽 /cm					
	叶长 /cm					
	径粗 /mm					
	相对生长率 /%					

③ 不同种子经干燥处理和超低温贮藏后，种子损伤各不相同，你从本实验中得到什么规律性结论？

第九章　工厂化育苗实验

实验一　工厂化育苗基质主要理化性状的测定

一、实验目的和要求

通过实验，学习和掌握基质主要理化性质的测定方法，了解不同基质的理化特性，对所测基质给出客观评价，并提出克服单一基质理化性质不佳的技术途径。

二、实验用具和材料

1. 材料

草炭、蛭石、珍珠岩、沙子、菜园土及不同比例的混合基质。

2. 仪器设备

1/100 电子天平、比重瓶、100 mL 刻度三角瓶、纱布、电导率仪、pH 计等。

3. 试剂

pH 4.01 标准缓冲液（将在 105 ℃下烘干的分析纯苯二甲酸氢钾 10.21 g 用水溶解并定容至 1 L）、pH 6.87 标准缓冲液（将在 50 ℃下烘干的分析纯 KH_2PO_4 3.39 g 和分析纯无水 Na_2HPO_4 3.53 g 溶于水并定容至 1 L）、饱和 $CaCl_2$ 溶液。

三、实验方法和步骤

1. 不同基质的物理性质测定

（1）相对密度

称取风干基质样品 10 g，倾入比重瓶内，另称取 10 g 样品在 105 ℃下烘干，称重（G）；向装有样品的比重瓶中加蒸馏水至瓶内容积的一半，然后徐徐摇动使样品充分湿润，待与水均匀混合后放入真空干燥器中；用真空泵抽气法排除基质中的空气，抽气时间不得少于 30 min；停止抽气后在干燥器中静置 15 min 以上，然后加满蒸馏水，塞好瓶塞，多余的水自瓶塞毛管中溢出；用滤纸擦干后称重（g_2），同时用温度计测定瓶内的水温；测定不加样品的比重瓶加水的质量（g_1）。通过下式计算基质的相对密度：

$$d_s = \frac{G \times d_{wt}}{G+g_1-g_2}\text{。}$$

式中，d_s 为基质的相对密度（g/cm³），d_{wt} 为 t ℃时蒸馏水的相对密度（g/cm³）。

（2）容重

按下式计算容重（质量以 g 为单位，体积以 mL 为单位）：

$$容重=\frac{W_2-W_1}{V}。$$

式中，V 为已知体积（100 mL）的三角瓶，W_1 为空三角瓶质量，W_2 为装满待测基质后三角瓶质量。

（3）总孔隙度

取一已知体积 V 的容器，称其质量 W_1，装满待测基质，称其质量 W_2，然后将装有基质的容器放在水中浸泡一昼夜（加水要加至容器顶部），称其质量 W_3，通过下式计算总孔隙度（质量以“g”为单位，体积以“mL”为单位）：

$$总孔隙度=\frac{(W_3-W_1)-(W_2-W_1)}{V}\times 100\%。$$

如果已经测定了基质的相对密度，可直接用下式计算总孔隙度：

$$总孔隙度=\left(1-\frac{容重}{相对密度}\right)\times 100\%。$$

（4）通气孔隙和持水孔隙

取已知体积 V 的容器，按上述方法测定总孔隙度后，将容器口用已知质量的湿润纱布（W_4）包住，把容器倒置，让容器中的水分流出，直至没有水渗出时，称其质量（W_5），通过下式计算通气孔隙和持水孔隙：

$$通气孔隙=\frac{W_3+W_4-W_5}{V}\times 100\%；$$

$$持水孔隙=\frac{W_5-W_2-W_4}{V}\times 100\%。$$

2. 不同基质的物理性质测定

取风干基质，将其与去离子水按 1∶5（V/V）的比例混合均匀，24 h 后取滤液分别用电导率仪和 pH 计测定 pH、EC 值。

四、注意事项

① 无土育苗基质的孔隙度要求在 54% 以上。

② 不同种类的基质，分别有其适宜的粒径。无土育苗基质的粒径多数要求在

0.5 ~ 5 mm。

五、作业与思考题

① 比较评价所测基质的理化性状及其利用价值。

② 如何克服单一基质的弊端？对非安全基质应如何改善？

实验二　常规育苗技术

一、实验目的

育苗是蔬菜栽培中一项重要的技术，其目的是为了提前蔬菜的生长发育周期，调节产品供应期。本实验通过进行蔬菜常规育苗，了解育苗的意义和原理，掌握蔬菜常规育苗的技术要领。

二、实验材料

1. 材料

蔬菜种子、营养土。

2. 仪器设备

地膜、营养钵、温度计。

3. 试剂

福尔马林、多菌灵、代森锌。

三、实验方法与步骤

1. 营养土的配制

播种床土要求特别疏松、通透，以利于幼芽出土和分苗起苗时不伤根，对肥沃程度要求不高。播种床土厚度 6 ~ 8 cm。分苗（移植）床土应加大田土和优质粪肥。分苗床土厚度 10 ~ 12 cm。

2. 消毒

药土消毒即将药剂先与少量土壤充分混匀后，再与所计划的土量进一步拌匀成药土。播种时下铺上盖。熏蒸消毒一般用 100 倍的福尔马林喷洒床土，拌匀后堆置，用薄膜密封 5 ~ 7 d，然后揭开薄膜待药味挥发后再使用。药液消毒使用代森锌或多菌灵 200 ~ 400 倍液消毒，每平方米床面用 10 g 原药，配成 2 ~ 4 kg 药液喷浇。

3. 苗床设置与播种

苗床设置包括播种苗床、育苗容器、营养土方及育苗营养块。单位面积播种量按下式计算：

$$单位面积播种量=\frac{单位面积定植株数}{每克种子粒数\times 种子使用价值}\times 安全系数（1.2 \sim 2）$$

苗床面积设置按照中、小粒种子每平方厘米分布 3 ~ 4 粒有效种子计算，较大粒种子按每粒有效种子占苗床面积 4 ~ 5 cm^2 计算。具体公式如下：

$$播种床面积（m^2）=\frac{播种量（g）\times 每克种子粒数\times 每粒种子所占面积（cm^2）}{10\,000};$$

幼苗单株营养面积根据苗龄的长短可按 64 ~ 100 cm^2 来计算。

$$分苗床面积（m^2）=\frac{分苗总株数\times 单株营养面积（cm^2）}{10\,000}。$$

中、小粒种子可直接苗床撒播，大粒种子通过营养土方直播。首先浇灌足够底水，待水渗后撒一层药土，播种后覆盖一层药土，并再覆一层细潮土。

4. 苗期管理

播种后，应立即用地膜覆盖床面，增温保湿。喜温蔬菜苗床温度控制在 25 ~ 30 ℃，喜凉蔬菜 20 ~ 25 ℃。当幼芽大部分出土时，撤掉地膜。80% 幼苗出土开始通风降温。延长光照时间，使幼苗多见光。前期尽量不浇水，可向幼苗根部筛细潮土；后期如苗床缺水，选晴天喷 1 次透水。使用营养钵分苗，成苗期适宜地温为 15 ~ 18 ℃，定植前进行低温锻炼，降低苗床温度。

四、注意事项

① 因福尔马林具有一定的腐蚀性，所以要选用陶瓷或搪瓷等耐腐蚀的器皿，也可用塑料桶或铁桶（在容器内部罩上塑料布）。注意避免操作人员的皮肤与甲醛接触及吸入，必要时，应佩戴一定的防护工具，以确保人身安全。

② 自行配置的营养土需要消毒。营养土的配制可用腐叶土或者堆肥土为主，掺杂适量的珍珠岩或者椰糠，提高土壤的透气透水性。若是栽培喜肥的植物，还要掺杂缓释肥提高肥力。

五、作业与思考题

① 结合观察，记录不同蔬菜幼苗生长状况，写出实验报告。

② 总结蔬菜常规育苗技术要点。

实验三　穴盘规格对蔬菜幼苗素质的影响

一、实验目的和要求

穴盘孔穴容积小，对水分和养分的缓冲能力弱，容易引起根系生长受阻和地上部相互竞争空间，影响幼苗正常生育。本实验旨在学习和掌握主要蔬菜的穴盘育苗技术，了解穴盘规格对不同蔬菜及不同苗龄秧苗素质的影响。

二、实验用具和材料

1. 材料

黄瓜和番茄种子、草炭、蛭石、珍珠岩、营养液。

2. 仪器设备

50、72、128、288 孔穴盘和电子天平、烘箱、恒温箱、温度计、信封、卷尺、游标卡尺、叶面积测定仪、量筒、烧杯、玻璃棒、三角瓶、纱布、吸水纸、镊子、喷壶等。

3. 设施

地膜。

4. 试剂

1% TTC 溶液、磷酸缓冲液（0.067 mol/L，pH 7.0）、0.4 mol/L 琥珀酸、蒸馏水。

三、实验方法和步骤

1. 基质组配、装盘

将草炭、蛭石、珍珠岩 3 种基质按体积比 3 ∶ 1 ∶ 1 的配比混合均匀，装入不同规格的穴盘中。装盘前用量筒测定不同规格穴盘的孔穴体积并做记录。

2. 浸种、催芽

将黄瓜和番茄种子分别用 55 ℃温水浸种，浸种结束后将种子捞出、沥干，用纱布包好，放恒温箱中催芽。

3. 播种

在穴格中央戳一小孔，将发芽种子小心放入孔穴内，覆盖基质厚 0.5 ~ 1.0 cm，浇透水，覆盖地膜。

4. 管理

幼苗出土后及时去除地膜，加强管理，培育壮苗。待子叶展平后开始浇营养液，每天 1 ~ 3 次，浇水与浇营养液交替进行。

5. 测定

分别在子叶展平、2 叶 1 心、4 叶 1 心（黄瓜）和 6 叶 1 心（番茄）期取样，对秧苗的形态指标和根系活力进行测定。

（1）形态指标测定

分别测量根系体积、株高、茎粗、叶片数、叶面积和各器官鲜重。在 100 ℃下杀青 10 min，然后在 80 ℃下烘至恒重，测量并记录器官干重。

（2）根系活力测定

将 1% TTC 溶液、0.4 mol/L 琥珀酸和磷酸缓冲液按 1 ∶ 5 ∶ 4 的比例混合。把根仔细洗净，把地上部分从茎基部切除。将根放入三角瓶中，倒入反应液，以浸没根为度，置 37 ℃左右暗处放 1 ~ 3 h，以观察着色情况，新根尖端几毫米及细侧根都明显地变成红色，表明该幼苗根系活力存在。

四、注意事项

① 催芽时每天要翻动 1 ~ 2 次，使种子上下内外温度均匀一致，达到发芽整齐。要注意温度变化，防治高温烧种。

② TTC 容易氧化，要现用现配，避光保存。

③ 反应结束后，根系要吸干水分后研磨，否则溶液容易浑浊。

五、作业与思考题

① 根据测量和记录的数据计算根冠比（根重 / 冠重）和壮苗指数（茎粗 / 株高 × 全株干重），写出实验报告，结合图表，分析穴盘规格对蔬菜秧苗生长的不同影响。

② 穴盘孔穴规格影响幼苗质量的根本原因是什么？如何选择适宜规格的穴盘？

实验四　蔬菜嫁接育苗技术

一、实验目的和要求

嫁接的作用包括减轻和避免土传病害、增强蔬菜抗逆境能力和肥水吸收功能、促进生长发育、提早收获、提高产量等。瓜类蔬菜嫁接栽培已较普遍，茄果类蔬菜嫁接栽培面积也在逐步扩大。本实验通过具体操作，使学生掌握瓜类蔬菜的常用嫁接技术，提高应用技能。

二、实验用具和材料

1. 材料

黄瓜种子、砧木（黑籽南瓜、新土佐等）种子、沙子、蛭石、草炭、配好的营养液。

2. 用具

育苗盘、穴盘、塑料钵、喷壶、喷雾器、嫁接夹、竹签、刀片、白瓷盘、湿布、旧报纸、温度计等。

3. 设施

拱架、塑料薄膜、遮阳网。

三、实验方法和步骤

1. 基质装填

在育苗盘底部铺上旧报纸，填装过筛后的细沙。将草炭、蛭石按 2 ∶ 1 的比例均匀混合后装入穴盘和塑料钵。

2. 插接法

（1）播种

根据育苗季节与环境，砧木比黄瓜早播 2 ~ 5 d，砧木播入 72 孔穴盘中，黄瓜播入育苗盘。接穗（黄瓜）子叶全展，砧木子叶展平、第 1 片真叶显露至初展为嫁接适期。

（2）嫁接

喷湿接穗苗基质，取出幼苗，小心用水洗净根部放入白瓷盘，用湿布覆盖保湿；

砧木苗无须挖出，用竹签剔除其真叶和生长点，然后紧贴一片子叶基部内侧向另一片子叶下方斜插，深度 0.5 ~ 0.8 cm，竹签暂不拔出；在接穗子叶节下 0.5 cm 处以 30° ~ 45° 角度向下斜切一刀，切口长度 0.5 ~ 0.8 cm；拔出竹签，将接穗迅速插入砧木小孔，使两者密接。砧、穗子叶伸展方向呈十字形，利于见光。

3. 双断根嫁接

（1）播种

砧木种子选用 45 cm × 45 cm 的育苗方盘或其他规格的育苗盘进行播种，45 cm × 45 cm 的育苗方盘每盘播种 220 ~ 230 粒。接穗（黄瓜）种子在砧木子叶平展时浸种消毒（一般比砧木种子晚播 3 ~ 5 d），可播于同样规格的育苗盘中，每盘 1500 粒左右，再用基质覆盖厚 1.3 cm 左右，浇水后放在 28 ~ 30 ℃的催芽室中。嫁接适期以砧木第 1 片真叶微露至展开时，即播种后 13 ~ 15 d 为宜；接穗以子叶拱土微展至平展时，即播种后 10 ~ 12 d 为宜。嫁接前一日的下午砧木和接穗的基质要浇透水，使植株吸足水分。

（2）嫁接及扦插

具体嫁接方法如下：砧木从子叶下 5 ~ 6 cm 处平切断，接穗苗可靠底部随意割下，每次割下的砧木和接穗不宜过多。嫁接时用专用嫁接签去掉砧木生长点，并从砧木上部垂直子叶方向斜向下插入，角度为 30° ~ 45°，深度约 0.5 cm，以不露表皮为宜；接穗苗在子叶下顺着茎秆方向在 0.5 cm 处，以 45° 左右角度斜切一刀，切口长度约 0.5 cm；拔出砧木顶部的嫁接签，将切好的接穗迅速插入砧木中，要插紧；嫁接完成并将嫁接好的苗放在湿润的容器内保湿待扦插。

扦插前将扦插基质装入 72 孔育苗穴盘，浇透底水后扦插嫁接苗，扦插深度为 2 ~ 3 cm。扦插手法及用力要适度，以免折损茎部。扦插后立即放入成活区的苗床内，搭建临时小拱棚保温保湿遮光，并做好标签，记录嫁接和扦插日期。

4. 嫁接后管理

（1）光照

嫁接后 1 ~ 3 d 用遮阳网覆盖，控制光照度为 4000 ~ 5000 Lx；3d 后早晚见光，以后逐渐延长光照时间；7 ~ 8 d 后去除遮阴物，全天见光。

（2）温度

前 3 d 控制气温白天 25 ~ 28 ℃，夜间 18 ~ 20 ℃；此后可降温 2 ~ 3 ℃；1 周后叶片恢复生长说明接口愈合，按正常温度管理。

（3）湿度

前 3 d 密闭拱棚，喷雾保湿，使湿度接近饱和状态；基本愈合后结合通风降低相对湿度；完全成活后进入常规管理。

5. 观察记载

待嫁接苗成活后，观察不定根的发生情况，统计成活率，并做好记录。

四、注意事项

① 在嫁接时一定要注意嫁接口的位置不能过低，以免与土壤接触，感染土传病害。

② 嫁接以后，中午避免强光照射，必要时需使用遮阴网降温遮阳，避免接穗失水萎蔫。

③ 不同砧木的耐旱、耐寒、抗病性等有很大差异，可以根据栽培目的和方式选用相应的合适砧木。

五、作业与思考题

① 写出实验报告，总结两种嫁接方法的技术要点，比较成活率及优缺点。

② 影响嫁接苗成活的内在、外在因素有哪些?

实验五　无土育苗技术

一、实验目的

无土栽培是工厂化育苗的核心和关键技术。本实验运用所学理论知识，通过具体操作，掌握无土栽培技术要点。

二、实验材料

1. 材料

生菜种子、白菜种子、无土栽培营养液、基质（蛭石、珍珠岩、炉渣、沙砾等）。

2. 仪器设备

瓷盘、纱布、pH 计、温度计、剪刀、海绵、喷壶、花盆。

三、实验方法和步骤

1. 水培法

（1）营养液配制

植物所需肥料以营养液最佳，也可施用有机肥。无土栽培营养液是将含有各种植物营养元素的化合物溶解于水中，pH 值为 5.5 ~ 6.5。

（2）种植

将海绵按照瓷盘底部规格剪好，连同瓷盘一起放在 100 ℃沸水中浸烫 10 ~ 15 min 后取出。将瓷盘内放入 30 ~ 40 ℃温水，容量以瓷盘深度的 2/3 为宜，将海绵放入瓷盘内浸透水后，将种子均匀分撒在泡沫上面，使用湿纱布将瓷盘盖好，放置于通风向阳处待种子萌发，每日向纱布喷水 1 ~ 2 次，使其保持湿润。

（3）管理

待 90% 种子萌发子叶变绿后，将纱布取下，使幼苗得到充足光照。同时将瓷盘内清水换成营养液，容量相同，每 2 ~ 3 d 添加一次营养液，早晚各喷水 1 次，保持相对湿度在 75% ~ 80%。每日进行观察记录。

2. 基质培

（1）基质选择

无土栽培对基质选择要求高，基质材料需要具备固根牢、透气性好、保水强的特点。无土栽培所用基质包括沙砾、蛭石、珍珠岩、炉渣、陶粒、泥炭土、岩棉、树皮块等，他们可以按一定比例混合或单独使用。

（2）配制营养液

将无土栽培营养液用水按规定倍数稀释，具体要根据所栽培的植物而定。

（3）栽培技术

用手指将幼苗盆底孔把根系连土顶出完成脱盆。把带土的根系放在和环境温度接近的水中浸泡，将根际泥土洗净。将洗净的根放在配好的营养液中浸 10 min，让其充分吸收养分。

（4）定植

将花盆洗净，盆底孔放置瓦片或填塞塑料纱，然后在盆里放入少许珍珠岩、蛭石等基质，接着将植株置入盆中扶正，在根系周围装满基质并轻摇花盆，使其与根系密接。随即浇灌配好的营养液，直到盆底孔有液流出为止。

（5）日常管理

无土栽培对光照、温度等条件的要求与有土栽培无异，植株生长期每周浇 1 次营养液，用量根据植株大小而定；冬天或休眠期 15 ~ 30 d 浇 1 次。室内观叶植物可在弱光条件下生存，应减少营养液用量，营养液也可用于叶面喷施。平时要注意适时浇水。

四、注意事项

① 无土栽培的营养液必须是平衡溶液，即比例得当，浓度适宜。

② 注意通风透气，及时更换营养液。

③ 水质要求严格，必须纯净，无杂质，防止各种微生物污染，容器尽量不要透光。

④ 体积较大的种子，要考虑到其本身所提供的营养物质。

五、作业与思考题

① 根据观测记录的数据及植物无土栽培生长特点，写出实验报告。

② 总结蔬菜无土栽培的优缺点。

实验六　蔬菜工厂化育苗技术

一、实验目的

工厂化常规育苗技术是随着现代农业的快速发展而不断提高的一项成熟的农业先进技术，是工厂化农业的重要组成部分。通过本实验，掌握基本的园艺设施（塑料小拱棚、地膜）及其作用，了解其基本构造，掌握其建造要点；通过本实验，体验设施栽培的优势以及推广前景。

二、实验材料

1. 材料

辣椒种子、番茄种子、混合基质、普通土壤、沙子、青苔。

2. 仪器设备

育苗盘、锄头、剪刀、竹竿、温度计。

3. 设施

透明塑料薄膜、黑色地膜。

4. 试剂

高锰酸钾。

三、实验方法和步骤

1. 准备工作

将育苗盘清洗干净并使用高锰酸钾消毒处理。将育苗基质按比例混合均匀，使其细化不能有团状，并喷水湿润，做到手握成团松手即散。

2. 设施建造

粗竹竿插在两侧搭建塑料拱棚，架杆插入地下深度不少于 20 cm，即架体牢固，棚膜压紧并向棚内卷，达到良好的保温保湿效果。地膜注意完全覆盖并压紧。

3. 播种

保证育苗盘每孔穴内均有种子，且位于孔穴的正中。基质覆盖应厚薄均匀一致，使出苗整齐。水要浇透浇足，然后将苗盘整齐摆放在一起。

4. 催芽

催芽室温度番茄类 24 ~ 25 ℃，辣椒类 25 ~ 28 ℃；相对湿度 90% 以上。催芽室每周 1 次使用高锰酸钾消毒。

5. 日常管护

发芽期（播种至胚根出现）大部分需要高湿度，基质中水分较高且变化不大；过渡期（从胚根出现到子叶展平、第一片真叶长出）可适当控制基质水分使基质中具有较多氧气促使根向下生长；快速生长期（从子叶完全展平、第一片真叶长出到种苗长出 2 ~ 3 片真叶）要防止浇水过多。

四、注意事项

① 由于穴盘孔穴小，基质少，限制了根系生长空间，因此需要注意使用的基质保水、保肥、透气性要好。

② 播种后覆土，注意浇透水，使种子与基质充分接触，既有利于发芽，又可减少带帽概率。

五、作业与思考题

① 根据观测记录的数据对供试样品种子发芽情况的影响，写出实验报告。

② 分析不同环境条件对各类作物育苗成活率的影响。

第十章　作物、种子病虫害实验

实验一　植物病原真菌形态观察与识别

一、实验原理与目的

植物病原真菌分布广泛，种类繁多，是植物病原生物中最主要的一大类群。由真菌引起的病害占植物病害的 70% ~ 80%。真菌营养生长阶段的结构称为营养体；经过营养生长阶段后，进入繁殖阶段，形成各种繁殖体，即子实体，子实体是真菌特殊的产孢结构。真菌的繁殖方式分为无性繁殖和有性繁殖，无性繁殖产生无性孢子，有性繁殖产生有性孢子。无性孢子有游动孢子、孢囊孢子、分生孢子；有性孢子有休眠孢子囊、卵孢子、接合孢子、子囊孢子和担孢子。真菌孢子的形态特征、营养体及其变态和菌组织是鉴定和分类学上的重要依据。

本实验观察认识植物病原菌物营养体及其变态的类型，辨别病原物有性繁殖、无性繁殖产生的各种类型孢子，学会制作植物病原物临时玻片。

二、器材与试剂

1. 实验仪器与用具

显微镜、放大镜、擦镜纸、载玻片、盖玻片、镊子、挑针、解剖刀、刀片、纱布、滤纸、脱脂棉等。

2. 实验材料

植物病原真菌装片标本、分离培养物、病害新鲜标本，多媒体教学课件、挂图等，蒸馏水。

三、实验内容与步骤

1. 植物病原临时玻片制作及病原菌观察

选择病原物生长茂密的新鲜病害标本，对于病原物细小、稀少的标本，可用放大镜或显微镜寻找；取洁净的载玻片，在中央滴加一滴蒸馏水，从病害标本上“挑”“刮”“拨”“切”下病原菌，轻轻放到载玻片的水滴中；再取擦净的盖玻片，从水滴一侧慢慢盖在载玻片上，注意防止产生气泡或将病原菌冲溅到盖玻片外，盖玻片边缘多余的水分可用滤纸吸去。置于显微镜下观察，注意先用低倍镜找到病原物所在位置，然后调至高倍镜下观察。边观察边绘制所观察到的病原菌形态图。

挑：对于标本表面具有明显茂密的毛、霉、粉、锈等的病原物，可用挑针挑下放到载玻片水滴中。若病原物过于密集，可用两只挑针轻轻挑开。

刮：对于毛、霉、粉等稀少分散的病原物，可用三角挑针或小解剖刀在病部顺同一方向刮 2 ~ 3 次，将刮下的病原物放到水滴中。

拨：对半埋生在寄主植物表层下的病原物，可用挑针将病原物连其周围组织一同拨下，放入水滴中，然后用另一只挑针小心拨去病组织，使病原物完全露出。

切：对埋生在病组织中的病原物，如分生孢子器、子囊壳等，则需做徒手切片。首先应选择病原物较多的材料，加水湿润后，用双面刀片切下一小片，面积（2 ~ 3 mm × 6 ~ 8 mm），平放在小木板上，刀口与材料垂直，从左向右方向切割，将材料切成薄片，越薄越好。

2. 鞭毛菌亚门主要病原菌形态观察

显微镜下观察鞭毛菌亚门主要属病原菌装片，注意观察菌丝的分枝情况，有无分隔，以及菌丝体与孢囊梗、孢囊梗与孢子囊在形态上有何不同。

3. 接合菌亚门主要病原菌形态观察

显微镜下观察接合菌装片，注意观察菌丝体形态，有无分隔；匍匐丝及假根的形态；孢囊梗和孢子囊的形态；可轻压盖玻片使孢子囊破裂，观察散出的孢囊孢子形态、大小及色泽；镜下观察接合孢子的形态特征。

4. 子囊菌亚门主要病原菌形态观察

显微镜下观察子囊菌营养体、无性孢子、有性孢子及各种子囊果（闭囊壳、子囊壳、子囊盘）。注意菌丝分枝、分隔情况，无性孢子的形态，子囊和子囊孢子的形态，各种子囊果形态及其区别。

5. 担子菌亚门主要病原菌形态观察

显微镜下观察不同锈菌夏孢子和冬孢子的形态，注意夏孢子的不同类型和冬孢子不同类型的形状、大小和颜色；观察黑粉菌的形态，注意冬孢子的形状、大小和颜色，注意表面是否光滑或有瘤刺、网纹，是单个还是多个集结成团。

6. 半知菌亚门主要病原菌形态观察

显微镜下观察半知菌的菌丝、分生孢子梗及分生孢子、分生孢子器与分生孢子盘的形态，注意观察菌丝体在分隔、分枝及色泽等方面的特征，分生孢子的形态、大小、颜色及有无纵横分隔，分生孢子器与分生孢子盘的区别。放大镜下观察各种菌核的色泽、形状、大小。

四、注意事项

① 显微镜观察时，一定从低倍物镜到高倍物镜观察，先用 4 倍物镜找到病原所在

位置，再转换成10倍或者40倍；一般10倍可以观察完整的真菌子囊果，40倍可以观察真菌孢子形态，像孢子隔膜、瘤突等在40倍下可以看到。

② 使用显微镜的时候，载物台升降要慢一些，不要用力过猛把载玻片压破，从低倍物镜到高倍物镜使用，就不会出现压破载玻片、损坏物镜的情况。

③ 病原真菌玻片制作与观察，标本比较干的话，用挑针沾水后挑取，在载玻片上滴上一滴水，挑取病原后放到水滴里，盖上盖玻片观察。

④ 实验过程注意保护显微镜和玻片标本，不要发生损坏。

五、实验结果与分析

① 绘制鞭毛菌、接合菌、子囊菌、担子菌、半知菌5个亚门真菌代表性病原菌形态图各一种。

② 列表比较鞭毛菌、接合菌、子囊菌、担子菌、半知菌5个亚门真菌的主要特征。

③ 植物病原真菌无性繁殖和有性繁殖各产生哪些类型的孢子?

实验二　PDA 培养基的制备与灭菌

一、实验原理与目的

培养基是人工配制的各种营养物质供微生物生长繁殖的基质，用以培养、分离、鉴定、保存各种微生物或积累代谢产物。在自然界中，微生物种类繁多，营养类型多样，所以培养基的种类也很多。其中 PDA 培养基（马铃薯葡萄糖琼脂培养基的简称，即 Potato Dextrose Agar，Medium）是一种常用的培养基，适于培养多种微生物，特别适合培养真菌。PDA 培养基营养丰富且原料简单易得，马铃薯浸出粉有助于微生物的生长，葡萄糖供给能源，琼脂是培养基的凝结剂。

通过本实验，掌握 PDA 培养基制备的一般方法和步骤，掌握高压蒸汽灭菌的操作步骤及方法。

二、器材与试剂

1. 实验仪器与用具

电磁炉、锅、高压灭菌锅、试管、三角瓶、烧杯、量筒、玻璃棒、天平、牛角匙等。

2. 实验材料

马铃薯（土豆）、琼脂、葡萄糖、pH 试纸、脱脂棉、牛皮纸、记号笔、纱布等。

三、实验内容与步骤

1. 称量、烧煮、过滤

PDA 培养基的配方：去皮马铃薯 200 g，葡萄糖 20 g，琼脂 15 ~ 20 g，水 1000 mL，自然 pH 值。

按配方准确称量各营养物质，将马铃薯洗净去皮，称取 200 g，切成 1 cm 见方的小块放入锅中，加水 1000 mL 煮沸 20 ~ 30 min，用 2 ~ 4 层纱布过滤至烧杯，弃取滤渣，滤液补充水分到 1000 mL。

2. 加热溶解

把滤液放入锅中，加入葡萄糖 20 g，琼脂 15 ~ 20 g，继续加热搅拌混匀，待琼脂完全溶解后，再补充水分至所需量。

3. 分装

根据不同的实验目的，可将配制的培养基分装于试管内或三角瓶内，分装时注意，不要使培养基沾染在管（瓶）口上，以免造成污染。分装量：一般固体培养基约为试管高度的 1/5，灭菌后制成斜面；分装在三角瓶中不超过其容积的一半；半固体培养基以试管高度的 1/3 为宜，灭菌后垂直待凝。

4. 加塞

培养基分装完毕后，在试管口或三角烧瓶口塞上棉塞，以阻止外界微生物进入培养基内造成污染，并保证有良好的通气性能。加塞时，应使棉塞长度的 1/3 留在试管口外，2/3 在试管口内。

5. 包扎

加塞后，将试管用橡皮筋捆好，每 7 支或 9 支扎一捆，棉塞外包一层牛皮纸用橡皮筋扎好，以防止灭菌时冷凝水润湿棉塞，用记号笔注明培养基名称、组别、配制日期。

6. 灭菌

以 0.1 MPa、121 ℃高压蒸气灭菌 20 min。高压蒸汽灭菌操作过程如下：

① 加水：将灭菌锅内层灭菌桶取出，再向外层锅内加入适量的水，以水面与三角架相平为宜。立式锅直接加水至锅内底部隔板以下 1/3 处，有加水口者由加水口加入至止水线处。

② 装料：将装料桶放回锅内，装入待灭菌的物品。放置装有培养基的容器时要防止液体溢出，瓶塞不要紧贴桶壁，以防冷凝水沾湿棉塞。

③ 加盖：摆正锅盖，对齐螺口，然后同时旋紧所有相对的两个螺栓，打开排气阀。

④ 排气：用电炉或煤气加热，待水煮沸后，水蒸气和空气一起从排气孔排出。当排气流很强并有嘘声时，表明锅内空气已排净（沸后约 5 min）。

⑤ 升压：当锅内空气排净时，即可关闭排气阀，压力开始上升。

⑥ 保压：当压力表指针达到所需压力刻度时，控制热源，开始计时并维持压力至所需时间。

⑦ 降压：达到所需灭菌时间后，关闭热源，让压力自然下降到零后，打开排气阀。放净余下的蒸汽后，再打开锅盖，取出灭菌物品，排掉锅内剩余水。

7. 无菌检查

将已灭菌培养基冷却后置于 37 ℃温箱内培养 24 h，若无菌生长则保存备用。

四、注意事项

① PDA 培养基一般不需要调 pH。对于要调节 pH 的培养基，一般用 pH 试纸测定其 pH。如果培养基偏酸或偏碱时，可用 1 mol/L NaOH 或 1 mol/L HCL 溶液进行调节。调节时应逐滴加入 NaOH 或 HCl 溶液，防止局部过酸或过碱破坏培养基成分。

② 培养基在使用时也可以做成不含琼脂的液体培养基，用于菌类的震荡培养。

③ 培养基也可以加入氯霉素或土霉素，加入量为 0.1 g/L 培养基，主要是为了抑制细菌的生长，减少干扰性。

④ 灭菌锅使用注意事项如下：

a. 加水一定要加到指定的标度或深度，太多会延长沸腾时间，降低灭菌功效；加水过少，就有将灭菌锅煮干引起炸裂的危险。

b. 放气时灭菌锅内空气必须完全排除，如果锅内空气未排尽，气压上升很慢。即使气压表已指向规定的灭菌压力，但由于锅内有空气，锅内实际温度比完全排除空气的锅内蒸汽温度要低得多，这样会影响灭菌效果。

c. 关闭放气阀之后，一定要在旁边时刻监控压力表，防止压力过大，安全阀冲开，有计时器的灭菌锅则可以自动停止加热。

d. 灭菌完毕，打开放气阀，排气不能过快，排气过快，会使灭菌锅内的培养基沸腾而冲脱或沾湿棉花塞；放气太慢则培养基在锅内受高温处理的时间过长，对培养基有影响。

五、实验结果与分析

① PDA 培养基的配方是什么？培养基中不同成分各起什么作用？

② 配制 PDA 培养基有哪几个步骤？在制备过程中应注意什么问题？为什么？

③ 培养基配制完成后，为什么必须立即灭菌？已灭菌培养基如何进行灭菌检查？

实验三　植物病原真菌分离培养

一、实验原理与目的

植物患病组织内的真菌菌丝体，如果给予适宜的环境条件，除个别种类外，一般都能恢复生长和繁殖。植物病原真菌的分离培养是指通过人工培养，从染病植物组织中将病原真菌与其他杂菌分开，并从寄主植物中分离出来，再将分离到的病原菌在适宜环境内纯化。植物病原真菌的分离一般采用组织分离法，就是切取小块病组织，经表面消毒和灭菌水洗过后，移到人工培养基上培养。通过本实验，操作掌握植物病原真菌分离培养的方法和步骤。

二、器材与试剂

1. 实验仪器与用具

显微镜、酒精灯、手术剪、镊子、PDA 培养基、培养皿（Φ = 9 cm）、小烧杯（5 mL）、大烧杯、斜面培养基、75% 酒精瓶、0.1% 升汞瓶、5% 乳酸瓶（60 mL）、火柴、纱布等。

2. 实验材料

番茄叶霉菌病叶及其他病组织。

三、实验内容与步骤

1. 分离前的准备工作

（1）工作环境的清洁和消毒

分离培养一般在超净工作台上进行，操作前擦净桌面，将所需物品按次序放在工作台上，关闭工作台面板，打开紫外线灯照射 20 ~ 30 min，避免工作时走动，操作工作人员最好穿上灭菌后的实验服，戴上口罩，并用肥皂洗手，用 70% 酒精擦手。

（2）分离用具的消毒

凡是和分离材料接触的器皿刀、剪、镊、针等都要保持无菌，将这些用具浸于 70% 酒精中，使用时在灯焰上灭菌烧去酒精，如此 2 ~ 3 次。再次使用时必须重复灭菌。培养皿、试管等要经过干热灭菌，培养基、蒸馏水需事先经过高压蒸汽灭菌。

（3）分离材料的选择

用新发病的植株、器官或组织作为分离材料，可以减少腐生菌的污染。任何植物坏死部分的内部或表面，都可能滋生腐生微生物，所以一般从病、健组织交界处获得分离材料。

2. 培养基平板的制作

① 将已制备好的 PDA 培养基在微波炉中融化，冷却至不烫手（40 ~ 50 ℃）；

② 在已灭菌的超净工作台中打开报纸和棉塞，右手托住瓶底，于酒精灯外焰处轻烧，杀灭瓶口潜在污染物；

③ 左手取一培养皿于酒精灯外焰处，一边转动同时轻烧培养皿边缘，杀灭皿口潜在污染物；

④ 用左手拇指、食指轻轻打开培养皿的一侧，倒入约 15 mL 培养基，轻轻转动 1 周，让培养基均匀分布于培养皿底部；

⑤ 平放培养皿于操作台上，等待培养基凝固后即成平板。

3. 植物病原菌的分离

① 病叶或病枝经自来水冲洗，从病斑周转 1 ~ 2 mm 处的健组织部位剪下。

② 取 10 mL 小烧杯经酒精消毒，放入分离材料，倒入 0.1% 升汞液适量作表面消毒 1 min，或用 1% 漂白粉消毒均可。

③ 消毒后倾出消毒液，用无菌水冲洗 2 ~ 3 次，最后一次无菌水不要倒掉。

④ 用灭菌的剪刀在无菌水中将分离材料剪成 2 ~ 3 mm 大小的方块，每块组织均应为病、健相间组织。用灭菌的镊子夹取剪好的材料，放入培养基平板上，轻轻按压。每皿 4 ~ 5 块，排放均匀。

⑤ 用记号笔在培养皿上注明分离代号、日期、名称，将培养皿翻转放置于 23 ~ 25 ℃。

4. 挑菌、接菌

① 打开超净工作台面板，点燃酒精灯，用镊子夹取少许沾有 75% 酒精的脱脂棉置于手中，轻轻搓动，手部消毒。

② 取挑针蘸上酒精后于酒精灯火焰上灼烧，然后再蘸取酒精烧针，连续烧针 3 遍，同时注意挑针手柄要用酒精棉擦拭消毒。

③ 3 ~ 4 d 后，挑选由分离材料上长出的典型而无杂菌的菌落，在酒精灯火焰前方，用左手拇指、食指轻轻打开皿盖边缘，在菌落边缘用挑针挑取带有菌丝的培养基一小块，挑针在挑菌前现在皿盖上凉针，避免针过热把菌烫死，于 25 ℃温箱中培养。

④ 取一个已倒好并凝固好的培养基平板，在酒精灯前方用左手拇指、食指轻轻打开皿盖边缘，将挑有菌块的挑针伸到培养皿中部，把菌块放在培养基表面，完成接菌工作。

5. 分离物的纯化

利用连续稀释法纯化真菌材料，从典型菌落边缘切取含有菌丝的培养基一小块，移植于另一培养基平板上，待菌落形成后，再依此法移植。如此数次，直至菌落形态典型，无杂菌时即可移入斜面试管中培养保存。

6. 病原真菌观察

① 打开显微镜。

② 在载玻片上滴一小滴附载剂，用挑针在纯化好的平板上轻轻挑取一小点菌落组织加在附载剂上。

③ 轻轻盖上盖玻片，防止有气泡产生。

④ 把载玻片放在显微镜下观察。先用粗调，再细调观察。

⑤ 观察菌落形态、分生孢子及菌丝的形态，画图。

⑥ 了解病原真菌的生长适温并记录。

四、注意事项

① 在制作培养基平板时，三角瓶瓶口不要接触培养皿壁，不要将培养基倒在培养皿壁内外，避免导致后期污染。

② 在挑菌和接菌过程中，一切操作均在酒精灯火焰前方进行。

③ 接菌时，握有挑针的手不要抖动，避免真菌孢子的大量散落，造成后期培养菌落不规则无法辨认是否污染，以及其他实验操作时易造成污染。

④ 接菌时，菌块朝下使得菌表面与培养基接触，易于培养。

五、实验结果与分析

① 记录报告所得到的分离培养结果，并分析成功或污染的原因。

② 描述观察到的培养组织中长出的菌落特征，并画图。

实验四　昆虫外部形态观察

一、实验原理与目的

昆虫属于无脊椎动物的节肢动物门昆虫纲，虽然种类繁多、形态多样，但是“万变不离其宗”，各种形态的昆虫，其基本构造及功能都有许多共性。通过本实验，观察掌握昆虫纲的基本特征，观察了解昆虫头部形态特征和分区情况，观察掌握昆虫口器、触角的基本构造和类型，观察了解昆虫单眼、复眼的形态及着生位置，观察了解昆虫胸部、腹部形态特征，观察掌握昆虫足、翅的基本构造和类型。

二、器材与试剂

1. 实验仪器与用具

显微镜、放大镜、镊子、剪刀等。

2. 实验材料

蝗虫、瓢虫、蝴蝶、螳螂、蟋蟀、蝼蛄、金龟甲、蜜蜂、龙虱、步甲、蟀象、蜻蜓、苍蝇、蝉、天牛、大蚕蛾、家蝇、白蚁、叩头甲等昆虫浸渍标本、针插标本、盒装标本、挂图等。

三、实验内容与步骤

1. 实验内容

（1）昆虫体躯的一般构造（图 10－1）

①体躯分成头、胸和腹 3 个明显的体段。

②头部着生口器、1 对触角、1 对复眼和 0 ~ 3 个单眼。

③胸部分前胸、中胸和后胸 3 个胸节，各节着生有足 1 对，中、后胸一般各有 1 对翅。

④腹部一般由 9 ~ 11 个体节组成，末端有肛门和外生殖器，有的还有 1 对尾须。

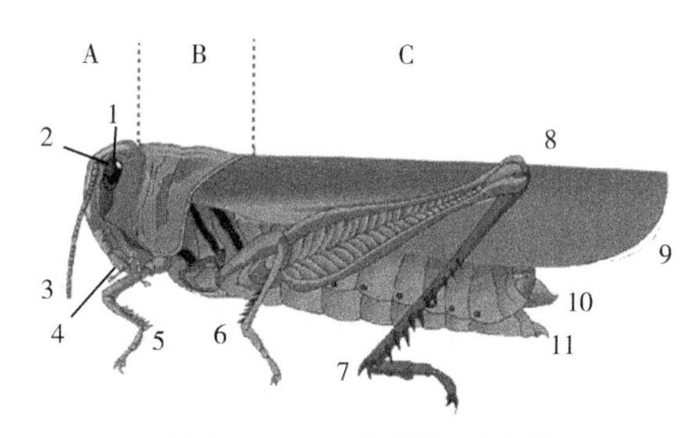

图 10-1 蝗虫体躯的基本构造

A. 头部。B. 胸部。C. 腹部。

1. 复眼; 2. 单眼; 3. 触角; 4. 口器; 5. 前足; 6. 中足; 7. 后足; 8. 前翅; 9. 后翅; 10. 产卵器; 11. 气门。

(2)头部的基本构造(图 10-2)

头部是由几个体节愈合而成的一个体壁高度骨化的坚硬头壳,一般呈圆形或椭圆形。头壳表面由于有许多的沟和缝,将头部划分为若干区。头壳前面最上方是头顶,头顶的前下方是额。头顶和额之间以人字形的头颅缝(蜕裂线)为界。额的下方是唇基,以额唇基沟分隔,唇基的下方连接一个垂片称上唇,两者以唇基上唇沟为界。头壳的两侧为颊,其前方以额颊沟与额区相划分,但头顶和颊间没有明显的界限。头壳的后面有一条狭窄拱形的骨片为后头,其前缘以后头沟和颊区相划分。后头的下方为后颊,两者无明显的界限。如将头部从体躯上取下,可见头的后方有一个很大的孔洞为后头孔,是头部和胸部的通道。头壳上沟缝的数目、位置、分区、大小、形状随昆虫种类而变化,是分类上的特征。

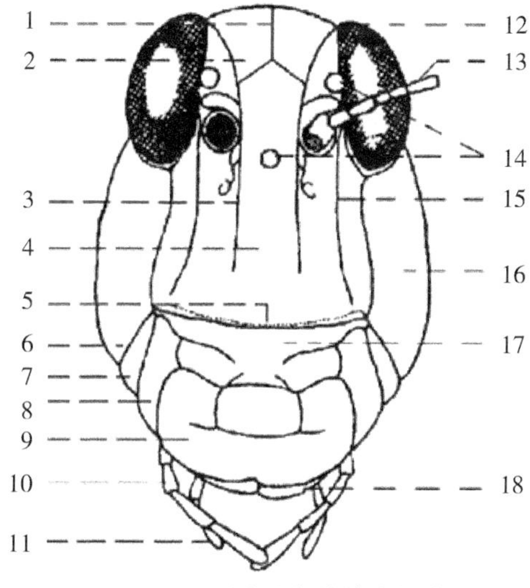

图 10-2 蝗虫头部的基本构造

1. 蜕裂线; 2. 颅顶; 3. 额隆线; 4. 额; 5. 额唇基沟; 6. 颊下沟; 7. 口侧区; 8. 上颚; 9. 上唇; 10. 下颚须; 11. 下唇须; 12. 复眼; 13. 触角; 14. 单眼; 15. 侧隆线; 16. 颊; 17. 唇基; 18. 下唇。

(3)昆虫的头式(图 10-3)

昆虫的头部,由于口器着生位置不同,可分为 3 种头式。

下口式:口器向下,头的纵轴与体躯纵轴大致垂直。多见于植食性昆虫。

前口式:口器向前,头的纵轴与体躯纵轴呈水平或钝角。多见于捕食性和钻蛀性昆虫。

后口式:口器向后,位于前足基节之间,头的纵轴与体躯纵轴呈锐角。多见于刺吸植物汁液的昆虫。

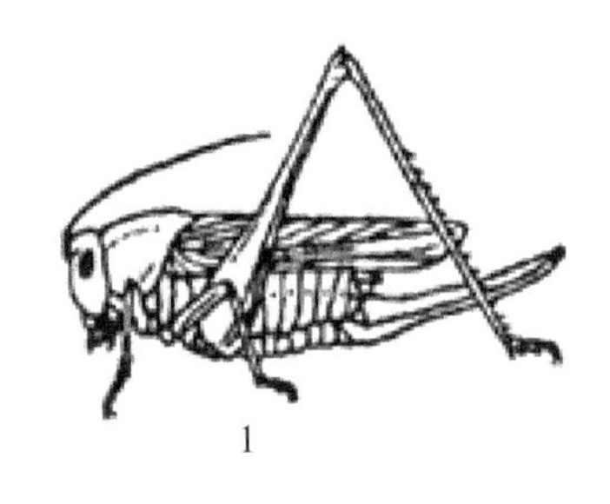
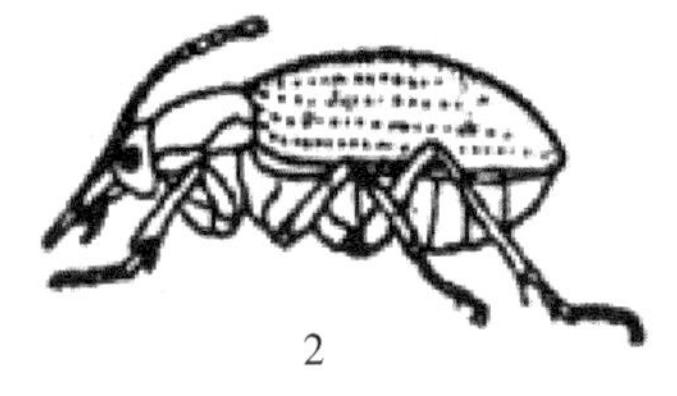
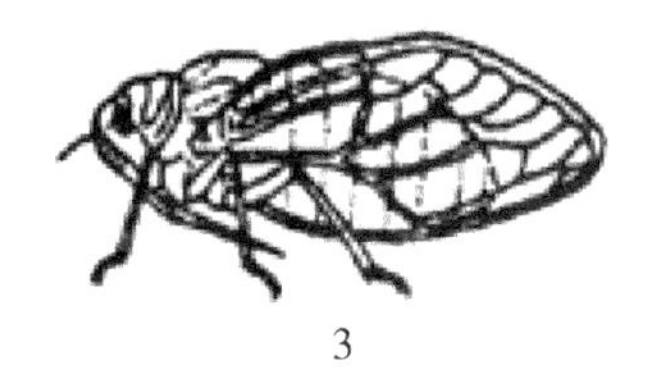

1　　　　2　　　　3

图 10-3　昆虫的头式

1. 下口式；2. 前口式；3. 后口式。

（4）昆虫的触角

①触角是昆虫重要的感觉器官，主要起嗅觉和触觉作用。某些昆虫触角还具有听觉、味觉或特殊的功能。

②触角由柄节、梗节和鞭节等 3 节组成。触角变化多发生在鞭节上。触角形状、分节数目或着生位置等在昆虫种类或性别间变化很大，是分类鉴定或区别雌雄的重要依据。

③昆虫触角的类型有以下几种（图 10-4）。

刚毛状：触角短小，基部 1 ~ 2 节稍粗，鞭节纤细，类似刚毛。

丝状：触角各节大小相似，鞭节各亚节大致相同，向端部逐渐变细。

念珠状：触角各节大小相似，近于球形，整个触角形似串珠。

栉齿状：鞭节各节向一边作细枝状突出，形似梳子。

锯齿状：鞭节各亚节向一侧突出成三角形，整个触角形似锯条。

球杆状（棍棒状）：鞭节基部若干亚节细长如丝，端部数节渐膨大如球，全形象一棒球杆。

锤状：基部各节细长如杆，端部数节突然膨大似锤。

鳃片状：鞭节端部数节扩展成薄片状迭合在一起，状如鱼鳃。

具芒状：触角短，一般3节，端部一节膨大，其上有一刚毛状构造，称为触角芒，芒上有时有许多细毛。

双栉齿状（羽状）：鞭节各亚节向两侧突出细枝状，形状如羽毛。

膝状（肘状）：柄节特别长，梗节短小，鞭节由若干大小相似的亚节组成，基部柄节与鞭节之间呈膝状或肘状弯曲。

环毛状：除触角的基部两节外，鞭节各亚节环生一圈细毛，愈靠近基部的细毛愈长，渐渐向端部逐减。

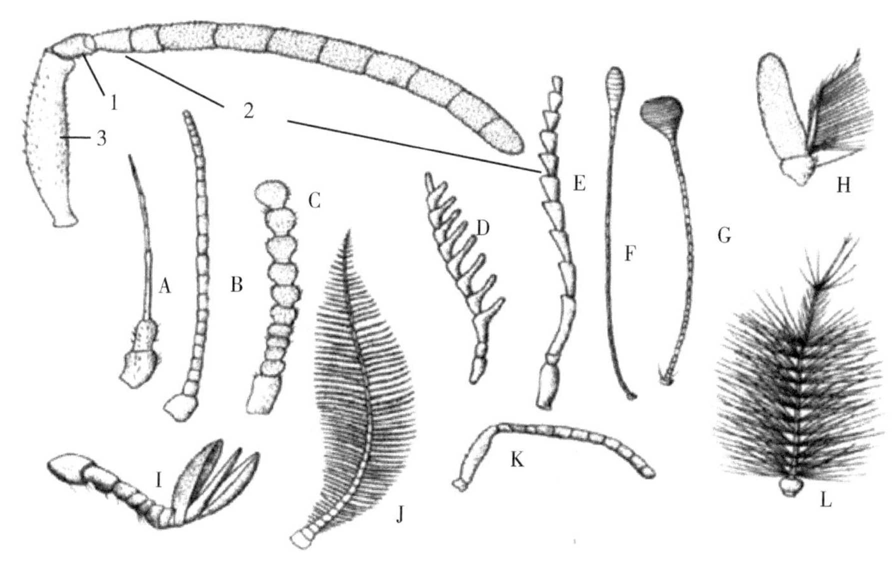

图 10-4 昆虫的触角构造及类型

A. 刚毛状（蜻蜓、蝉）。B. 丝状（飞蝗、蟋蟀）。C. 念珠状（白蚁）。D. 栉齿状（绿豆象）。E. 锯齿状（锯天牛、叩头甲）。F. 球杆状（菜粉蝶）。G. 锤状（长角蛉）。H. 具芒状（蝇类）。I. 鳃片状（金龟甲）。J. 双栉齿状（樟蚕蛾、毒蛾）。K. 膝状（蜜蜂）。L. 环毛状（库蚊）。

1. 梗节；2. 鞭节；3. 柄节。

（5）昆虫的眼

眼是视觉器官，一般有单眼和复眼两种。

①大多数昆虫在成虫期和不全变态昆虫若虫期具有一对复眼；复眼是视觉器官，由许多小眼组成。小眼数目越多，视力也越强；采用黑光灯、双色灯或卤素灯等诱集昆虫。许多昆虫有趋黄反应，也与复眼功能有关。

②单眼只能分辨光线强弱和方向，不能看清物体形状；单眼分为背单眼、侧单眼；背单眼一般成、若虫具有，一般 3 个，三角形；侧单眼全变态幼虫具有，位于头侧，常 1 ~ 7 对，如膜翅目（叶蜂）仅 1 对，鳞翅目幼虫 6 ~ 7 对；单眼数目、位置可作为分类鉴定依据。

（6）昆虫的口器

昆虫口器分为咀嚼式和吸收式两大基本类型。吸收式口器又包括刺吸式、虹吸式、舐吸式和锉吸式等。

①咀嚼式口器：最原始的类型，其他类型都是在此基础上演变而来；咀嚼式口器由上唇、上颚、下颚、下唇和舌 5 个部分组成（图 10-5）；如直翅目蝗虫和蟋蟀、鞘翅目甲虫、膜翅目叶蜂和茎蜂等。咀嚼式口器的害虫取食固体食物，造成机械损伤，咬成缺刻、孔洞，蛀食植物茎秆、花果、蕾铃。

上颚：取食时两个上颚左右活动，把食物切下并磨碎。

下颚：协助上颚取食，将上颚磨碎的食物推进，具有触觉、嗅觉和味觉的功能。

舌：具有味觉功能，还可帮助运送和吞咽食物。

上唇：辨别食物味道，能关住被咬碎的食物，以便把食物送入口中。

下唇：托持切碎的食物，协助把食物推向口内。

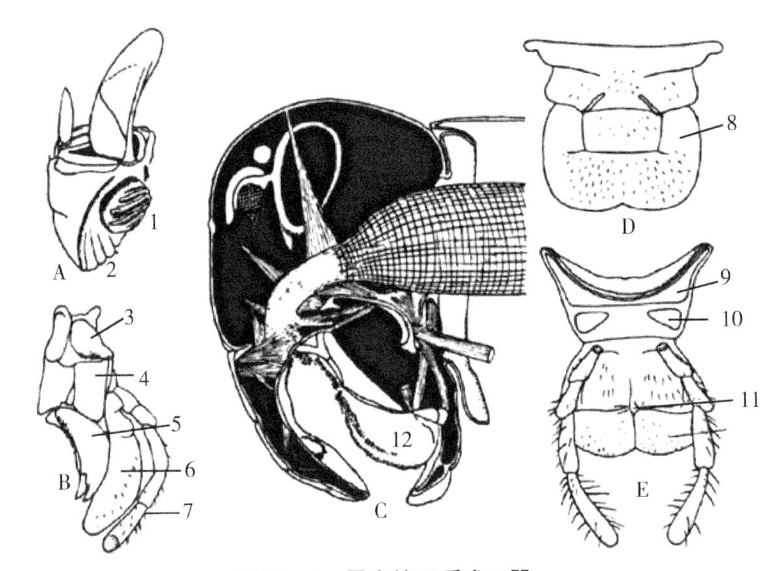

图 10-5　昆虫的咀嚼式口器

A. 上颚。B. 下颚。C. 舌。D. 上唇。E. 下唇。

1. 臼齿叶；2. 切齿叶；3. 轴节；4. 茎节；5. 内颚叶；6. 外颚叶；7. 下颚须；8. 上唇；9. 后颏；10. 前颏；11. 中唇舌；12. 舌。

②刺吸式口器：上唇小形，长三角片状；上颚特化成 1 对细长口针，包围在 2 条下颚针的外侧；下颚特化成 1 对细长口针，每条口针内面各有 2 条纵沟，相合形成 2 条管道（食物道、唾液道）；下唇一般 4 节，呈长鞘状；舌位于口针基部，短小，成“V”形。如同翅目、半翅目、一部分双翅目蝉、飞虱、叶蝉、蝽、蚊等。刺吸式口器害虫危害植物不造成明显机械性损伤，而呈现局部性的褪色、斑点、黄化、卷缩、虫瘿等，传播病毒病，造成更严重损失。

③嚼吸式口器：兼有咀嚼和吮吸两种功能，为蜜蜂类特有。上唇和上颚保持咀嚼式形式，上颚发达，以咀嚼花粉和筑巢。下颚和下唇特化为临时组成吮吸液体的喙。

（7）昆虫的胸足

①胸部基本构造：胸部由前胸、中胸和后胸 3 节组成。各具 1 对前、中和后足，多数昆虫中、后胸还各具 1 对翅。胸部体壁高度骨化，且内陷形成许多内脊和内突，便于着生发达的肌肉。每个胸节由背板、腹板、侧板 4 块骨板组成。胸部是昆虫的运动中心。

②足的基本构造：由基节、转节、腿节、胫节、跗节和前跗节组成（图 10-6）。

基节：粗短，与侧基突形成关节。

转节：短小，少数 2 节。

腿节：强大，与胫节以关节相连。

胫节：细长，边缘有刺，末端有距。

跗节：1 ~ 5 个亚节，常有跗垫。

前跗节：多退化为侧爪，或有爪间突。

③足的类型：因生活环境和生活方式不同，足的形状和构造也改变为多种形式（图 10-6）。

步行足：最为常见，比较细长，各节无显著特化现象。有的适于慢行，有的适于快走。

跳跃足：腿节特别发达，胫节细长，适于跳跃。

开掘足：粗短扁壮，胫节膨大宽扁，末端具齿，跗节成铲状，便于掘土。

游泳足：有些水生昆虫的后足为游泳足，各节宽扁，胫节和跗节有细长的缘毛，适于在水中游泳。

抱握足：跗节特别膨大且有吸盘状的构造，交配时能抱握雌体。

携粉足：胫节端部宽扁，外侧平滑而稍凹陷，边缘具长毛，形成携带花粉的花粉篮。同时第一跗节也特别膨大，内侧具有多排横列的刺毛，形成花粉梳，用以梳集花粉。

捕捉足：基节特别长，腿节的腹面有一条沟槽，槽的两边具 2 排刺，胫节的腹面也有 1 排刺，胫节弯折时，正好嵌在腿节的槽内，适于捕捉小虫。

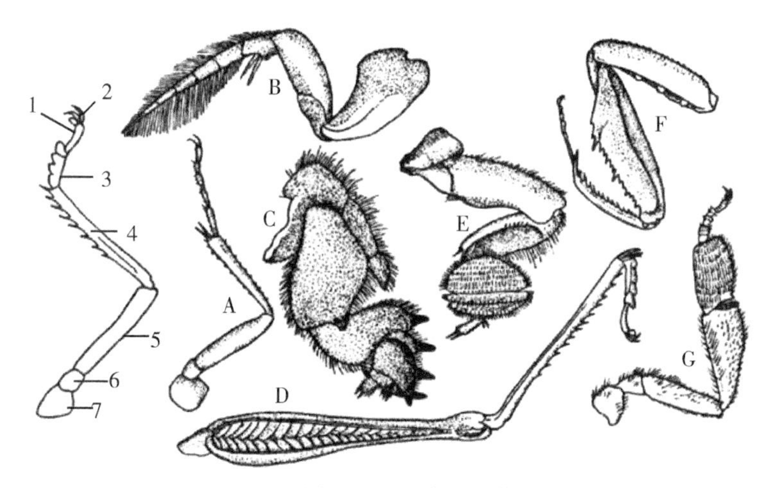

图 10-6　昆虫胸足的基本构造和类型

A. 步行足（步行虫）。B. 跳跃足（蝗虫）。C. 开掘足（蝼蛄）。D. 游泳足（龙虱）。E. 抱握足（雄龙虱的后足）。F. 携粉足（蜜蜂）。G. 捕捉足（螳螂）

1. 中垫；2. 爪；3. 跗节；4. 胫节；5. 腿节；6. 转节；7. 基节。

（8）昆虫的翅

昆虫的翅多数2对翅，少数1对翅，或者无。有利于觅食、求偶、寻找产卵场所、躲避敌害等活动。

①翅的基本构造

呈三角形，有3个边和3个角；位于前方的边缘称为前缘，后方的称为内缘；外面的称为外缘；与身体相连的一角称为肩角；前缘与外缘间的夹角称为顶角；外缘与内缘之间的夹角称为臀角。为了适于折叠和飞行，翅上常发生一些褶线，将翅面通常划分为4区：臀前、臀、轭、腋。

②翅的类型（图10-7）

膜翅：膜质、透明，翅脉明显可见。如蜂、蝗后翅。

革翅：革质、半透明，翅脉仍明显可见。如蝗虫、蝼前翅。

鞘翅：坚硬如角质，翅脉消失。如叶甲、金龟甲、天牛。

半翅鞘：基半部革质，端半部为膜质（翅脉可见）。如蝽。

鳞翅：膜质，翅面覆鳞片。如蛾蝶。

平衡棒：后翅特化成棍棒。如蚊、蝇、雄蚧等。

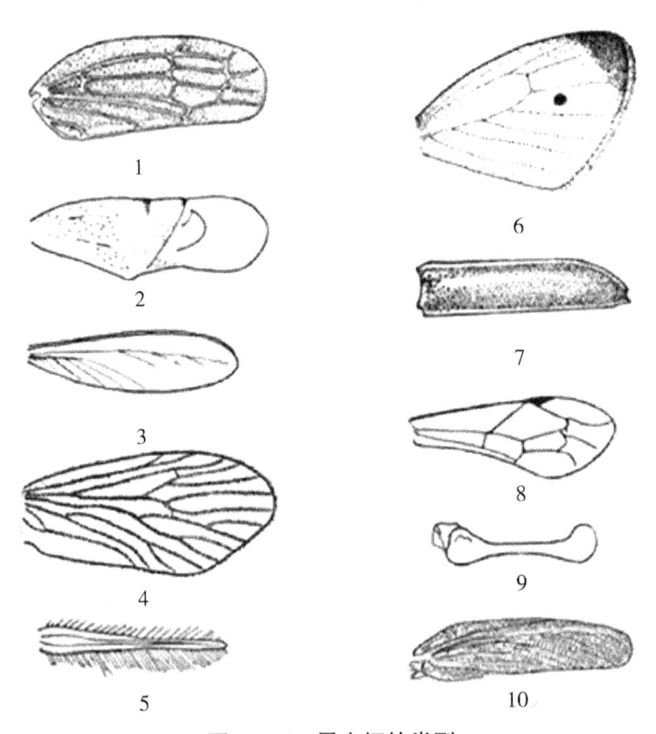

图10-7　昆虫翅的类型

1. 同翅；2. 半鞘翅；3. 等翅；4. 毛翅；5. 缨翅；6. 鳞翅；7. 鞘翅；8. 膜翅；9. 平衡棒；10. 复翅。

（9）昆虫的腹部

昆虫腹部一般由 9 ~ 11 节组成，每一节由背板和腹板两块骨板组成，两者由侧膜相连，节与节之间也由薄膜相连称为节间膜。1 ~ 8 节各节身体两侧分别有一对气门，呼吸通道。腹部第 8 节和第 9 节上着生外生殖器，交配和产卵器官。第 11 节上有尾须。腹腔内主要内脏和生殖器官，腹部是昆虫新陈代谢和生殖中心。

2. 实验步骤

（1）昆虫纲特征的观察

观察所给昆虫标本，进一步掌握昆虫纲的基本特征。

（2）昆虫头部形态特征及附器观察

①头部分区和昆虫口式的观察

以蝗虫为例，找出额区、唇基、头顶、颊区和后头；观察蝗虫、步甲、蝉的头式。

②昆虫口器的观察

咀嚼式口器：以蝗虫为例，观察其构造及各部分功能。

刺吸式口器：以蝉为例，观察其构造、特点及与咀嚼式口器的区别。

观察蝴蝶、家蝇、蜜蜂的口器并指出其类型。

③单复眼的观察

以蝗虫、天牛、蜜蜂为对象，观察其复眼大小、形状、着生位置，以及单眼的有无及数目。

④触角基本构造及类型的观察

观察所给昆虫的触角并指出其类型。用放大镜观察蜜蜂触角，了解其基本构造。

（3）昆虫胸部形态观察

①观察胸部的结构及附属器官的有无及数目。

②观察昆虫胸足的基本构造和类型，了解其功能。胸足的基本构造：以蝗虫为例观察。观察所给昆虫指出其足的类型。

③观察昆虫翅的构造和类型。观察所给昆虫，指出其翅为何种类型；观察蝴蝶的前后翅，了解三缘、三角、四区。

（4）昆虫腹部形态观察

观察腹部的形态及构造。

四、实验结果与分析

① 绘制 3 ~ 5 种所给昆虫的触角图。

② 绘制 3 ~ 5 种所给昆虫足的图。

③ 绘制蝗虫口器的基本构造图，并注明各部分名称。

④ 观察所给昆虫，写出其口器、触角、足和翅的类型。

实验五　农作物虫害田间调查

一、实验原理与目的

田间调查是病虫害防治的基础。要制定科学合理的防治措施，必须对病虫害的种类、发生规律及危害等基本情况进行田间调查和分析，掌握必要的资料和数据，才能做到有针对性地防治，避免防治的盲目性。

通过本实验，掌握农作物虫害田间调查方法，明确当地作物主要害虫种类、发生及危害情况，为害虫测报、防治与天敌利用提供科学依据。

二、仪器与试剂

放大镜、捕虫网、标本袋、标本瓶、铅笔、记录纸、标签、记号笔、剪刀、皮尺、计算器等。

三、实验内容与步骤

1. 实验内容

（1）田间调查取样方法

取样是田间调查最基本的问题，取样点必须具有代表性，取样数目要以最少的人力取得最大的代表性。样点的大小和规格应随作物、害虫、益虫种类和调查目的进行调整。常用的调查取样方法有以下几种：

①五点取样：该方法比较简单，取样数量少，取样点可稍大，适于较小或近方形的田块。

②对角线取样：分为单对角线和双对角线两种，与五点取样法一样，取样数较少，每一样点可稍大。

③棋盘式取样：将田块划成等距离、等面积的方格。每隔一个方格的中央取一个样点，相邻行的样点交错分开。取样数量较多，比较准确，但较费工。

④单行线取样 / 平行线取样：适于成行的作物田，样点较多，分布也较均匀。

⑤“Z”字形取样：样点分布沿田边较多，田中较少。主要针对一些在田间分布不均匀的昆虫。

（2）样本数量

①样点数：一般取 5、10、15 或 20 个样点为宜。

②每样点数量：以植株为单位，一般每样点 50 ~ 200 株（作物大时也可取 20 ~ 100 株）；以面积为单位，一般取 0.5 ~ 1 m^2，以长度为单位，一般取 0.5 ~ 1 m。

（3）取样单位

①以长度为单位：常适于调查条播密植作物和树木枝条上的害虫或受害程度，如统计 1 m 行长的虫口数和作物受害株。

②以面积为单位：常适于调查密植作物和地下害虫的数量或受害程度，如调查 1 m^2 单位中的害虫数量或损失程度。地下害虫还应分层次和深度，如 5 cm、10 cm、15 cm、25 cm 等。

③以体积或重量为单位：常适于调查仓储害虫数量或受害程度。

④以植株及其部分器官为单位：适于调查稀植植物上的害虫或受害程度，特别是一些小型吮吸性害虫（螨），如蚜虫、粉虱、介壳虫、叶螨等。一般大田稀植作物多以株为单位，如棉铃虫以棉花百株卵量或百株幼虫量表示，有时也以叶片、花、蕾、铃、茎、果实、穗等为单位。

⑤以器械为单位：根据昆虫习性，设置一定规格的频振式杀虫灯、粘虫板等诱集害虫，应以在一定时间内标准器械所获虫量为单位。

⑥以时间为单位：常适于调查较活泼而移动性大的昆虫，以单位时间内采集或见到的虫量表示。

（4）调查结果表示方法

①地上部分虫口：抽样调查单位面积、单位株数或单位器官上害虫的卵（卵块）数或虫数（幼虫、若虫、成虫）。

有虫（卵）株率 % = 有虫（卵）株数（杆、叶、花、果）/ 调查总株数（杆、叶、花、果）× 100%。

平均每株虫（卵）数 = 调查总（虫）卵数 / 调查总株数。

百株虫口（卵量）= 平均每株虫数（卵量）× 100。

每平方米虫口数 = 调查总虫数 / 调查总面积。

②地下部分虫口：用筛土或淘土的办法，统计单位面积、一定深度内害虫的数量，必要时进行分层调查。

③活动性大的昆虫，如叶蝉、飞虱等。

用诱捕器诱集：以单个容器逐日诱集数量表示。

网捕：标准捕虫网以平均 1 ~ 10 复次的虫数表示。

④作物受害情况以被害率表示：

被害率 = 被害株数（杆、叶、花、果）/ 调查总株数（杆、叶、花、果）× 100%。

2. 实验步骤

① 调查当地主要作物上的害虫、天敌种类（普查）。

② 调查当地作物主要害虫的分布、发生及为害情况。

③ 调查 1 ~ 2 种主要害虫的种群消长规律，并调查作物受害情况，害虫对作物哪些部分造成了为害，为害达到了什么程度，为防治提供科学依据。

④ 如果已经采取防治措施，调查防治效果，观察防治前和防治后发生程度的变化。

见表 10-1 和表 10-2。

表 10-1　害虫种类调查记录

调查日期	作物	生育期	害虫名称	虫 态	主要识别特征	为害症状	备注

表 10-2　害虫田间调查记录

调查日期	地点	田块类型	害虫名称	虫 态	取样方法	被害情况	被害率

四、实验结果与分析

① 写出 3 ~ 5 种调查的当地作物主要害虫种类及其危害症状。

② 选取当地 1 ~ 2 种虫害进行调查，明确其种群消长规律以及作物受害情况。

实验六　农作物病害田间调查

一、实验原理与目的

农作物病害的分布为害、发生时期和症状变化、栽培和环境条件对作物病害发生的影响、防病效果等，都要通过调查才能掌握。要搞好病害的预测预报和防治工作，首先必须掌握病害在田间的发生动态，这就需要进行田间调查，并对调查所得数据要进行必要的整理和统计分析。田间调查不仅可以掌握病害的发生动态，获得准确的数据资料，而且是发现问题，分析、判断和解决问题的基础。因此，农作物病害的田间调查是开展预测预报和防治工作的基础。

通过本实验，掌握农作物病害的田间调查方法，明确当地作物主要病害种类、发生及为害情况，为病害预测预报与防治提供科学依据。

二、器材与试剂

标本夹、标本箱、刀、剪、锄、锯、小玻瓶、标本纸、纸袋、塑料袋、小玻管、标本袋、标签、记录本、铅笔、记号笔、小土铲等。

三、实验内容与步骤

1. 实验内容

（1）病害调查类别

①一般调查（普查）。普查是对局部地区植物病害种类、分布、发病程度的基本情况调查。

②重点调查。对一般调查发现的重要病害，可作为重点调查对象，深入了解它的分布、发病率、损失、环境影响和防治效果等。重点调查次数要多一些，发病率的计算也要求比较准确。

③调查研究。调查研究是深入的研究某一个问题，是通过调查研究或者是在调查研究的基础上解决的。调查研究和实验研究互相配合，逐步提高对一种病害的认识。

（2）调查内容

①作物病害发生和为害情况调查。普查一个地区在一定时间内的病害的种类、发

生时间及为害程度等。对于当地常发性和暴发性的重点病害，则应详细记载病害的始盛期、高峰期、盛末期和数量消长情况或由发病中心向全田扩展的增长趋势及严重程度等，为确定防治时期和防治对象提供依据。

②作物病害发生规律调查。调查某种病害的寄主范围、气候条件、病原传播方式、栽培管理模式及不同农业生态条件下病害发病情况变化，为制定防治措施提供依据。

③越冬情况调查。调查病害病原的越冬场所、病原越冬方式等，为制订防治措施和开展预测预报提供依据。

④防治效果调查。包括防治前与防治后、防治区与非防治区的发生程度对比调查、病害发生程度对比调查，以及不同防治时间、采取措施等，为选择有效防治措施提供依据。

（3）调查取样方法

病害调查的取样方法，影响着结果的准确性，取样原则是可靠又可行。

①取样数目。样本的数目要看病害的性质和环境条件，一般方法是一块田随机调查 4 ~ 5 个点，在一个地区调查 10 块田。取样不一定要太多，但一定要有代表性。

②取样方法。随机取样法：此法适宜于分布均匀病害的调查，力图做到随机取样，调查数目占总体的 5%左右。“Z”形取样法：此法适于狭长地形或复杂梯田式地块病害的调查，按“Z”字形或螺旋式进行调查。平行取样法：此法适宜于分布不均的病害，间隔一定行数进行取样调查。对角线法：适于条件基本相同的近方形地块的病害调查。样点定在对角线上取 5 ~ 9 点调查，调查数目不低于总数的 5%。

③样本类别。样本可以整株、穗秆、叶片、果实等作为计算单位，样本单位的选区，应该做到简单而能正确地反映发病情况。

④取样地点。避免在田边取样，田边植株往往不能代表一般发病情况，应离开田边 5 ~ 10 步（田小的可以近些，缩短到 2 ~ 3 步），在 4 ~ 5 处随机取样，或者从田块四角两根交叉线的交叉点和交叉点至每一角的中间 4 个点，共 5 个点取样。植株较大的条播作物如棉花等，可以在田间随机选若干行进行调查。在一个区内调查，要随机选田，避免专门选择重病田，可规定每隔一定距离调查 1 次。

⑤取样时间。调查取样的适当时期，一般是在田间发病最盛期。

（4）病害调查记载方法

①直接计数法：一种比较简单的方法，计算发病田块、植株或器官的数目，从调查的总数，求得发病的百分率。

②分级计数法：根据病害发生的轻重，对植物影响不同，可将病害分级，调查时记录每级发病田块数、平均发病率。马铃薯晚疫病发生程度分级标准见表 10-3。

表 10-3　马铃薯晚疫病发生程度分级标准

级别	发病率 /%	病害发生程度
1	0.0	田间无病
2	0.1	病株稀少，直径 11m 的面积内，只发现 1 ~ 2 个病斑
3	1.0	发病普遍，每株约 10 个病斑
4	5.0	每个病株约有 50 个病斑或有 1/10 的小叶片发病
5	25.0	每一小叶都发病，但病株外形仍正常，并呈绿色
6	50.0	每一个植株都发病，有一半叶片枯死，病田呈绿色，但间或呈褐色
7	75.0	有 3/4 的面积枯死，病田呈黄褐色，顶叶仍呈绿色
8	95.0	只有少数叶片仍保持绿色，但茎仍呈绿色
9	100.0	叶片全部枯死，茎部亦枯死或正在枯死中

发病最重的感病指数是 100，完全无病是 0，所以这个数值就能表示发病的轻重。

③病情指数：分级计数法的级别，有的不是根据百分率分级的，得到的结果实每一级中有多少个体，针对这种情况，往往是计算感染指数来表示发病程度，即每一级用一代表数值，然后按以下公式计算：

$$病情指数 = \frac{\Sigma（病级株数 \times 代表数值）}{株数总和 \times 发病最重级的代表数值} \times 100。$$

发病最重的感病指数是 100，完全无病是 0，所以这个数值就能表示发病的轻重。

④损失率：损失是指产量或经济效益的减少，因此，病害所造成的损失应以生产水平相同的受害田与未受害田的产量或经济总产值对比计算，也可用防治区和不防治的对照区产量或经济总产值对比计算。

损失率 =（未受害田平均产量或产值 - 受害田平均产量或产值）/ 未受害田平均产量或产值 ×100%。

（5）病害标本的采集

病害标本主要是有病的根、茎、叶和果实等，好的标本要有各受害部位在不同时期的典型症状，真菌病害有子实体更好。寄主的鉴定也很重要，许多病害标本，尤其是锈菌和黑粉菌，不知道寄主是很难鉴定的。对于不熟悉的寄主，最好能采集花、芽和果实等，有助于鉴定。每种标本采集的件数不能太少，在制作和鉴定过程中常有损坏，多余的标本还可以用于交流。一般叶斑病标本，最少采十几张叶片。

采到的标本，如果干燥后容易卷缩的（如病叶），最好是随采随压。其他不致损坏的标本，可以暂时放在标本箱中，带回压制和整理。败坏的果实，先用纸分别包裹，然后放在标本箱中，以免损坏及沾污。

采集要有记载，主要内容是寄主名称、采集日期和地点、采集人姓名、主要发生情况和必要的生态因子。

2. 实验步骤

① 调查当地主要作物上的病害种类（普查）。

② 调查当地作物主要病害的分布、发生及为害情况。

③ 在当地选择病害较多、发病盛期的某一地块，对该地块采用适合的方法取样，进行一般性调查，记录该地块作物病害种类、病害分布情况和发病程度等，同时采集一定数量的标本带回实验室制作。

④ 选取当地 1 ~ 2 种病害进行调查，计算发病率及病情指数，并调查作物受害情况，对作物哪些部分造成了危害，危害达到了什么程度。

四、实验结果与分析

① 写出 5 ~ 7 种调查的当地作物主要病害种类及其危害症状。

② 选取当地作物 1 ~ 2 种病害进行调查，计算发病率及病情指数。

第十一章　综合提升创新实验

实验一　番茄穴盘育苗和机械移栽技术

一、实验原理与目的

番茄在我国农业经济中占有举足轻重的地位。采用育苗移栽技术可节省种子，避开春季低温雨害等自然灾害，适时移栽保证株数达全苗壮苗，能够提早作物的生育进程、提高单产，缓解收获劳动力的紧张局面。采用移栽机进行的番茄移栽作业可以大幅度提高移栽工效，节省人工、种子费，提高移栽质量。通过本实验，学习掌握番茄穴盘育苗移栽技术。

二、器材与试剂

1. 实验仪器

温室、温度计、穴盘等。

2. 实验试剂

基质、营养土、70% 代森锰锌、10% 磷酸三钠、高锰酸钾。

3. 实验材料

番茄种子。

三、实验步骤

1. 温室准备

育苗前对温室大棚进行全面检修，确保温室内白天温度保持在 22 ~ 25 ℃，夜间不低于 14 ℃。

2. 基质准备

可以购买番茄育苗专用基质，也可自行配置。

3. 营养土消毒

每立方米营养土用 70% 代森锰锌 80 ~ 100 g 混拌均匀，进行消毒。

4. 种子处理

先用清水浸泡种子，漂去瘪籽沥干，然后用 55 ~ 60 ℃温水将种子浸泡 15 min 后，放入10%磷酸三钠浸泡20 ~ 30 min，杀死种子表面的病菌，再用500倍高锰酸钾溶液中浸泡1 h，然后，用清水冲洗干净，最后在清水浸泡8 ~ 9 h，将种子捞出用纱布袋装好待播。

5. 装土与摆盘播种

先将盘中装满营养土，用木条将穴盘表面刮平，装盘时压穴；摆盘前一天把苗床做成2.5 ~ 3.0 m宽的畦，畦埂高25 ~ 30 cm；点播：利用128孔穴盘播种机，进行点播，每穴1 ~ 2粒，播深0.5 ~ 1.0 cm，播后覆盖营养土0.7 ~ 1.0 cm，刮平土，不可镇压。播后及时用洒水壶喷水，要求浇匀、浇透。浇完水将穴盘摆好，上面盖一层薄膜闷2 ~ 3 d。

6. 温度管理

出苗前，床土温度白天应保持在20 ~ 28 ℃，夜间温度保持在12 ~ 15 ℃；当出苗率达到30% ~ 50%时，可揭去覆盖膜。幼苗出齐后，增强光照并实行降温管理，白天气温保持在22 ~ 26 ℃，地温20 ~ 23 ℃，夜间气温保持在12 ~ 15 ℃，地温18 ~ 20 ℃，防止徒长。幼苗2片真叶到5片真叶时，白天温度20 ~ 25 ℃，夜间12 ~ 16 ℃，地温17 ~ 22 ℃，空气相对湿度55% ~ 85%。白天在棚中央适当打开，进行通风换气，逐渐加大通风量和光照时间；移栽前10 ~ 15 d，棚温白天由25 ℃降到18 ℃再降到12 ℃，甚至降低到5 ~ 6 ℃，夜间温度控制在5 ℃左右，后期可短期控制在2 ℃左右，幼苗变紫色为好。

7. 水分管理

每天保证洒水1 ~ 2次，根据墒情10 ~ 15 d浇一次苗床水，一般床土不干不浇，宁干勿湿。浇水时可适当施0.1% ~ 0.2%尿素或营养液。

8. 挪盘

对生长旺的苗在三叶期挪盘一次，移栽前7 d左右再挪盘一次，促进根系生长控制徒长。生长健壮的苗只在移栽前10 d左右挪盘一次。挪盘前1 ~ 2 d应降温管理，然后立即喷施清水，利于快速缓苗发根。

待苗龄达到6 ~ 7周后即可移栽（包括1周的炼苗时间），以45 ~ 50 d较为适宜，株高13 ~ 15 cm，茎粗0.3 cm左右，5 ~ 6叶1心，叶片深绿，茎秤紫色，茎秆和叶片无病斑，生长正常的秧苗。

9. 移栽

机械铺膜：采用90 cm的地膜（0.008 mm），要求覆膜笔直，铺膜平展，压膜紧实，采光面宽，膜面无漏气、无破损等，每隔10 m压一道防风土，滴管带铺设紧直，接口预留合适，无破损无漏铺等。

开沟起垄：沟心距为1.5 m，沟宽50 cm，沟深15 cm，垄面宽1 m。

灌好栽苗水（移栽前1 d）：要求灌足灌透，保证幼苗的成活率。

根据品种要求确定适宜的密度，一般株距30 ~ 35 cm。要求深栽，栽实，及时埋细土封洞，不可延误时间过长，否则会影响幼苗生长，在大风天气，要加强防风护膜。

定植时边栽苗边浇（滴）水，以便于供应充足的水分。将不同生长势的苗分开定植。定植深度将土埋至子叶节以下，徒长苗采用卧栽，将苗卧放在定植穴内，将茎部几节埋上，促进根系扩大，缩短缓苗期。栽苗后，应将士稍镇压，一般一星期后再浇（滴）一次缓苗水。以后的田间管理与直播田相同。

四、注意事项

① 温度管理和水分管理比较复杂，要把握不同育苗时期的环境调控。

② 播种深度要适宜，不能播太深，以防出苗不佳。

五、实验结果与分析

① 每小组培育一盘番茄苗，并进行管理。

② 待幼苗达到可移植标准时，每组完成自己所育苗的移栽工作，并进行移后管理，调查成活率。

实验二　小麦品质分析

一、实验原理与目的

作物的产品品质不仅因品种不同而有很大差异，而且在不同的栽培条件下，即使同一品种，也会相差很大。因此，在鉴定产品品质时，必须注意供试材料的栽培条件。鉴定小麦品种的产品品质主要是评定出粉率、蛋白质含量、淀粉含量及其蒸烤品质等。出粉率一般应用小型磨粉机磨制面粉，直接进行测定；蛋白含量及蒸烤品质除直接鉴定外，也可以根据籽粒透明程度、面筋含量及其品质、沉淀值等特性来进行间接测定。通过本实验，熟悉鉴定小麦品种的籽粒透明度、出粉率、面筋含量及品质、沉淀值等测定方法。

二、器材与试剂

1. 实验仪器

磨粉机、沉淀值专用振荡器、刀片、标准筛、瓷缸或玻璃缸、纱布、烘箱、小玻璃板、缝衣针、20 mL量杯、天平、温度计、沉淀筒、移液管、回流装置秒表、木架等。

2. 实验试剂

十二烷基磺酸钠（SDS）（纯度＞99.9%）、乳酸、溴酚蓝。

3. 实验材料

不同小麦品种的籽粒及面粉。

三、实验步骤

1. 小麦籽粒透明度测定

小麦籽粒透明度常与面筋质量有关。一般籽粒透明度高的品种面筋质量好，蒸烤品质也好；透明度低或粉质的面筋质差，因而它的蒸烤品质较差。

测定籽粒透明度的方法：从各供试小麦品种的种子中，各挑选发育正常的种子 50 粒，用刀片或种子横断器把种子全部横切成两段，然后根据种子断面的性质区分为角质、半角质和粉质 3 级，并计算各级的籽粒数。

凡是断面透明或在横切面上粉质小于或等于 1/4 的籽粒属于角质的籽粒；横切而呈粉状的籽粒或角质部分只占横切面 1/4 的籽粒属于粉质的籽粒；介于角质与粉质之间的籽粒则属于半角质的籽粒。根据观察结果，按下列公式计算角质籽粒数（总的透明度）在所取样本中的百分数。

透明度（%）=（角质籽粒数 +1/2 半角质籽粒数）/ 样本籽粒总数 ×100%。

2. 出粉率的测定

取供试各小麦品种的种子 0.5 kg，用小型磨粉机磨成面粉，分别称其重量，并求其出粉率。然后加以比较，注意出粉率与籽粒透明度之间的关系。

3. 小麦品种面筋含量、品质和蛋白质含量的测定

小麦面筋含量及其品质与品种品质有密切的关系。如果面团中面筋含量高品质好，就能够制成质量高的馒头、面包和面条等食品。因为面筋不仅具有一定的韧性，发酵时形成一种网状体，能够包容发酵时所发生的大量气体，蒸烤出大而疏松的馒头和面包，而且还具有一定的弹性和拉力，能做出面筋力大的面条，所以必须测定面筋在面团中的含量和它的韧性。

测定面筋含量时，先取供试各品种的面粉 25 g，分别放入瓷缸（或玻璃缸）中，慢慢地分次加清水 10 ~ 15 mL（切忌一次放入），并用手揉，直到成为韧性一致的面团为止，揉好以后，放置于瓷缸内静置约 30 min，使面粉中的蛋白质充分吸水，形成海绵状的面筋网状体。再注入 15 ~ 20 ℃的清水，用于轻轻揉捏，洗去淀粉和麸皮。洗涤要换水数次（每次换水时水都要用纱布过滤，以便收集揉洗时脱落的小块面筋，并把它们和整块面筋合并一起），直到淀粉和麸皮洗去，面筋中挤出来的水不再呈现混浊状态，或用碘化钾溶液测定挤出来的水已无淀粉时，才把洗净了淀粉和麸皮的面筋捏成小团，挤去多余水分，放在玻璃板上（预先称过质量）置于温度为 140 ~ 150 ℃的烘箱内，使面筋的体积充分膨胀，约经 1 h，面筋体积不再增大时，即降低温度至 100 ~ 105 ℃，并用小针在面筋球的顶部戳刺几个小孔，以便放走面筋球内残余的水汽，再经 5 ~ 6 h，取出称其质量，按下列公式算出面筋含量百分率，并观察各品种面筋球体积的大小。凡是烘烤后面筋体积大的品种品质好，因为这样的面筋韧度大，弹性足，能够蒸烤出松软的馒头和面包。

面筋含量（%）= 干面筋质量 / 供试面粉质量 ×100%。

蛋白质含量的测定是将干面筋质量乘上系数 400/76.5，即为 100 g 风干籽粒中的蛋白质含量。

蛋白质含量 = 干面筋质量 ×400/76.5。

根据面筋球的体积和蛋白质的含量进行分析比较，以评定各品种的品质，并观察它们与籽粒透明度的关系。

4. 沉淀值测定

沉淀值是指一定量的面粉在弱酸有机酸溶液中的沉降体积（mL），它与小麦的食用

加工品质，尤其面筋含量及烘焙品质呈显著正相关，从而在评价小麦品种品质的实践中广泛应用。其基本原理是在一定的条件下，用乳酸处理小麦面粉悬浮液时，面粉中面筋蛋白颗粒发生膨胀，使悬浮面粉的沉降速度受到影响。面粉的面筋含量较高、面筋质量较好，都会导致沉淀较慢，从而在特定时间内的沉降体积较大，沉淀值较高。

测定步骤：

① 面粉称重。称取含水量为 14% 时的全麦粉（6.00 ± 0.01）g，或小麦粉（5.00 ± 0.01）g，置于沉淀筒中。当试样水分含量高于或低于 14% 时，称样量可按下式换算：

$$m=\frac{n\times 86}{100-W}\times 100\%。$$

式中，m 为应称取的试样质量，g；n 为含水量为 14% 时应称取的质量，g；w 为试样水分含量，用 100 g 试样中含水分的质量表示。

② 用移液管向加入面粉的沉淀筒中加入 50 mL 10 mg/kg 的溴酚蓝溶液，加上塞子，用手摇动沉淀筒使样品均匀悬浮于溶液中。

③ 快速将沉淀筒放置在沉淀值专用振荡器上，振荡 5 min。

④ 将沉淀筒从振荡器上取下，加入 50 mL 1 ∶ 50 的乳酸–SDS 溶液，重新置于振荡器上振荡 5 min。

⑤ 从摇床上取下量筒，准确静置 5 min 后，读取沉淀物体积，准确到 0.1 mL，即为沉淀值。

⑥ 同一样品 2 次重复，误差不超过 0.2 mL 时以其平均值计算，即为该样品的沉淀值。

四、注意事项

① 准确区分角质籽粒、粉质籽粒和半角质籽粒。

② 测定面筋含量时，需慢慢分次加入清水，切忌一次放入。

五、实验结果与分析

① 鉴定各小麦品种籽粒的透明度、面筋含量及沉淀值，并进行品质比较。

② 你认为在测定中应着重注意哪些环节？

实验三　马铃薯脱毒快繁技术

一、实验原理与目的

马铃薯脱毒苗是指将马铃薯茎尖分生组织经组织培养得到的数量很少的脱毒植株。把这些少量无病毒的试管苗在防止病毒再浸染的条件下，迅速而大量地扩大繁殖。用这些无毒苗生产无病毒种薯，是马铃薯种薯生产的重要一环，利用组织培养快繁技术，以工厂化生产的方式快速繁殖脱毒苗，以达到在生产上快速利用的目的。通过本实验，学习掌握马铃薯脱毒苗的快速繁殖，以及了解各级脱毒种薯的生产、繁殖技术。

二、器材与试剂

1. 实验仪器

高压灭菌锅、超净工作台、紫外灯、酒精灯、长镊子、剪刀、培养室、培养架、日光灯、试管、温度计、器皿、光照培养箱、解剖针、烧杯、量筒、酸度计、空调、pH 试纸。

2. 实验试剂

75% 酒精、甲醛、高锰酸钾、升汞、漂白粉、饱和液、激动素、吲哚乙酸、MS 培养基。

3. 实验材料

马铃薯。

三、实验步骤

1. 培养基的配制

（1）母液的配制和保存

一般将常用试剂配制成所需浓度高 10 ~ 100 倍的母液，通常配制成大量元素、微量元素、铁盐、有机物质、激素等母液。大量元素用量相对较大，其中 KNO_3、NH_4NO_3 在配制培养基时按量称取，随称随用，其余 3 种可以每种试剂单独配制成母液，见表 11-1 和表 11-2。

表 11-1　MS 培养基母液的配置

母液编号	化合物名称	规定量 /（$mg \cdot L^{-1}$）	扩大倍数 / 倍	称取量 /mg	母液体积 /mL	1L 培养基吸取量 /mL
母液 1	KH_2PO_4	170	100	17 000	1000	10
母液 2	$MgSO_4 \cdot 7H_2O$	370	100	37 000	1000	10
母液 3	$CaCl_2 \cdot 2H_2O$	440	100	44 000	1000	10
母液 4	$MnSO_4 \cdot 4H_2O$	22.3	100	2230	此 7 种盐分别充分溶解后混合定容至 1000 mL	10
	$ZnSO_4 \cdot 7H_2O$	8.6	100	860		
	H_3BO_3	6.2	100	620		
	KI	0.83	100	83		
	$Na_2MO_4 \cdot 2H_2O$	0.25	100	25		
	$CuSO_4 \cdot 5H_2O$	0.025	100	2.5		
	$CoCl_2 \cdot 6H_2O$	0.025	100	2.5		
母液 5	Na_2-EDTA	37.3	100	3730	2 种盐分别溶解后混合定容至 1000 mL	10
	$FeSO_4 \cdot 7H_2O$	27.8	100	2780		
母液 6	甘氨酸	2	100	200	4 种有机物分别溶解后混合定容至 1000 mL	10
	VB1	0.1	100	10		
	VB6	0.5	100	50		
	烟酸	0.5	100	50		

表 11-2　各激素母液的配置

母液编号	中文名	缩写	称取量 /mg	助溶物	母液体积 /mL	母液浓度 /（$mg \cdot mL$）
激素 1	6-苄氨基嘌呤	6-BA	50	稀盐酸	500	0.1
激素 2	萘乙酸	NAA	20	95% 乙醇	200	0.1
激素 3	赤霉素	GA3	20	95% 乙醇	200	0.1
激素 4	泛酸钙		100		100	1

母液的配制要用纯蒸馏水或去离子水，药品采用等级较高的化学纯（ CP 三级）或分析纯（ AR 二级）。配制好的母液应分别贴上标签，注明母液名称、配制倍数、日期

及配制 1 L 培养基时应取的量。母液贮存时间不宜过长，若发现生霉或沉淀，就不能再使用。

（2）培养基的配制和分装

按所配制的培养基的量称取琼脂、食用白砂糖、KNO_3 及 NH_4NO_3（一般情况下，每升培养基加食用白糖 30 g、琼脂粉 6 g、KNO_3 1.9 g、NH_4NO_3 1.65 g）。

用量筒量取水加入配制培养基的容器（10 L）。在标记好的容器里加入将要配制培养基量 2/3 的水，放入琼脂、白砂糖、KNO_3 及 NH_4NO_3，高速搅拌 10 ~ 15 min，使糖、KNO_3 及 NH_4NO_3 充分溶解，琼脂粉搅拌均匀。

从母液中依次量取其余 3 种大量元素的所需量、微量元素、铁盐、有机物质及植物激素，放入烧杯中然后再倒入糖、琼脂等的混合液中，用水定容培养基至刻度，继续高速搅拌数分钟，使其混合均匀。

用精密 pH 试纸测 pH 值，用 0.1N HCI 或 0.1N NaOH 将培养基 pH 值调至 5.8 ~ 6.0。

分装培养基于培养瓶（一般用 350 mL 的罐头瓶），每瓶约 35 mL。

将分装好培养基的容器封口（用耐高温聚乙烯膜或塑料瓶盖），准备高压灭菌。

（3）培养基的灭菌和保存

将培养基放入灭菌锅，按灭菌锅的操作要求进行灭菌。接种用纸及其他一些用具等包扎好后，也随同一起灭菌。一般在温度为 121 ℃ 压强为 0.105 MPa 下高压蒸汽灭菌 25 ~ 30 min。灭菌完毕后，取出培养基、接种用纸等，放入无菌室，待自然冷却后方可使用。暂时不用的培养基应放置于 10 ℃下保存。一般情况下，培养基应在消毒后 2 周内用完，至多不超过 1 个月，以免培养基干燥变质。

2. 核心种苗的准备

马铃薯脱毒核心种苗可经过茎尖分生组织培养获得。首先选取已发芽的马铃薯块茎放置到光照培养箱内，在 33 ~ 37 ℃下处理 3 ~ 4 周。切取处理过的顶芽、侧芽 1 ~ 2 cm 若干段放入烧杯中，盖好纱布，用自来水冲洗 1 h。

3. 无菌接种

① 超净工作台预工作和接种室的消毒：每次接种操作前 20 ~ 30 min，打开超净工作台预工作，同时打开工作台上的紫外灯及接种室的紫外灯，照射 20 min，以防真菌污染。

② 工作人员的准备工作：接种操作之前，工作人员需用肥皂洗手、换穿清洁的工作衣帽、准备接种用的基础母瓶，进入接种室后，用 70% 酒精擦拭双手和超净工作台内壁。

③ 接种工具的消毒：先把接种用的镊子、剪刀、解剖刀等工具浸入 70% 酒精中，然后在酒精灯上灼烧或插入消毒器中灭菌，最后放在支架上冷却后备用，以免灼烧接种材料。

④ 基础母瓶和培养基的表面消毒：用 70% 酒精擦拭每一个基础母瓶和新鲜培养基

表面后，放置于超净工作台上备用。

⑤ 接种：将自来水冲洗过的芽段，移至超净工作台上，浸泡在饱和漂白粉溶液中 8 ~ 10 min，取出后用无菌水冲洗 2 ~ 3 次。在 40 倍双筒解剖镜下，用解剖针去掉幼叶，直至露出半圆形光滑生长点，用解剖刀从 0.1 ~ 0.3 mm 处切下。每支试管中接种一个生长点，试管封口包上纸帽，并在管上注明品种和接种时间。

4. 培养

转接好的试管放在 25 ℃左右的培养室内培养，用 10 ~ 12 h/d 光照时间，2000 ~ 3000 Lx 照度。若采用全自然光培养，只要控制好光照强度和温度就可以了。

培养 30 ~ 40 d，待小苗长至 8 ~ 10 cm 时，又可进行下一轮快繁转接。自然光光照强度大，昼夜温差大，试管苗生长健壮，移栽成活快，成活率高，生长好。它既解决组培中能源消耗问题，有利于降低成本，又可为工厂化生产不断提供量多质优的脱毒试管苗。

四、注意事项

① 装培养基时，注意不要把培养基黏附到培养瓶口，以免引起污染。

② 脱毒苗生产中，要严格无菌操作，谨防污染。

五、实验结果与分析

① 以小组为单位，每小组培养 3 ~ 4 试管脱毒马铃薯幼苗。

② 你认为有哪些因素影响成苗率?

实验四　番茄抗病（虫）性状的分子标记检测

一、实验原理与目的

番茄是我国主要的蔬菜作物，在番茄生产过程中，经常遭遇各种病虫害的侵袭，其中最常见的有花叶病毒病、斑萎病、晚疫病、枯萎病、灰叶斑病、根结线虫病等。选育抗病品种是抵抗病虫害侵袭的主要方法。通过本实验，熟悉番茄品种常见抗性分子标记相关信息，掌握利用分子标记检测番茄品种或材料是否携带抗性基因的技术方法。

二、器材与试剂

1. 实验仪器

PCR 仪、电泳仪、组织研磨仪、离心机、pH 计、水浴锅、移液器、凝胶成像仪、-80 ℃超低温冰箱、-20 ℃冰箱。

2. 实验试剂

CTAB、三氯甲烷、异戊醇、异丙醇、DEPC 水、NaCl、Tris 碱、浓盐酸、EDTA、NaOH、50×TAE、2×TaqMasterMix（含染料）、琼脂糖凝胶、DNA marker、核酸染料、ddH_2O、限制性内切酶。

3. 试剂的配制

（1）CTAB 缓冲液

CTAB 称取 20 g，NaCl 称取 81.82 g，1M Tris-HCl 加 100 mL，0.5M EDTA 加 40 mL，定容至 1000 mL。

（2）1M Tris-HCl（pH 8.0）配制方法

在 160 mL 无菌水中溶解 24.2 g Tris 碱，用浓盐酸调 pH 至 8.0（HCl 约 10 mL），加水定容至 200 mL。

（3）0.5M EDTA（pH 8.0）配制方法

在 80 mL 水中加入 18.61g EDTA，搅拌，用 NaOH 固体颗粒调节 pH 至 8.0（NaOH 约 2.6 g），定容至 100 mL。

（4）氯仿：异戊醇（24 ∶ 1）的配制方法

三氯甲烷 240 mL，加入异戊醇 10 mL。

（5）TAE 溶液的配制方法

取 2 mL 50×TAE 加入 1000 mL 量筒中，倒入 998 mL 无菌水，配制浓度为 0.2% 的 50×TAE 溶液备用。

4. 实验材料

干净且新鲜的番茄叶片。

磨粉机、沉淀值专用振荡器、刀片、标准筛、瓷缸或玻璃缸、纱布、烘箱、小玻璃板、缝衣针、20 mL 量杯、天平、温度计、沉淀筒、移液管、回流装置秒表、木架等。

三、实验步骤

1. 基因组 DNA 提取

① 取适量干净新鲜的叶片于离心管中，用液氮速冻后置于 -80 ℃超低温冰箱中保存。

② 将冷冻的植物组织，在低温干燥状态下使用组织研磨仪 800 rpm/min 研磨 5 min，重复研磨 2 次，至均匀的粉末状态，再加入 500 μL 预热的 CTAB 溶液。

③ 将离心管置于 65 ℃水浴锅中水浴 30 min（每隔 5 min 上下颠倒使其混匀）。

④ 于通风橱中加入 600 μL 氯仿-异戊醇（24 ∶ 1），充分混匀。9000 rpm/min 离心 10 min，小心吸取 500 μL 上清于 1.5 mL 离心管中（离心管中提前加入 500 μL 异丙醇），避免吸到沉淀。

⑤ 轻柔混匀放入 -20 ℃冰箱 60 min 沉淀 DNA，12000 rpm/min 离心 10 min，倒掉上清，按顺序倒扣在提前铺好的吸水纸上。

⑥ 将 DNA 沉淀于室温充分晾干后，加入 100 μL 的 DEPC 水溶解，充分溶解后将其放置 -20 ℃保存。

2. 番茄抗性分子标记检测

① 引物序列

本实验涉及的番茄抗病虫标记检测，所用 PCR 引物见表 11-3。

表 11-3　抗病基因 PCR 扩增上下游引物序列

名称	简称	上游引物 F	下游引物 R	是否酶切
烟草花叶病毒抗性标记	Tm-1	CAGCTCACGAACATTGAAGTTGAT	CAGCTCACGATAATCATTAAATTG	否

续表

名称	简称	上游引物 F	下游引物 R	是否酶切
斑萎病抗性标记	Sw-5	AATTAGGTTCTTGAAGCCCATCT	TTCCGCATCAGCCAATAGTGT	否
晚疫病抗性标记	Ph-3	GGTGATCTGCTTATAGACTTGGG	AAGGTCTAAAGAAGGCTGGTGC	是（BstNI）
枯萎病抗性标记	I-2	ATTTGAAAGCGTGGTATTGC	CTTAAACTCACCATTAAATC	否
灰叶斑病抗性标记	Sm	GTCCGAGCAACATAGCTCCC	ATGGACCAACCTTGCAAACG	是（TaqI）
根结线虫抗性标记	*Mi*	TGGAAAAATGTTGAATTTCTTTTG	GCATACTATATGGCTTGTTTACCC	否

（2）PCR 反应体系

2×TaqMasterMix（含染料）10 μL，上、下游引物各 0.5 μL（10 mmol/L），DNA 模板 20 ~ 100 ng，ddH_2O 补足 20 μL。

（3）PCR 反应程序

94 ℃预变性 5 min；94 ℃变性 30 s，55 ℃退火 1 min，72 ℃复性 1 min，进行 35 个循环；72 ℃延伸 10 min，4 ℃保存。

（4）酶切反应

番茄晚疫病抗性标记 Ph-3 经 PCR 扩增后，PCR 产物需酶切才能获得抗性标记。酶切反应总体积 16 μL（8 μL PCR 扩增产物，10×bufferR 2 μL，10U BstNI，其余用水补足），37 ℃酶切 7 h 左右。

番茄灰叶斑抗性标记 sm 经 PCR 扩增后，PCR 产物需酶切才能获得抗性标记。酶切反应总体积 10 μL（TaqI 0.6 μL，10×TaqI Buffer 1.2 μL，0.1% BSA 1.2 μL，PCR 产物 2 μL，灭菌水 5 μL）。65℃酶切 6 h。

（5）琼脂糖凝胶电泳

PCR 产物于 1.2% 琼脂糖凝胶，酶切产物于 2% 琼脂糖凝胶，电泳 30 ~ 40 min。利用凝胶成像系统观察电泳结果。

四、注意事项

① 植物组织采集后，应立即放入液氮中，随后转移至-80 ℃超低温冰箱保存，备用。

② CTAB 法提取植物基因组 DNA 时，需在通风橱中添加试剂。

五、实验结果与分析

① 含有 Tm－1 基因的材料能检测到 1 条约 750 bp 的条带，不含 Tm－1 基因的材料不能产生条带。根据实验结果，判断不同番茄品种对烟草花叶病毒病的抗性能力。

② 含有 Sw－5 基因的抗病番茄可以扩增出 574 bp 的条带，不含有 Sw－5 基因的感病番茄可以扩增出 464 bp 的条带。根据实验结果，判断不同番茄品种对斑萎病的抗性能力。

③ 所有材料经 Ph－3 引物序列 PCR 扩增后，均能检测到 1 条 500 bp 的条带。经内切酶 BstNI 酶切后，含纯合 Ph－3 基因的材料产生约 260 bp 左右的条带，不含 Ph－3 基因的材料产生约 500 bp 大小的条带，含杂合 Ph－3 基因的材料产生 500 bp 和 260 bp 2 条带。根据实验结果，判断不同番茄品种对晚疫病的抗性水平。

④ 含有 I－2 基因的材料能扩增出约 960 bp 大小的片段，不含 I－2 基因的材料不能扩增出任何片段。根据实验结果，判断不同番茄品种对枯萎病的抗性水平。

⑤ 经 Mi 引物 PCR 扩增后，只扩增出 1 条 380 bp 的条带，表明材料为 Mi/Mi 纯合基因型；扩增出 430 bp 和 380 bp 2 条带，为 Mi/mi 杂合基因型；只扩增出 430 bp 的 1 条带，表示不含 Mi 基因。根据实验结果，判断不同番茄品种对根结线虫的抗性水平。

⑥ 经 sm 引物 PCR 扩增后，所有材料均能检测到 1 条 797 bp 的条带。经内切酶 TaqI 酶切后，含纯合 sm 基因的材料产生 589 bp 和 208 bp 的 2 条特异性条带；含杂合 sm 基因的材料产生 589 bp、208 bp 和 797 bp 的 3 条特异性条带；不含 Sm 的材料不能被酶切。根据实验结果，判断不同番茄品种对灰叶斑病的抗性水平。

⑦ 根据实验结果，综合评价不同番茄品种抗性（虫）情况。

实验五　拟南芥遗传转化

一、实验原理与目的

通过构建重组过表达载体并转化农杆菌，利用农杆菌介导法进行目的基因的拟南芥遗传转化，将目的基因转入野生型拟南芥中，再通过筛选和鉴定得到纯合的拟南芥转基因株系。后续通过对纯合转基因株系和野生型拟南芥进行比较鉴定，推断目的基因在植物生长发育中的功能。

二、器材与试剂

1. 实验仪器

光照培养箱、摇床、普通 PCR 仪、荧光定量 PCR 仪、NanoDrop 分光光度计、恒温水浴锅、鼓风干燥箱、电泳仪、电击转化仪、制冰机、离心机、超净工作台。

2. 实验试剂

LB 液体培养基、LB 固体养基、琼脂糖、卡娜霉素、利福平霉素、庆大霉素、Basta、农杆菌 GV3101、大肠杆菌 DH5α、过表达载体、内切酶、高保真 DNA 聚合酶、同源重组试剂盒、胶纯化试剂盒、反转录试剂盒、荧光定量试剂盒、RNA 提取试剂盒。

3. 实验材料

野生型拟南芥。

三、实验步骤

1. 构建重组载体

① 根据目标基因的序列设计正向和反向引物扩增全长 CDS 序列，引物的 5' 端加入 20 bp 左右的载体接头序列，按照表 11-4 中的体系配制 50 μL 反应体系：

表 11-4　反应体系 1

5 × buffer：	10 μL
dNTP mix：	1 μL

续表

5' 端引物（F）：	2 μL
3' 端引物（R）：	2 μL
高保真 DNA 聚合酶：	1μL
cDNA：	1 μL
去离子水：	33 μL

按照下列程序在 PCR 仪中扩增目的片段：

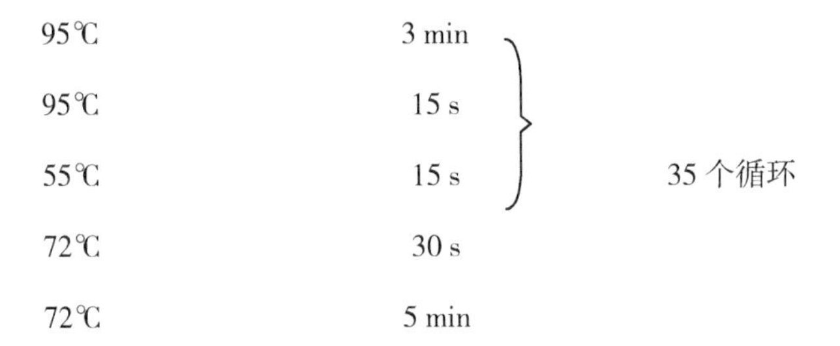

② 称取一定量的琼脂糖加入适量的 0.5× TAE 缓冲液，配制成 1% 的琼脂糖胶，放入微波炉中加热融化，待琼脂糖完全融为透明状液体时，放到室温冷却到 50 ~ 60 ℃，加入适量的 Gelred，混匀后倒在胶板上，放在室温冷却凝固。将 PCR 产物点到琼脂糖胶孔中，跑电泳，查看目标条带大小是否正确。利用胶回收试剂盒对目标片段进行回收。

③ 用两种内切酶对过表达载体进行酶切，变成线性载体，跑电泳后，利用胶回收试剂盒对线性载体片段进行回收。

④ 利用同源重组的原理，将目的片段连接到载体上。用 NanoDrop 测定纯化产物的浓度，并根据下面的公式计算最佳使用量：

最佳克隆载体用量 =（0.02 × 线性化的克隆载体碱基数）ng

最佳插入片段用量 =（0.04 × 插入目的基因片段碱基数）ng

见表 11-5。

表 11-5　同源重组反应体系

组分	体积
线性化的载体	A μL
目的基因片段	B μL

续表

组分	体积
5 × CE II Buffer	B μL
重组酶 Exnase II	1 μL
双蒸水	加水至总体积为 10 μL

注：A、B 的值为公式计算所得数值。

⑤ 放到 PCR 仪中，37 ℃反应 30 min，然后降至 4 ℃，将重组载体直接进行下面的转化实验。

2. 转化大肠杆菌 DH5 α

以下操作步骤在超净工作台上进行：

① 从 –80 ℃冰箱取出 DH5 α 感受态，插到冰上，让其慢慢融化。

② 取 10 μL 连接好的重组载体，加入融化的感受态中，用移液器轻轻吹打混匀，在冰上放置 30 min，让质粒充分吸附到菌体表面。

③ 立即放入 42 ℃的恒温水浴锅中，热激转化 90 s。

④ 取出感受态迅速放到冰上冷却 2 min。

⑤ 加入 400 μL 的液体 LB 培养基，放到 37 ℃的振荡培养箱中，220 rpm 培养 1 h，复苏大肠杆菌。

⑥ 从培养箱中取出菌种，涂布在含有卡娜霉素的抗性固体培养基中，放入 37 ℃恒温培养箱倒置培养 18 h，直至长出单菌落。

⑦ PCR 鉴定阳性菌落：用小枪头挑取长出的单克隆菌落，接种到含有卡娜霉素的液体 LB 培养基中，37 ℃恒温振荡培养箱培养 12 h 以上；待菌液浑浊后，用特异的载体引物进行菌液 PCR。

按照表 11–6 中的体系配制 20 μL 反应体系：

表 11–6　反应体系 2

2 × Taq mix：	10 μL
5' 端引物（F）：	1 μL
3' 端引物（R）：	1 μL
菌液：	1 μL
去离子水：	7 μL

按照下列程序在 PCR 仪中扩增目的片段：

95 ℃	5 min	
95 ℃	15 s	35 个循环
55 ℃	15 s	
72 ℃	1 min	
72 ℃	5 min	

PCR 反应结束后，进行琼脂糖凝胶电泳检测阳性克隆，有单一的目的条带并且条带大小正确，即为阳性克隆，接下来用质粒提取试剂盒提取重组质粒。

3. 转化农杆菌 GV3101

以下步骤在超净工作台中进行：

① 将电击杯用 75% 的酒精冲洗 3 遍，再用 ddH_2O 冲洗 3 遍，放到超净工作台中吹干，同时开紫外灯杀菌。

② 从 –80 ℃冰箱中取出 GV3101 农杆菌感受态，插入冰中，慢慢融化。

③ 吸取 5 μL 重组质粒，加入融化的感受态中，用枪头慢慢吹打。

④ 打开电击转化仪，调节到 AGR 状态，将感受态加入电击杯中，使感受态均匀地分布在底部。

⑤ 将电击杯放置在仪器的卡槽内，按下电击键。

⑥ 电击完成后，立刻向电击杯内加入 900 μL 液体 LB 培养基，并用移液枪轻轻吹打混匀。

⑦ 将培养基从电击杯中吸出，加入无菌的 1.5 mL EP 管中，放到振荡培养箱中，28 ℃，220 rpm，振荡培养 1 h。

⑧ 取出 EP 管放入离心机，12000 g 离心 1 min。

⑨ 弃掉 500 μL 的上清，用剩下的上清液将菌块重悬。

⑩ 将悬浮的菌液涂布在含有庆大霉素和利福平霉素的 LB 固体培养皿上。

⑪ 将培养皿倒置在恒温培养箱中，28 ℃培养 2 d，直至长出阳性菌落。

⑫ 待长出阳性菌落后，挑取单克隆到含有庆大霉素和利福平霉素的 LB 液体培养基中，培养过后进行菌液 PCR。鉴定阳性后，用甘油保菌放到 –80 ℃冰箱中。

4. 花浸染法侵染野生拟南芥

① 拟南芥培养 5 ~ 6 周进入盛花期，转基因的前一天，剪掉已长成的荚果，提高阳性率，并适当浇水。

② 将含有目的基因的农杆菌菌株接种到 4 mL 含有庆大霉素和利福平霉素的 LB 培养基中，在恒温振荡培养箱中，28 ℃培养 12 h 左右。

③ 吸取 2 mL 培养的菌液转移到含有庆大霉素和利福平霉素的 200 mL LB 液体培养

基的锥形瓶中，28 ℃培养过夜。

④ 将过夜培养的菌液加入两个 200 mL 的离心瓶中并配平，放到大型离心机中，8000 rpm，4 ℃，离心 10 min。

⑤ 离心期间，配制 5% 的蔗糖溶液，用配好的蔗糖溶液悬浮离心后的菌块，在分光光度计上将其浓度值 OD_{600} 调节到 1.0 左右，大约配制 300 ~ 400 mL。

⑥ 将拟南芥花序浸入配置好的菌液中（加入 Silwet－L－77）使菌液完全浸没花序，20 s 左右，使农杆菌能够充分吸附到花苞上。

⑦ 将处理好的拟南芥避光处理 24 h 以上。

⑧ 避光处理完成后，将拟南芥移到光下，正常培养。

⑨ 生长 2 周左右，待转基因的拟南芥果实成熟后，收取种子，将这些种子种植到一个大盆中，待植株长出两片真叶后，将 Basta 按 1 ∶ 1000 的比例稀释后，均匀地喷在植株上，留下存活的。接下来在特定的时间，收取种子，种植后两次喷洒 Basta 筛选阳性植株。

5. 拟南芥阳性植株的检测

① 用锡箔纸分别包裹适量的野生型拟南芥和转基因拟南芥的叶子，迅速放入液氮中。

② 利用 RNA 提取试剂盒在超净工作台中分别提取野生型拟南芥和转基因拟南芥叶子中的 RNA；待 RNA 凝胶电泳检测合格后，利用反转录试剂盒将 RNA 反转录成 cDNA。

③ 设计好荧光定量引物，按照荧光定量试剂盒说明在荧光定量 PCR 仪中进行荧光定量实验，检测目标基因表达情况。

按照表 11-7 中的体系配制荧光定量 20 μL 反应体系：

表 11-7　反应体系 3

2 × Mix：	10 μL
5' 端引物（F）：	0.6 μL
3' 端引物（R）：	0.6 μL
ROX	0.8 μL
cDNA：	2 μL
去离子水：	6 μL

按照下列程序在荧光定量 PCR 仪中扩增目的片段：

95 ℃　　15 min

95 ℃　　10 s　} 40 个循环

60 ℃　　30 s

四、注意事项

① 目标片段与线性载体连接时，一定要按照公式准确计算用量，否则影响效果。

② 感受态一定要在冰上融化。

③ 重组载体加入融化的感受态中后一定要轻轻混匀，不可剧烈吹打。

④ 侵染野生拟南芥时，尽量在盛花期，并且剪掉已有的荚果。

⑤ 提取 RNA 时操作快速，避免 RNA 降解严重。

五、实验结果与分析

① 利用 $2^{-\Delta\Delta CT}$ 法对荧光定量的数据进行分析，计算相对表达量。

② 同源重组构建载体的原理是什么?

③ 除了花序浸染法，还有哪些方法可以使农杆菌与植物材料接触，以完成遗传转化?

实验六　烟草瞬时表达

一、实验原理与目的

将目标基因与瞬时表达载体连接，使得荧光蛋白基因与目标基因构建成融合基因，利用农杆菌将融合基因导入烟草叶片中进行表达，可以借此进行目标蛋白质的亚细胞定位、蛋白互作等研究。在荧光蛋白的两个分子片段之间的环结构上，有许多特异性位点，可以插入外源蛋白而不影响荧光蛋白的荧光活性。蛋白互作研究正是利用荧光蛋白家族的这一特性，将荧光蛋白分割成两个不具有荧光活性的分子片段，再分别与目标蛋白融合表达，如果两个目标蛋白因相互作用而靠近，就使得荧光蛋白的两个分子片段在空间上相互靠近，重新形成有活性的荧光基团而发出荧光。

二、器材与试剂

1. 实验仪器

光照培养箱、摇床、普通 PCR 仪、荧光显微镜、NanoDrop 分光光度计、恒温水浴锅、鼓风干燥箱、电泳仪、电击转化仪、制冰机、离心机、超净工作台。

2. 实验试剂

LB 液体培养基、LB 固体养基、琼脂糖、卡娜霉素、利福平霉素、庆大霉素、MES、农杆菌 GV3101、大肠杆菌 DH5α、P19 菌株、乙酰丁香酮、瞬时表达载体（含有荧光蛋白基因 YFP）、内切酶、高保真 DNA 聚合酶、同源重组试剂盒、胶纯化试剂盒。

3. 实验材料

烟草。

三、实验步骤

1. 构建重组载体

① 根据目标基因的序列，设计正向和反向引物扩增全长 CDS 序列，引物的 5' 端加入 20 bp 左右的载体接头序列，按照下表中的体系配制 50 μL 反应体系：

5 × buffer:	10 μL
dNTP mix:	1 μL
5' 端引物（F）:	2 μL
3' 端引物（R）:	2 μL
高保真 DNA 聚合酶:	1 μL
cDNA:	1 μL
去离子水:	33 μL

按照下列程序在 PCR 仪中扩增目的片段：

95 ℃	3 min	
95 ℃	15 s	35 个循环
55 ℃	15 s	
72 ℃	30 s	
72 ℃	5 min	

② 称取一定量的琼脂糖加入适量的 0.5× TAE 缓冲液，配制成 1% 的琼脂糖胶，放入微波炉中加热融化，待琼脂糖完全融为透明状液体时，放到室温冷却到 50 ~ 60 ℃，加入适量的 Gelred，混匀后倒在胶板上，放在室温冷却凝固。将 PCR 产物点到琼脂糖胶孔中，跑电泳，查看目标条带大小是否正确。利用胶回收试剂盒对目标片段进行回收。

③ 用两种内切酶对瞬时表达载体进行酶切，变成线性载体，跑电泳后，利用胶回收试剂盒对线性载体片段进行回收。

④ 利用同源重组的原理，将目的片段连接到载体上。用 NanoDrop 测定纯化产物的浓度，并根据下面的公式计算最佳使用量：

最佳克隆载体用量 =（0.02 × 线性化的克隆载体碱基数）ng

最佳插入片段用量 =（0.04 × 插入目的基因片段碱基数）ng

见表 11－8。

表 11－8　同源重组反应体系

组分	体积
线性化的载体	A μL
目的基因片段	B μL

续表

组分	体积
5 × CE II Buffer	2 μL
重组酶 Exnase II	1 μL
双蒸水	加水至总体积为 10 μL

注：A、B 的值为公式计算所得数值。

⑤ 放到 PCR 仪中，37 ℃反应 30 min，然后降至 4 ℃，将重组载体直接进行下面的转化实验。

2. 转化大肠杆菌 DH5 α

以下操作步骤在超净工作台上进行：

① 从 -80 ℃冰箱取出 DH5 α 感受态，插到冰上，让其慢慢融化。

② 取 10 μL 连接好的重组载体，加入融化的感受态中，用移液器轻轻吹打混匀，在冰上放置 30 min，让质粒充分吸附到菌体表面。

③ 立即放入 42 ℃的恒温水浴锅中，热激转化 90 s。

④ 取出感受态迅速放到冰上冷却 2 min。

⑤ 加入 400 μL 的液体 LB 培养基，放到 37 ℃的振荡培养箱中，220 rpm 培养 1 h，复苏大肠杆菌。

⑥ 从培养箱中取出菌种，涂布在含有卡那霉素的抗性固体培养基中，放入 37 ℃恒温培养箱倒置培养 18 h，直至长出单菌落。

⑦ PCR 鉴定阳性菌落：用小枪头挑取长出的单克隆菌落，接种到含有卡那霉素的液体 LB 培养基中，37 ℃恒温振荡培养箱培养 12 h 以上；待菌液浑浊后，用特异的载体引物进行菌液 PCR。

按照表 11-9 的体系配制 20 μL 反应体系：

表 11-9 反应体系

2 × Taq mix：	10 μL
5' 端引物（F）：	1 μL
3' 端引物（R）：	1 μL
菌液：	1 μL
去离子水：	7 μL

按照下列程序在PCR仪中扩增目的片段：

95 ℃	5 min	
95 ℃	15 s	35个循环
55 ℃	15 s	
72 ℃	1 min	
72 ℃	5 min	

PCR反应结束后，进行琼脂糖凝胶电泳检测阳性克隆，有单一的目的条带并且条带大小正确，即为阳性克隆，接下来用质粒提取试剂盒提取重组质粒。

3. 转化农杆菌GV3101

以下步骤在超净工作台中进行：

① 将电击杯用75%的酒精冲洗3遍，再用ddH_2O冲洗3遍，放到超净工作台中吹干，同时开紫外灯杀菌。

② 从－80 ℃冰箱中取出GV3101农杆菌感受态，插入冰中，慢慢融化。

③ 吸取5 μL重组质粒，加入融化的感受态中，用枪头慢慢吹打。

④ 打开电击转化仪，调节到AGR状态，将感受态加入电击杯中，使感受态均匀地分布在底部。

⑤ 将电击杯放置在仪器的卡槽内，按下电击键。

⑥ 电击完成后，立刻向电击杯内加入900 μL液体LB培养基，并用移液枪轻轻吹打混匀。

⑦ 将培养基从电击杯中吸出，加入无菌的1.5 mL EP管中，放到振荡培养箱中，28 ℃，220 rpm，振荡培养1 h。

⑧ 取出EP管放入离心机，12 000 g离心1 min。

⑨ 弃掉500 μL的上清，用剩下的上清液将菌块重悬。

⑩ 将悬浮的菌液涂布在含有庆大霉素和利福平霉素的LB固体培养皿上。

⑪ 将培养皿倒置在恒温培养箱中，28 ℃培养2 d，直至长出阳性菌落。

⑫ 待长出阳性菌落后，挑取单克隆到含有庆大霉素和利福平霉素的LB液体培养基中，培养过后进行菌液PCR。鉴定阳性后，用甘油保菌放到－80 ℃冰箱中。

4. 侵染烟草

① 将准备侵染的农杆菌菌种及P19菌株接种到4 mL的含有庆大霉素和利福平霉素的LB液体培养基中，在恒温振荡培养箱中28 ℃，220 rpm，过夜培养。

② 将过夜培养的农杆菌菌液加入2 mL的EP管中，12 000 g，室温离心1 min，收集农杆菌。

③ 弃掉上清，加入1 mL的MES悬浮沉淀，12 000 g，室温离心1 min。

④ 弃掉上清，加入 1.5 mL 的 MES 悬浮沉淀，再加入 3 μL 150 mM 的乙酰丁香酮，充分混匀，室温颠倒孵育 1 h 以上。

⑤ 取孵育后的菌液，稀释 20 倍（吸取 50 μL 加入 950 μL MES 缓冲液），在分光光度计中测量 OD_{600} 的数值。

⑥ 计算菌液的浓度后，加入 0.2 OD_{600} 的 P19，最后每毫升菌液加入 1 μL 的乙酰丁香酮，上下颠倒混匀。

⑦ 挑选长势良好 4 ~ 5 周龄的烟草，用注射器针头在每片叶子上扎上小孔，用去掉针头的注射器吸取菌液，从叶背面对准针孔，慢慢地将菌液注入叶片内，直到将整片叶子浸润为止。

⑧ 将注射好的烟草放在暗处培养 12 h，然后移到光下，注射 2 d 后，取样，用荧光显微镜观察。

四、注意事项

① 不要选择幼嫩或皱缩的叶片进行注射，另外，因叶片气孔打开时比较容易注射，因此最好在白天注射。

② 农杆菌菌液浓度要调整好，高浓度可能导致叶片死亡，或者影响定位。

③ 注射后的烟草植株通常在 2 d 之后观察，但不同基因表达的时间可能在 1 ~ 7 d 不等。

五、实验结果与分析

① 根据荧光位置可观察目标蛋白的亚细胞定位。

② 荧光显微镜的工作原理是什么？

③ 荧光蛋白标记基因有哪些？

实验七　种子病虫害检验

一、实验原理与目的

种子质量优劣决定着种子的实用价值，其中种子病虫害检验是种子质量检验的重要组成部分。通过本实验，掌握种子病虫害检验的一般方法，为种子质量检验奠定基础。

二、器材与试剂

1. 实验仪器

显微镜、离心机、保温箱或发芽箱、高压灭菌锅、放大镜、圆孔筛、解剖刀、三角瓶、载玻片、培养皿、吸水纸、培养基等。

2. 实验试剂

$KMnO_4$、NaCl、$NaClO_3$、无菌水等。

3. 实验材料

小麦、玉米、大豆、豌豆种子样品。

三、实验内容与步骤

1. 直接观察法

从平均样品中分出一半种子作为试样，放在白纸或玻璃板上，用肉眼或 5 ~ 10 倍放大镜观察；将散布在种子间的虫瘿、菌核、菌瘿、活虫卵块等取出后，再取样 1000 粒，观察种子上虫斑、突起、变色、蛀孔等，然后计算病虫害为害程度。病原体称重，计算感染率；害虫计数，换算成每千克头数；虫蛀率则计算虫害种子百分率。

病虫感染率（%）= 病粒或病原体重量（g）/ 试样重量（g）× 100；

虫害种子（%）= 虫蛀种子粒数 / 供检种子粒数（1000）× 100；

害虫含量（头 /kg）= 害虫头数 / 试样重量 × 1000。

2. 剖粒法

取种子试样 5 ~ 10 g，玉米、豌豆等大粒种子取 10 g，小麦等中粒种子取 5 g，用刀剖开或切开种子的被害部分，用肉眼、放大镜或显微镜检查是否存在病虫物，计算每千克头数或感染率。

3. 过筛法

从平均样品中分出一半种子作为试样，通过不同筛孔筛出虫体或菌核等，如 1.5 mm、2.5 mm 等大小筛孔过筛 3 次，每次时间相同。将过筛后的虫体或菌核进行检查，记录活虫数，计算含量。注意根据不同作物种子大小确定筛孔，圆形筛孔范围为 1.2 ~ 3.5 mm。

4. 染色法

用高锰酸钾染色法检验隐蔽为害的害虫。取样 15 ~ 20 g，去除杂质，倒入铜丝网中，在 30 ℃水中浸泡 1 min，然后用清水洗涤干净，倒在白色吸水纸上用放大镜观察，挑出粒面上带有斑点的种子，即为虫害种子粒，计算其中害虫含量。

5. 洗涤法

从平均样品中分取试样 2 份，每份 5 g，分别倒入三角瓶中，加无菌水 100 mL 震荡，一般光滑种子震荡 5 min，粗糙种子震荡 10 min，然后用离心机以 1000 ~ 1500 r/min 转速离心 3 ~ 5 min，用吸管吸取上清液，留 1 mL 沉淀部分，稍加震荡，分别滴在 5 片载玻片上用显微镜观察。每片 10 个视野检查孢子数量和病原物种类，并计算视野平均孢子数。一般测定 3 ~ 5 次，求平均数。

6. 比重法

取种子试样 100 g，去除杂质，倒入配制好的盐饱和溶液中（将 NaCl 35.9 g 溶解于 1000 mL 水中），搅拌 15 min，静置 1 ~ 2 min，取出悬浮在上层的种子，结合剖粒检验法，计算害虫含量。

7. 萌芽检验法

取种子试样 100 粒，将湿润的吸水纸放入密闭的容器或培养器中，保持高湿，将种子按照一定间距排列在吸水纸上。进行种子内部病菌检验时，应先对种子表面进行消毒处理，即浸入 1% 有效氯的氯酸钠溶液 10 min，然后置于灭菌后的培养皿和吸水纸上。在 20 ~ 25 ℃的保温箱或发芽箱内培养，4 ~ 7 d 后取出检查。根据种子和幼苗的病斑、病症等情况鉴定，或用显微镜观察病原菌种类。结合检查发芽率、发病率和霉烂粒。

8. 分离培养法

取种子试样 100 粒，根据种子带病菌特点，用不同方法进行分离培养。当要分离种子表面带菌时，先用无菌水清洗，并将稀释液倒在灭菌后的琼脂培养基上。当要分离种子内部病菌时，须将种子进行表面消毒（方法同 7），再用无菌水洗涤后，取 10 粒种子置于琼脂培养基上，然后将培养器置于 20 ~ 25 ℃的恒温箱内，经 5 ~ 7 d 后取出，检查鉴定病原菌种类。分离培养具体方法可参照第九章实验三植物病原真菌分离培养。

四、实验结果与分析

① 本实验所提供的小麦、玉米、大豆、豌豆 4 种种子样品，你认为采取哪种方法进行病虫害检验较为合适？说明具体原因。

② 除了本实验介绍的种子病虫害检验方法，还有哪些可行的检验方法？

参考文献

[1] 江苏省质量技术监督局，DB32/T 1095—2007 芦笋种子生产技术过程［S］. 江苏：江苏省质量技术监督局，2007.

[2] 全国植物新品种测试标准化技术委员会，中国国家标准化管理委员会 . GB/T 19557.5—2017 植物品种特异性、一致性和稳定性测试指南 大白菜［S］. 北京：中华人民共和国国家质量监督检验检疫总局，中国国家标准化管理委员会 2017.

[3] 国家技术监督局 . GB/T 3543.2—1995 农作物种子检验规程　扦样［S］. 北京：中国标准出版社，1996.

[4] 国家技术监督局 . GB/T 3543.3—1995 农作物种子检验规程　净度分析［S］. 北京：中国标准出版社，1996.

[5] 国家技术监督局 . GB/T 3543.4—1995 农作物种子检验规程　发芽试验［S］. 北京：中国标准出版社，1996.

[6] 国家技术监督局 . GB/T 3543.6—1995 农作物种子检验规程　水分测定［S］. 北京：中国标准出版社，1996.

[7] 全国植物新品种测试标准化技术委员会 . NY/T 2234—2012 植物新品种特异性、一致性和稳定性测试指南　辣椒［S］. 北京：中华人民共和国农业部，2012.

[8] 全国植物新品种测试标准化技术委员会 . NY/T 2235—2012 植物新品种特异性、一致性和稳定性测试指南　黄瓜［S］. 北京：中华人民共和国农业部，2012.

[9] 全国植物新品种测试标准化技术委员会 . NY/T 2236—2012 植物新品种特异性、一致性和稳定性测试指南　番茄［S］. 北京：中华人民共和国农业部，2012.

[10] 全国植物新品种测试标准化技术委员会 . NY/T 2344—2013 植物新品种特异性、一致性和稳定性测试指南　长豇豆［S］. 北京：中华人民共和国农业部，2013.

[11] 全国植物新品种测试标准化技术委员会 . NY/T 2349—2013 植物新品种特异性、一致性和稳定性测试指南　萝卜［S］. 北京：中华人民共和国农业部，2013.

[12] 全国植物新品种测试标准化技术委员会 . NY/T 2426—2013 植物新品种特异性、一致性和稳定性测试指南　茄子 [S]. 北京：中华人民共和国农业部，2013.
[13] 全国植物新品种测试标准化技术委员会 . NY/T 2427—2013 植物新品种特异性、一致性和稳定性测试指南　菜豆 [S]. 北京：中华人民共和国农业部，2013.
[14] 包艳存，李书华，李保华，等 . 芦笋“冠军”亲本组培快繁技术研究 [J]. 北方园艺，2016，(7)：98-103.
[15] 别之龙，黄丹枫 . 工厂化育苗原理与技术 [M]. 北京：中国农业出版社，2019.
[16] 曹玲玲，田雅楠，赵立群，等 . 蔬菜基质育苗穴盘孔穴大小的选择 [J]. 农业工程技术，2019，39 (31)：18-20.
[17] 陈菲，张娜，窦娜 . 蔬菜穴盘工厂化育苗技术应用及发展 [J]. 现代农业，2021 (2)：61-62.
[18] 陈学森 . 植物育种学实验 [M]. 北京：高等教育出版社，2004.
[19] 程智慧 . 蔬菜栽培学各论 [M]. 北京：科学出版社，2010.
[20] 戴均涛 . 番茄抗南方根结线虫基因 Mi-1.2 的检测与功能初步研究 [D]. 江苏：南京农业大学，2018.
[21] 丁洁 . 蔬菜图说（辣椒的故事）[M]. 上海：上海科学技术出版社，2018.
[22] 东北农业大学 . 基于番茄灰叶斑病抗性基因 Sm 的 CAPS 分子标记、引物、检测方法、检测试剂盒与应用：CN202011378178.1 [P]. 2021.
[23] 范永强 . 现代中国花生栽培 [M]. 济南：山东科学技术出版社，2014.
[24] 费显伟 . 园艺植物病虫害防治实训 [M]. 北京：高等教育出版社，2005.
[25] 官春云 . 作物育种学实验 [M]. 北京：中国农业出版社，2003.
[26] 国际种子检验协会 . 国际种子检验规程 [M] // 农业部全国农作物种子质量监督检测中心、浙江大学种子科学中心译 . 北京：中国农业出版社，1996.
[27] 国立耕，刘凤权，黄丽丽 . 园艺植物病理学 [M]. 3 版 . 北京：中国农业大学出版社，2020.
[28] 洪德林 . 种子生产学实验技术 [M]. 北京：科学出版社，2014.
[29] 洪德林 . 作物育种学实验技术 [M]. 北京：科学出版社，2010.
[30] 胡晋，谷铁城 . 种子贮藏原理与技术 [M]. 北京：中国农业大学出版社，2001.
[31] 胡晋 . 种子检验学 [M]. 北京：科学出版社，2015.
[32] 胡晋 . 种子生产学 [M]. 北京：中国农业出版社，2009.
[33] 胡晋 . 种子生物学 [M]. 北京：高等教育出版社，2006.

［34］黄学林，陈润政，张北壮．种子生理实验手册［M］．北京：中国农业出版社，1990.
［35］蒋桂英，李鲁华．农学专业实践教程［M］．北京：高等教育出版社，2016.
［36］李书华，马秀兰，李芳，等．鲁芦笋1号杂交一代制种技术［J］．山东农业科学，1996，（6）：19.
［37］李锡香，沈镝．萝卜种质资源描述规范和数据标准［M］．北京：中国农业出版社，2008.
［38］李照会．园艺植物昆虫学［M］．北京：中国农业出版社，2011.
［39］刘凤霞．种子病虫害检验方法研究［J］．农业开发与装备，2015（6）：73.
［40］刘思衡，曾汉章．作物种子学［M］．福州：福建科学技术出版社，2001.
［41］刘子凡．种子学实验指南［M］．北京：化学工业出版社，2010.
［42］栾非时，等．西瓜甜瓜育种与生物技术［M］．北京：科学出版社，2013.
［43］麻浩，孙庆泉．种子加工与贮藏［M］．北京：中国农业出版社，2004.
［44］齐三魁．中国甜瓜［M］．北京：科学普及出版社，1991.
［45］申宗坦．作物育种学实验［M］．北京：中国农业出版社，1995.
［46］施先锋，彭金光，汪李平．用西瓜叶片气孔保卫细胞叶绿体数鉴定西瓜染色体倍性［J］．湖南农业大学学报（自然科学版），2009，35（6）：640-642，663.
［47］史平．叶菜类蔬菜工厂化育苗技术要点［J］．上海蔬菜，2022（4）：32-34.
［48］唐鉴川．大葱栽培［M］．北京：农业出版社，1983.
［49］万建民．中国水稻遗传育种与品种系谱［M］．北京：中国农业出版社，2010.
［50］汪隆植，何启伟．中国萝卜［M］．北京：科学技术文献出版社，2005.
［51］王建华，张春庆．种子生产学［M］．北京：高等教育出版社，2005.
［52］王荣栋，尹经章．作物栽培学［M］．北京：高等教育出版社，2005.
［53］王兴会．工厂化育苗自配基质不同配方育苗效果研究［J］．农业科技与信息，2012（9）：12-13.
［54］夏德志．设施蔬菜嫁接育苗技术［J］．现代农业，2018（1）：23-24.
［55］辛昌盛．种子病虫害检验方法［J］．现代农村科技，2013（5）：23-24.
［56］新疆甜瓜西瓜资源调查组［J］．新疆甜瓜西瓜志．新疆：新疆人民出版社，1985.
［57］徐家炳，张凤兰．中国大白菜图鉴［M］．北京：中国农业出版社，2016.
［58］徐立功，韩太利．十字花科蔬菜亲本制种采用壁蜂授粉的实用技术［J］．中国蔬菜，2014，（9）：74-76.
［59］徐云杰．蔬菜无土栽培技术及发展分析［J］．农业开发与装备，2021（8）:235-236.

[60] 颜启传 . 种子学 [M] . 北京：中国农业出版社，2001.

[61] 叶常丰，戴心维 . 种子学 [M] . 北京：中国农业出版社，1994.

[62] 尹燕枰，董学会 . 种子学实验技术 [M] . 北京：中国农业出版社，2008.

[63] 张春庆，王建华 . 种子检验学 [M] . 北京：高等教育出版社，2006.

[64] 张春庆，王建华 . 种子检验学 [M] . 北京：高等教育出版社，2006.

[65] 张丽娟 . 番茄工厂化育苗技术 [J] . 江西农业，2018（6）：22.

[66] 张志良，瞿伟菁 . 植物生理学实验指导 [M] . 北京：高等教育出版社，2003.

[67] S ARAÚJO，BALESTRAZZI A . New Challenges in Seed Biology-Basic and Translational Research Driving Seed Technology [M] . Croatia：INTECH，2016.

[68] ARENS P，MANSILLA C，DEINUM D，et al . Development and evaluation of robust molecular markers linked to disease resistance in tomato for distinctness, uniformity and stability testing[J]. Theoretical and Applied Genetics, 2010,(120): 655-664.

[69] DIANESE E C，DE FONSECA M E N，GOLDBACH R，et al . Development of a locus-specific，co-dominant SCAR marker for assisted-selection of the Sw-5 (Tospovirus resistance) gene cluster in a wide range of tomato accession [J] . Molecular Breeding，2010，25（1）：133-142.

[70] LEADEM C L，GILLIES S L，YEARSLEY H K，et al . Field Studies of Seed Biology [M] . British Columbia：Crown Publications Inc，1997.

[71] OHMROE S T，MURATA M，MOTOYOHS F . Molecular characterization of the SCAR markers tightly linked to the Tm-2 locus of the genus Lycopersicon [J] . Theoretical and Applied Genetics，2000，(101)：65-69.

[72] ROBBINS M D，MASUD M A T，PANTHEE D R，et al . Marker-assisted selection for coupling phase resistance to tomato spored wilt virus and phytophthora infestans （late blight）in tomato [J] . Hortscience，2010，45（10）：1424-1428.

[73] WERKER E . Seed Anatomy [M] . Berlin：borntraeger science publishers，1997.